情報

マネジメント

頻出・合格用語

キーワードマップ法

テキスト&問題集258題

Study Guide for
Information Security
Management Examination

SG

井田潤 著

秀和システム

はじめに

　数ある「情報セキュリティマネジメント試験」対策本の中から本書を選んで頂きありがとうございます。

　情報セキュリティマネジメント試験（SG試験）は「情報処理の促進に関する法律第29条第1項の規定」に基づき経済産業大臣が行う国家試験です。初めて情報セキュリティを学び資格取得を目指す方にとっても大変バランスのよいシラバスで構成されています。

　筆者はこの試験が初実施されたときに受験し合格しましたが、最近の傾向で気になっている点が3つあります。まず1つ目は年々設問で問われる知識が広範になっている点、2つ目は暗記だけでなく理解が求められる点、そして3つ目は2019年（令和1年）秋期を最後に過去問が公開されなくなった点です。この3点はこれから受験される方にとって大きな不安であろうと感じています。

　試験は情報セキュリティの基本から最新のトピックスまで幅広く、時には深く出題されます。そのため本書では普遍的で確実に理解しておく必要があるキーワードを中心に据えることで知識の体幹を整え、そのうえで新しい概念や技術を理解できるよう構成しました。また、学習者の負担を考え、時代と共に主流から外れた概念やシラバスに明確に記載がないものは必要最小限にしています。さらに、暗記だけでは正答が難しい科目B試験に取り組むための情報を紹介しています。

　情報セキュリティを学んで得られた知識は仕事上だけでなく日常生活にも応用できます。ぜひ情報セキュリティの思考を楽しんでください。

　この本が福音となれば幸いです。皆様の合格を心から願っております。

2022年12月　　　井田　潤

本書のねらい

●情報セキュリティマネジメント試験概要

情報セキュリティマネジメント試験は情報セキュリティの基礎知識を有し、情報セキュリティ関連業務へ適切に対応できることを認定する国家試験です。

急速なITの高度化やインターネットが標準的な社会インフラとなり利便性が高まる一方、サイバー攻撃の手口はますます巧妙化・複雑化し社会全体の大きな脅威となりました。セキュリティの確保は今や国や企業において重要な課題ですが、標的型攻撃、内部不正など多種多様な脅威が存在する中、技術面だけでなく管理面についてもしっかり取組む必要があり、こうした専門知識を有した人材の育成が急務になっています。情報セキュリティマネジメント試験はこのような社会的ニーズにより国家試験「情報処理技術者試験」の新たな試験区分として創設されました（平成28年度春期から試験開始）。合格者は共通キャリア・スキルフレームワーク（CCSF）レベル2相当の知識が備わっていることが証明されます。

●合格後のキャリア

情報処理推進機構（IPA）では情報セキュリティマネジメント試験を以下のように説明しています。

「情報セキュリティマネジメントの計画・運用・評価・改善を通して組織の情報セキュリティ確保に貢献し、脅威から継続的に組織を守るための基本的なスキルを認定する試験」

具体的には、「部門全体の情報セキュリティ意識を高め、組織における情報漏えいのリスクを低減」、「万が一トラブルが発生しても、適切な事後対応によって、被害を最小限に食い止める」、「情報セキュリティを確保することで、より安全で、積極的なIT利活用を実現する」といったスキルですが、このような人材は、IT業界に限らず全ての業種、職種で強く必要とされており、様々な現場で活躍することが期待されます。

情報セキュリティの国家試験としてはもうひとつ「情報処理安全確保支援士」があります。この試験では情報セキュリティマネジメント試験のシラバスに加え、セキュリティ専門家としての高度な知識が数多く問われます。組織のセキュリティ対策を俯瞰的、かつ専門的に行う部門に所属する方を対象とした試験でもあるため、情報セキュリティマネジメント試験合格後は次のチャレンジとして検討するのもよいでしょう。

●本書の構成

情報セキュリティ用語は数が多く、受験者にとって悩みの種です。また、似た用語や略語も多いため、1つでも間違えて覚えると試験全体に影響を及ぼし合格への影響が出る恐れがあります。そこで本書では重要な用語を中心に他の複数の用語との関連性を紐づけて理解できる構成にしました。

本書では重要度を4段階で表現しています。

基本	★★★★	セキュリティ業務に従事される方は必ず押さえるべき用語です
重要	★★★	試験で重要な用語です
注目	★★	最新の用語や最近シラバスに追加された用語です
注意	★	頻度は少ないですが、出題される可能性があります

●キーワードマップ

中心となる用語と関連する用語です。

読者のみなさんは、キーワードマップを見ながら、定義の説明を読んでください。"楕円" ⬭ の主要用語を核にして、"四角" ▭ の関連用語を示し、解説しています。確認のために用意した公開問題をうまく活用し理解を深めてください。

「情報セキュリティマネジメント試験」の出題範囲は広く、様々な切り口で出題されます。そのため単に用語を覚えるだけでなく、その用語がどのような概念を持ちセキュリティ業務や普段の業務で活用されるか、イメージしながら定着を図ると良いでしょう。

●情報セキュリティマネジメント試験の改定ポイント

2023年4月からの情報セキュリティマネジメント試験の改定ポイントの概要は次のとおりです。

❶対象者像

情報セキュリティマネジメント試験における対象者像、業務と役割、期待する技術水準が改訂されました。情報処理推進機構の「試験要綱 Ver.5.0」から該当部分を抜粋します。（色付き文は変更ポイント）

▼情報セキュリティマネジメント試験
(SG：Information Security Management Examination)

対象者像	情報システムの利用部門にあって、情報セキュリティリーダーとして、部門の業務遂行に必要な情報セキュリティ対策や組織が定めた情報セキュリティ諸規程（情報セキュリティポリシーを含む組織内諸規程）の目的・内容を適切に理解し、情報及び情報システムを安全に活用するために、情報セキュリティが確保された状況を実現し、維持・改善する者
業務と役割	情報システムの利用部門において情報セキュリティが確保された状況を実現し、維持・改善するために、次の業務と役割を果たす。 ①部門における情報資産の情報セキュリティを維持するために必要な業務を遂行する。 ②部門の情報資産を特定し、情報セキュリティリスクアセスメントを行い、リスク対応策をまとめる。 ③部門の情報資産に関する情報セキュリティ対策及び情報セキュリティ継続の要求事項を明確にする。 ④部門の業務のIT活用推進に伴う情報システムの調達に際して、利用部門として必要となる情報セキュリティ要求事項を明確にする。また、IT活用推進の一部を利用部門が自ら実現する活動の中で、必要な情報セキュリティ要求事項を提示する。 ⑤業務の外部委託に際して、情報セキュリティ対策の要求事項を契約で明確化し、その実施状況を確認する。 ⑥部門の情報システムの利用時における情報セキュリティを確保する。 ⑦部門のメンバーの情報セキュリティ意識、コンプライアンスを向上させ、内部不正などの情報セキュリティインシデントの発生を未然に防止する。 ⑧情報セキュリティインシデントの発生又はそのおそれがあるときに、情報セキュリティ諸規程、法令・ガイドライン・規格などに基づいて、適切に対処する。 ⑨部門又は組織全体における情報セキュリティに関する意見・問題点について担当部署に提起する。
期待する技術水準	情報システムの利用部門において情報セキュリティが確保された状況を実現し、維持・改善するために、次の知識・実践能力が要求される。 ①部門の情報セキュリティマネジメントの一部を独力で遂行できる。 ②情報セキュリティインシデントの発生又はそのおそれがあるときに、情報セキュリティリーダーとして適切に対処できる。 ③IT全般に関する基本的な用語・内容を理解できる。 ④情報セキュリティ技術や情報セキュリティ諸規程に関する基本的な知識をもち、部門の情報セキュリティ対策の一部を独力で、又は上位者の指導の下に実現できる。 ⑤情報セキュリティ機関、他の企業などから動向や事例を収集し、部門の環境への適用の必要性を評価できる。

レベル対応（＊）	共通キャリア・スキルフレームワークのレベル2に相当

https://www.jitec.ipa.go.jp/1_13download/youkou_ver5_0_henkou.pdf

❷試験の通年化

情報セキュリティマネジメント試験は、2020年12月よりCBT（Computer Based Testing）方式になりましたが、2023年4月からは、年2回（上期・下期の一定期間）だった試験実施が、通年化されます。これによりいつでも受験できるようになり、利便性が向上します。

❸採点方式の変更

採点方式が、IRT（Item Response Theory：項目応答理論）に基づく方式に変更されます。詳細については発表されていないため、実際の合格点への影響は現時点で不明ですが、今まで以上に理解力が求められます。

❹出題形式の変更

午後問題が午前問題と同様の小問形式に変更され、試験時間が短縮されます。

変更前		変更後（2023年4月以降）	
午前試験 （小問）	試験時間：90分 出題数：50問 解答数：50問	**科目A・B 試験 （小問）**	試験時間：120分 出題数：60問 解答数：60問
午後試験 （大問）	試験時間：90分 出題数：3問 解答数：3問		※2科目をまとめて実施

●更なるステップアップに向けて

セキュリティ関連の認定資格には、国際認定資格が数多くあり、その中には日本語で受験できるものもあります。海外との取引が多い方やグローバル企業に勤務されている方は、自身のスキルレベルを証明するために国際認定資格にもチャレンジしてみてはいかがでしょうか。なお、ご紹介する認定資格は米国防総省にも認められApproved 8570 Baseline Certificationsにリストアップされています。

- Approved 8570 Baseline Certifications
  https://public.cyber.mil/cw/cwmp/dod-approved-8570-baseline-certifications/

●代表的な国際資格

- (ISC)² CISSP (Certified Information Systems Security Professional)

マネジメント層に必要な高度な情報セキュリティの知識を所有しているプロフェッショナルであることを証明する国際認定資格です。
関連する資格にSSCP、CCSP等があります。

- EC-Council CEH (Certified Ethical Hacker)

ホワイト(ハット)ハッカーとして攻撃者側の知識を持ち組織を守る知識を所有していることを証明する国際認定資格です。関連する資格にCND、CCSE、CHFI等があります。

- ISACA CISA (Certified Information Systems Auditor)

情報システムの監査について専門的な知識を有していることを認定する国際認定資格です。関連する資格にCISM等があります。

- CompTIA Security+

セキュリティの業務で必要な基本的なスキルを証明する国際認定資格です。Stackable Certificationという制度があり、試験毎の認定だけでなく複数のCompTIA認定の組み合わせによる認定が受けられます。関連する資格にCySA＋、Pentest＋、CASP＋等があります。

情報セキュリティマネジメント 頻出・合格用語

Contents

目次

SECTION 3　セキュリティ管理　　115

SECTION 4　セキュリティ技術評価　　163

SECTION 5　情報セキュリティ対策　　169

SECTION 6　セキュリティ実装技術　　203

SECTION 7　法規　　219

SECTION 8　ガイドライン・標準化　　251

SECTION 9　コンピュータシステム　　261

目次

SECTION 10　データベース　281

SECTION 11　ネットワーク　289

SECTION 12　プロジェクトマネジメント　317

SECTION 13　サービスマネジメント　　335

SECTION 14　システム監査　　361

SECTION 15　情報システム戦略　　377

SECTION 16　企業活動　　401

SECTION 17　注目キーワード　　421

SECTION 18　科目B試験対策　　429

紙面の説明

ここで、本書のメインである「合格用語とキーワードマップ」の紙面の説明を吹き出しで行います。合格用語「情報セキュリティの要素」の紙面を例にします（説明のための参考例です）。

> 頻出レベルを★マークを使って4段階で表現しています。
> ★★★★から★★までを重点的に学習しましょう。

情報セキュリティの要素

注目度
★★★★

▶ ジョウホウセキュリティノヨウソ

> キーワードマップです。色付きの四角は主要用語で、それ以外は関連用語です。ここでは情報セキュリティの要素を例にしています。

3要素

機密性

「情報資産」を保護

完全性　　可用性

真正性　　否認防止

責任追跡性　　信頼性

定義　情報セキュリティの3要素はセキュリティの基礎となる概念です。新聞やテレビ、インターネットのニュースなどでセキュリティ事件・事故を見かけたら、情報セキュリティの3要素のどの要素を損なったのか考えてみましょう。例えば「個人情報の漏えい」は "機密性"、「ホームページが不正に書き換えられた」のは "完全性"、「Webシステムの反応が悪くページが表示されない」のは "可用性" がそれぞれ損なわれます。

情報セキュリティとは情報の機密性、完全性及び可用性を維持することです。さらに、真正性、責任追跡性、否認防止、信頼性の特性を維持することを含めることもあります。情報セキュリティでは**情報を**資産と捉えます（情報資産）。

> 用語の簡単な解説（定義）を載せています。

機密性・完全性・可用性

公開問題　情報セキュリティマネジメント　平成28年秋　午前　問21

情報の "完全性" を脅かす攻撃はどれか。

ア　Webページの改ざん

イ　システム内に保管されているデータの不正コピー

ウ　システムを過負荷状態にするDoS攻撃

エ　通信内容の盗聴

> 問題はIPAが公開する「公開問題」を記載しています。公開された年号と問題番号を記載しています。

> 解き方を解説しています。

⚠ 解法　情報の正確さが損なわれた状態を表す選択肢を選びます。

ア　**正解です。改ざん**は**完全性を侵害**する攻撃です。

イ　**データの不正コピー**は**機密性を侵害**する攻撃です。

ウ　**DoS攻撃**は**可用性を侵害**する攻撃です。

エ　**盗聴**は**機密性を侵害**する攻撃です。

類似問題に対応できるよう、出題される攻撃手法が、情報セキュリティの3要素の何を侵害しているかを把握し、また、それを保護するために利用できるセキュリティ製品、サービスもあわせて紐づけて回答できるように学習しましょう。

▶答え　ア

SECTION 1

基礎力チェック

現在の知識レベルの
チェックをしよう

注目度
★★★★

▶ ゲンザイノチシキレベルノチェックヲシヨウ

[試験の過去問チェック]

現在の知識レベルをチェックするため「情報セキュリティマネジメント試験」の前提知識となる「ITパスポート試験」の公開問題を10問用意しました。

「ITパスポート試験」も「情報セキュリティマネジメント試験」と同様に**「ITを利活用する者向け」の資格**であり、**「情報セキュリティマネジメント試験」対策の準備に最適**です。

ここで取り上げた公開問題で誤答したものはチェックし、解法を参考にして確実なものにしておくとSECTION 2以降が効率的に学習できます。

では早速トライしてみましょう。

1 公開問題 ITパスポート 令和2年秋 問69

ISMSの確立、実施、維持及び継続的改善における次の実施項目のうち、最初に行うものはどれか。

ア 情報セキュリティリスクアセスメント

イ 情報セキュリティリスク対応

ウ 内部監査

エ 利害関係者のニーズと期待の理解

- -

！ 解法 ISMS確立の流れは
①組織及びその状況の理解
②利害関係者のニーズ及び期待の理解
③情報セキュリティマネジメントシステムの適用範囲の決定
④情報セキュリティマネジメントシステムの確立
です。よって正解は①に一番近いエです。

[アドバイス] 用語がわからなくても解ける問題もある

問題の文脈をじっくり吟味すれば解答が導きだせる問題があります。この公開問題では問題で問われている「確立」や「最初におこなうもの」の意味に**近いもの**を選択肢から検討します。一番近いものはエの「組織及びその状況の理解」です。選択肢アの「情報セキュリティリスクアセスメント」は**アセスメント対象の確定などの準備ができていないと実施できません**。選択肢イの「情報セキュリティリスク対応」はリスクが発見された後の作業ですから、「情報セキュリティリスクアセスメント」の後の作業です。選択肢ウの「内部監査」もリスク対応が行われていることを監査するので「最初に行うもの」には相応しくありません。

諦めず出題者の意図を踏まえて「もっとも近いもの」を探すことで加点につなげましょう。用語の理解とともに仕組みと考え方の傾向を知ることが重要な対策につながります。

▶答え　エ

2 公開問題　ITパスポート 平成31年春 問72

ISMSの導入効果に関する次の記述中のa、bに入れる字句の適切な組合せはどれか。

　 a 　マネジメントプロセスを適用することによって、情報の機密性、 b 　及び可用性をバランス良く維持、改善し、 a 　を適切に管理しているという信頼を利害関係者に与える。

	a	b
ア	品質	完全性
イ	品質	妥当性
ウ	リスク	完全性
エ	リスク	妥当性

⚠ 解法 ISMSでは**リスク**マネジメントプロセスを適用することによって、**情報の機密性、完全性及び可用性を維持し、かつ、リスクを適切に管理**

しているという信頼を利害関係者に与えることを目標にしています。**「品質」**、**「妥当性」**はISMSではなく**品質マネジメントシステム（ISO9001）**の概念です。

［アドバイス］
ISMS関連の出題は**情報セキュリティマネジメント試験の定番**なので確実に理解をしておく必要があります。

▶答え　ウ

---

3 公開問題　ITパスポート 令和3年春 問81

J-CRATに関する記述として、適切なものはどれか。

ア 企業などに対して、24時間体制でネットワークやデバイスを監視するサービスを提供する。
イ コンピュータセキュリティに関わるインシデントが発生した組織に赴いて、自らが主体となって対応の方針や手順の策定を行う。
ウ 重工、重電など、重要インフラで利用される機器の製造業者を中心に、サイバー攻撃に関する情報共有と早期対応の場を提供する。
エ 相談を受けた組織に対して、標的型サイバー攻撃の被害低減と攻撃の連鎖の遮断を支援する活動を行う。

⚠ 解法　正式名称からイメージできます。J-CRAT（「ジェイクラート」と発音）は "Cyber Rescue and Advice Team against targeted attack of Japan" の略です。日本語ではサイバーレスキュー隊と呼ばれます。

日本独自の組織で**情報処理推進機構（IPA**：IPA Information-technology Promotion Agency, Japan）が運営しています。

選択肢アは「SOC：Security Operation Center」、選択肢イは「CSIRT：Computer Security Incident Response Team」、選択肢ウは「J-CSIP：Initiative for Cyber Security Information sharing Partnership of Japan/サイバー情報共有イニシアティブ）の説明です。

［アドバイス］
知識を問う問題です。組織の活動内容の理解があやふやなままだと正答が困

難なため、略称、正式名称、活動概要を合わせて理解しておくと類似問題対策にも有効です。

▶答え　エ

4 公開問題　ITパスポート 令和4年春 問76

情報セキュリティのリスクマネジメントにおけるリスク対応を、リスク回避、リスク共有、リスク低減及びリスク保有の四つに分類するとき、情報漏えい発生時の損害に備えてサイバー保険に入ることはどれに分類されるか。

ア　リスク回避　　**イ**　リスク共有　　**ウ**　リスク低減　　**エ**　リスク保有

解法　残存するリスクがある場合、**リスクになることはやめるのが「リスク回避」**です。例えばシステムを使い続けることがリスクである場合、そのシステムの利用を中止するという対応です。**残存するリスクを下げるための対応が「リスク低減」**です。例えば入口に監視カメラを設置するといった対応です。**残存するリスクをそのままにしておく対応が「リスク保有」**です。例えば買い物などで外出すると事故に遭うリスクがありますが、外出することを止めることは困難なのでリスクを受け入れ「保有」します。「リスク共有」は保険会社や外部委託事業者などと契約者との間で**リスク発生時に係るコストを「共有」**します。

［アドバイス］

もし回答に迷った場合、用語のイメージに一番近いものを検討します。
「リスク対応」はよく出題され、業務でも用いられる概念ですので確実にしておきましょう。

▶答え　イ

5 公開問題 ITパスポート 平成31年春 問37

プロジェクトにおけるリスクマネジメントに関する記述として、最も適切なものはどれか。

ア プロジェクトは期限が決まっているので、プロジェクト開始時点において全てのリスクを特定しなければならない。

イ リスクが発生するとプロジェクトに問題が生じるので、リスクは全て回避するようにリスク対応策を計画する。

ウ リスク対応策の計画などのために、発生する確率と発生したときの影響度に基づいて、リスクに優先順位を付ける。

エ リスクの対応に掛かる費用を抑えるために、リスク対応策はリスクが発生したときに都度計画する。

! 解法 リスクが発生する確率と発生したときの影響度に基づき優先順位付けを行います。優先度が高いものから対処していくことで効果的なリスクコントロールが可能です。

[アドバイス]

リスクマネジメントに関する出題は、実際に自分に降りかかった場合、どのようにするのが良いのかを踏まえて思考すると正解が導き出せる問題が多いです。これは情報セキュリティが現実世界での事象を踏まえているためです。例えば選択肢アのように全てのリスクを特定するということは実現が困難です。選択肢イもすべて「リスク回避」で対応するということはリスクになることはやめるということなので、これも現実的ではありません。実際には「リスク共有」、「リスク低減」、「リスク保有」といった対応も検討する必要があるはずです。

選択肢エもリスクは知っているが発生するまでは何も準備しないということなので安心感がなく現実的な対応とはいえません。

▶答え ウ

6 公開問題 ITパスポート 令和4年春 問60

公開鍵暗号方式で使用する鍵に関する次の記述中のa、bに入れる字句の適切な組合せはどれか。

それぞれ公開鍵と秘密鍵をもつA社とB社で情報を送受信するとき、他者に通信を傍受されても内容を知られないように、情報を暗号化して送信することにした。A社からB社に情報を送信する場合、A社は a を使って暗号化した情報をB社に送信する。B社はA社から受信した情報を b で復号して情報を取り出す。

	a	b
ア	A社の公開鍵	A社の公開鍵
イ	A社の公開鍵	B社の秘密鍵
ウ	B社の公開鍵	A社の公開鍵
エ	B社の公開鍵	B社の秘密鍵

⚠ **解法** 公開鍵暗号方式の性質を問う基本的な問題のため、**技術的な理解が必要**です。

[アドバイス]
公開鍵暗号方式で暗号化や復号を実行するには、公開鍵と秘密鍵のペアの用意が必要です。
このケースでは公開鍵暗号方式で暗号化する場合、**公開鍵は受信する側が用意**します。つまりB社の公開鍵です。また公開鍵で暗号化された情報を復号するには**受信する側が用意した**秘密鍵が必要です。つまりB社の秘密鍵です。

▶**答え エ**

7 公開問題 ITパスポート 令和4年春 問82

A社では、従業員の利用者IDとパスワードを用いて社内システムの利用者認証を行っている。セキュリティを強化するために、このシステムに新たな認証機能を一つ追加することにした。認証機能a〜cのうち、このシステムに追加することによって、二要素認証になる機能だけを全て挙げたものはどれか。

a．A社の従業員証として本人に支給しているICカードを読み取る認証
b．あらかじめシステムに登録しておいた本人しか知らない秘密の質問に対する
答えを入力させる認証
c．あらかじめシステムに登録しておいた本人の顔の特徴と、認証時にカメラで
読み取った顔の特徴を照合する認証

ア a　　**イ** a、b、c　　**ウ** a、c　　**エ** b、c

⚠️**解法** 　**知識**を問う問題です。認証で用いる要素とはどのような概念なのかを
理解しておく必要があります。パスワードと異なる認証要素に該当す
るもの（知識情報以外の認証要素）を選択します。

> **[アドバイス]**
> 認証で用いる「要素」の概念とそれぞれの特徴を理解しておくことが重要で
> す。
> **2要素認証（多要素認証）は異なる認証の要素を2つ（多要素認証は2つ以
> 上）利用**する必要があります。一般的に要素は「知識情報（記憶）」、「所持情報
> （所持）」、「生体情報（バイオメトリクス）」があり、パスワードは「知識情報」
> に該当します。
> "a"は「所持情報」、"b"は「知識情報」、"c"は「生体情報」なので、"b"以外
> を組み合わせたものが正解です。

▶**答え　ウ**

---

8 公開問題　ITパスポート　令和4年春　問95

攻撃対象とは別のWebサイトから盗み出すなどによって、不正に取得した大量の
認証情報を流用し、標的とするWebサイトに不正に侵入を試みるものはどれか。

ア DoS攻撃　　　　　　　**イ** SQLインジェクション
ウ パスワードリスト攻撃　　**エ** フィッシング

! **解法** **攻撃の手法を表す用語**を問う問題です。

「不正に取得した大量の認証情報を流用し、標的とするWebサイトに不正に侵入を試みる」攻撃としては選択肢ウの**パスワードリスト攻撃**が該当します。予め不正に取得した別システムの認証情報（ID、パスワードのリストなど）を使用し、攻撃対象のシステム上で**同じ認証情報を利用しているアカウントを狙い、不正アクセスを試みる攻撃**です。

▶答え　ウ

[アドバイス]

攻撃手法、攻撃対象、攻撃概要は出題しやすいため、正しく紐づけて覚えておくと応用が利きます。

選択肢アのDoS攻撃はDenial of Serviceの略で日本語では**サービス拒否攻撃**と訳されます。選択肢イのSQLインジェクションは**ウェブサーバ上のウェブアプリケーションの脆弱性を悪用し、連携しているデータベースに攻撃**を指し、選択肢エのフィッシングは**人を偽サイトに誘導して機密情報を盗み出す攻撃**です。

▶答え　ウ

9 公開問題　ITパスポート　平成24年秋　問56

AさんがBさんに暗号化メールを送信したい。S/MIME（Secure/Multipurpose Internet Mail Extensions）を利用して暗号化したメールを送信する場合の条件のうち、適切なものはどれか。

ア Aさん、Bさんともに、あらかじめ、自身の公開鍵証明書の発行を受けておく必要がある。

イ Aさん、Bさんともに、同一のISP（Internet Service Provider）に属している必要がある。

ウ Aさんが属しているISPがS/MIMEに対応している必要がある。

エ Bさんはあらかじめ、自身の公開鍵証明書の発行を受けておく必要があるが、Aさんはその必要はない。

- -

!解法 **セキュリティ技術の理解**を問う問題です。

S/MIMEでは公開鍵証明書を利用します。**受信者側が用意した公開鍵、秘密鍵のペアを使用します**。送信者側は受信者側が用意した公開鍵証明書の公開鍵を利用するので**鍵の用意は不要**です。

［アドバイス］

組織が利用するメールの暗号化手法の選択は課題になっており、S/MIMEの利用も注目されています。PGP（Pretty Good Privacy）などの技術との違いも理解しておくとよいでしょう。

▶答え　エ

⑩ 公開問題　ITパスポート　令和4年春　問74

サーバ室など、セキュリティで保護された区画への入退室管理において、一人の認証で他者も一緒に入室する共連れの防止対策として、利用されるものはどれか。

ア　アンチパスバック　　　**イ**　コールバック
ウ　シングルサインオン　　**エ**　バックドア

- -

!解法 **物理セキュリティの知識**を問う問題です。

アンチパスバックは、入室の認証記録がない人の退室を許可しない仕組みのことです。共連れ（ピギーバック）防止対策として、入退室管理システムに用いられます。

［アドバイス］

物理セキュリティも出題範囲です。対策の目的や効果、弱点を問う問題は出題しやすいためそれぞれを正しく紐づけて覚えておく必要があります。
選択肢イのコールバックは電話などで折り返し連絡をすること、選択肢ウのシングルサインオンは一度の認証で、許可されている複数のサーバやアプリケーションなどを利用できる方式、選択肢エのバックドアは、攻撃者が不正に作成した侵入用の裏口を指します。

▶答え　ア

セキュリティ技術

情報セキュリティの要素

▶ ジョウホウセキュリティノヨウソ

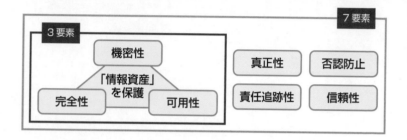

定義 情報セキュリティの3要素はセキュリティの基礎となる概念です。新聞やテレビ、インターネットのニュースなどでセキュリティ事件・事故を見かけたら、情報セキュリティの3要素のどの要素を損なったのか考えてみましょう。例えば「個人情報の漏えい」は"機密性"、「ホームページが不正に書き換えられた」のは"完全性"、「Webシステムの反応が悪くページが表示されない」のは"可用性"がそれぞれ損なわれます。

情報セキュリティとは情報の機密性、完全性及び可用性を維持することです。さらに、真正性、責任追跡性、否認防止、信頼性の特性を維持することを含めることもあります。情報セキュリティでは**情報を**資産と捉えます（情報資産）。
情報資産とは保有しているデータベースやファイル、ドキュメント、動画、音声、紙媒体、ソフトウェア、ハードウェア、企業のブランド価値といった**有形・無形の資産**を指します。

COLUMN

セキュリティのCIA

機密性、完全性、可用性は英語ではConfidentiality、Integrity、Availabilityです。頭文字が"CIA"になるのでセキュリティの"CIA"と呼ばれます。

▼情報セキュリティの3要素（＋4要素）

3要素	英語名	説明
機密性	Confidentiality	認可されていない個人、エンティティ又はプロセスに対して、情報を使用させず、また、開示しない特性
完全性	Integrity	正確さ及び完全さの特性
可用性	Availability	認可されたエンティティが要求したときに、アクセス及び使用が可能である特性

＋4要素	英語名	説明
真正性	Authenticity	エンティティは、それが主張するとおりのものであるという特性
責任追及性	Accountability	あるエンティティの動作が、その動作から動作主のエンティティまで一意に追跡できることを確実にする特性
否認防止	Non-repudiation	主張された事象又は処置の発生、及びそれらを引き起こしたエンティティを証明する能力
信頼性	Reliability	意図する行動と結果とが一貫しているという特性

SECTION 2 セキュリティ技術

COLUMN

求められるバランスとは

組織がセキュリティ対策を検討する際は、コストに対する考慮も必要です。多くの組織は、情報資産の特質・価値をよく検討し、機密性、完全性、可用性のバランスを考慮しながら決められた予算内でうまくコスト配分していくことが求められます。例えば、業務への影響がないのであれば、管理者がいない休日や深夜にはセキュリティ事故の発生を避けるためにシステムを休止することが適切な場合もあります。

機密性・完全性・可用性

公開問題　情報セキュリティマネジメント 平成28年秋 午前 問21

情報の"完全性"を脅かす攻撃はどれか。

ア　Webページの改ざん

イ システム内に保管されているデータの不正コピー

ウ システムを過負荷状態にするDoS攻撃

エ 通信内容の盗聴

！ 解法 情報の正確さが損なわれた状態を表す選択肢を選びます。

ア 正解です。改ざんは完全性を侵害する攻撃です。

イ データの不正コピーは機密性を侵害する攻撃です。

ウ DoS攻撃は可用性を侵害する攻撃です。

エ 盗聴は機密性を侵害する攻撃です。

類似問題に対応できるよう、出題される攻撃手法が、情報セキュリティの3要素の何を侵害しているかを把握し、また、それを保護するために利用できるセキュリティ製品、サービスもあわせて紐づけて回答できるように学習しましょう。

▶答え　ア

機密性・完全性・可用性

公開問題　情報セキュリティマネジメント　平成30年春　午前　問6

IPA "中小企業の情報セキュリティ対策ガイドライン（第2.1版）" を参考に、次の表に基づいて、情報資産の機密性を評価した。機密性が評価値2とされた情報資産とその判断理由として、最も適切な組みはどれか。

評価値	評価基準
2	法律で安全管理が義務付けられている、又は、漏えいすると取引先や顧客への大きな影響、自社への深刻若しくは大きな影響がある
1	漏えいすると自社への事業に影響がある
0	漏えいしても自社の事業に影響はない

	情報資産	判断理由
ア	自社ECサイト (電子データ)	DDoS攻撃を受けて顧客からアクセスされなくなると、機会損失が生じて売上が減少する
イ	自社ECサイト (電子データ)	ディレクトリリスティングされると、廃版となった商品情報がECサイト訪問者に勝手に閲覧される
ウ	主力製品の設計図 (電子データ)	責任者の承諾なく設計者によって無断で変更されると、製品の機能、品質、納期、製造工程に関する問題が生じ、損失が発生する
エ	主力製品の設計図 (電子データ)	不正アクセスによって外部に流出すると、技術やデザインによる製品の競争優位性が失われて、製造の売上が減少する

！ 解法 もっとも「外部に漏えい」すると影響が大きい情報資産を選択します。

ア **DDoS攻撃**は**可用性**を**侵害**する攻撃です。

イ ディレクトリリスティングは機密性を侵害する攻撃ですが、「廃版となった商品情報」を見られてしまうことによる事業影響は一般的に高くありません。

ウ **完全性**を**侵害**する攻撃です。

エ 正解です。**機密性**を**侵害**する攻撃です。「製造の売上が減少する」という**具体的な影響**が書かれているため、これが最も適切です。

※中小企業の情報セキュリティ対策ガイドラインは、2021年3月に第3.0版に更新されていますが、この公開問題の解答に対する影響はありません。

▶**答え　エ**

機密性・完全性・可用性

公開問題　情報セキュリティマネジメント 平成28年秋 午前 問5

ファイルサーバについて、情報セキュリティにおける"可用性"を高めるための管理策として、適切なものはどれか。

ア ストレージを二重化し、耐障害性を向上させる。

イ ディジタル証明書を利用し、利用者の本人確認を可能にする。

ウ ファイルを暗号化し、情報漏えいを防ぐ。

エ フォルダにアクセス権を設定し、部外者の不正アクセスを防止する。

!**解法** 可用性は「**認可されたエンティティが要求したときに、アクセス及び使用が可能である特性**」であるため、障害発生時の影響を軽減する施策を選びます。

ア 正解です。**ストレージの二重化**は障害の影響が軽減されるため可用性を高めます。

イ **ディジタル証明書**は完全性を高めます。

ウ **暗号化**は機密性を高めます。

エ **アクセス権の設定**は機密性を高めます。

この問題では情報セキュリティの3要素を向上するための技術を問われていますが、類似問題対策として、各選択肢がそれぞれどの要素を向上させるものかも一緒に覚えておきましょう。

▶**答え ア**

真正性・否認防止・責任追跡性・信頼性

公開問題 情報セキュリティマネジメント 平成29年春 午前 問24

JIS Q 27000：2019（情報セキュリティマネジメントシステム—用語）における真正性及び信頼性に対する定義a〜dの組みのうち、適切なものはどれか。

〔定義〕

a. 意図する行動と結果とが一貫しているという特性

b. エンティティは、それが主張するとおりのものであるという特性

c. 認可されたエンティティが要求したときに、アクセス及び使用が可能であるという特性

d. 認可されていない個人、エンティティ又はプロセスに対して、情報を使用させず、また、開示しないという特性

	真正性	信頼性
ア	a	c
イ	b	a
ウ	b	d
エ	d	a

! 解法 用語の意味が理解できていれば回答可能です。

真正性とは「**エンティティは、それが主張するとおりのものであるという特性**」、信頼性とは「**意図する行動と結果とが一貫しているという特性**」です。**エンティティ**とは情報資源やデータ資源として管理すべき対象の意味です。

a. **信頼性**の特性です。
b. **真正性**の特性です。
c. **可用性**の特性です。
d. **機密性**の特性です。

用語と意味を紐づけて覚えるのが難しい場合は「真正性＝主張」、「信頼性＝一貫」というように、用語と用語説明内の短いキーワードを紐づけて覚える工夫をしたり、業務でも積極的に使っていくとよいでしょう。

▶答え　イ

真正性・否認防止・責任追跡性・信頼性

公開問題　情報セキュリティマネジメント 平成29年秋 午前 問11

JIS Q 27000：2014（情報セキュリティマネジメントシステム―用語）において定義されている情報セキュリティの特性に関する記述のうち、否認防止の特性に関する記述はどれか。

ア　ある利用者があるシステムを利用したという事実が証明可能である。
イ　認可された利用者が要求したときにアクセスが可能である。
ウ　認可された利用者に対してだけ、情報を使用させる又は開示する。
エ　利用者の行動と意図した結果とが一貫性をもつ。

！解法 否認防止とは「**主張された事象又は処置の発生、及びそれらを引き起こしたエンティティを証明する能力**」です。否認防止という言葉のイメージに惑わされないよう注意しましょう。

ア 正解です。**否認防止の特性**です。
イ 可用性の特性です。
ウ 機密性の特性です。
エ 信頼性の特性です。

用語と意味を紐づけて覚えるのが難しい場合は「否認防止＝証明」というように用語と用語説明内の短いキーワードを紐づけて覚える工夫を取り入れるとよいでしょう。

▶答え　ア

真正性・否認防止・責任追跡性・信頼性

公開問題　情報セキュリティマネジメント　平成30年春　午前　問8

JIS Q 27000：2019（情報セキュリティマネジメントシステム―用語）において、"エンティティは、それが主張するとおりのものであるという特性" と定義されているものはどれか。

ア 真正性　　**イ** 信頼性　　**ウ** 責任追跡性　　**エ** 否認防止

！解法 真正性とは「**エンティティは、それが主張するとおりのものであるという特性**」です。

用語と意味を紐づけて覚えるのが難しい場合は、「真正性＝主張するとおりのもの」というように用語と用語説明内の短いキーワードを紐づけて覚える工夫を取り入れるとよいでしょう。

▶答え　ア

脅威・脆弱性・情報資産

▶ キョウイ・ゼイジャクセイ・ジョウホウシサン

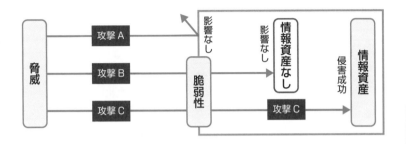

定義 情報資産の侵害防止に必要なものが脅威対策や脆弱性対策です。

脅威 (Threat) は「システム又は組織に損害を与える可能性がある、望ましくない**インシデント**の潜在的な原因」で、人的、技術的、物理的なものがあります。
情報セキュリティでは**インシデント**とは、「情報および制御システムの運用における**セキュリティ上の問題として捉えられる事象**」を指します。
脆弱性 (Vulnerability) は「一つ以上の脅威によって付け込まれる恐れがある、**資産又は管理策の弱点**」を指します。
脅威があり脆弱性がない場合、もしくは脅威がなく脆弱性がある場合、どちらの場合も侵害は発生しません。しかし、現実的には脅威も脆弱性も減らすことはできても完全に無くすことは不可能です。そのため、脅威対策、脆弱性対策は情報セキュリティにおいて重要な施策です。

COLUMN

脅威対策は知ることから

脆弱性は、守る側（自組織側）に起因するため、脆弱性対策製品の導入やセキュリティパッチを適用するなどの具体的な対策を講じることができます。その一方で、「脅威」は外部要因によって引き起こされるため、守る側がコントロールすることはできません。そのため「脅威」対策でもっとも有効なものは脅威を「知る」ことです。具体的には攻撃の手口や攻撃の事例を知ることが対策につながります。情報セキュリティとは異なる分野ですが、警察が犯罪の手口を公開して注意喚起を呼びかけるのも同じ理由によるものです。最近では脅威情報を提供するサービスも登場して、注目されています。

情報資産・脅威・脆弱性

公開問題　情報セキュリティマネジメント 平成29年秋 午前 問9

情報セキュリティマネジメントにおける、脅威と脆弱性に関する記述のうち、最も適切なものはどれか。

ア 管理策の欠如によって脅威が高まり、脆弱性の深刻度が低くなる。
イ 脅威が存在しないと判断できる場合、脆弱性に対処する必要性は低い。
ウ 脅威のうち、脆弱性によってリスクが顕在化するのは環境的脅威である。
エ 脆弱性の有無にかかわらず、事故の発生確率は脅威の大きさで決まる。

！ 解法 脅威が脆弱性につけこむことで情報資産の侵害が発生します。脅威、脆弱性のいずれかが無い場合、侵害は発生しません。

ア **管理策の欠如**は脆弱性の深刻度を高めます。
イ 正解です。**脅威が存在しない場合**、たとえ脆弱性があっても**侵害は発生しません**。
ウ 脆弱性の有無に関わらず脅威は発生します。
エ 脆弱性が無い場合、事故の発生確率はゼロです。

この問題のポイントは次の2つです。

①脆弱性は守る側（自組織側）に起因するもの、脅威は外部要因によって引き起こされるもの

②脅威、脆弱性のいずれかが存在しない場合、侵害は発生しない

▶答え　イ

情報資産・脅威・脆弱性

公開問題　ITパスポート　平成26年春　問66

データを暗号化することによって防ぐことのできる脅威はどれか。

ア　誤操作によるデータの削除

イ　ソーシャルエンジニアリング

ウ　通信内容の盗聴

エ　データが保管されるサーバへのDoS攻撃

SECTION 2　セキュリティ技術

⚠ 解法 暗号化によって確保されるのは**機密性**です。

ア　誤操作によるデータの削除は完全性を損なう技術的脅威です。

イ　ソーシャルエンジニアリングは人を騙す攻撃で、人的脅威です。

ウ　正解です。通信内容の盗聴はデータを暗号化することによって防ぐことのできる脅威です。

エ　データが保管されるサーバへのDoS攻撃は可用性を損なう技術的脅威です。

▶答え　ウ

脅威の種類

▶ キョウイノシュルイ

🔖 **定義**　脅威は**物理的脅威、技術的脅威、人的脅威**に分類されます。

それぞれの具体的な脅威は次のとおりです。

物理的脅威	**物理的に情報資産が侵害される脅威** 事故、災害、故障、破壊、盗難、侵入など
技術的脅威	**技術的に情報資産が侵害される脅威** **不正アクセス**、盗聴、なりすまし、改ざん、エラー、クラッキング※、**サイバー攻撃**、情報漏えい、SPAM（迷惑メール）、破壊、侵入など
人的脅威	**人が起因となって情報資産が侵害される脅威** **ビジネスメール詐欺（BEC）**、**ソーシャルエンジニアリング**、誤謬、内部不正、SNSの悪用、情報漏えい、誤操作、紛失、破損、盗み見、不正利用、故意、過失、妨害行為、風評、炎上など

※**クラッキング**：悪意をもってネットワーク上のシステムへ**不正侵入**や、**破壊・改ざん**をすることです。

人的脅威には**故意**や**過失**、そして知識不足などで発生する**誤謬**なども存在します。
設定ミスや**管理ミス**で発生する事故も人的脅威です。

脅威の種類

公開問題　情報セキュリティマネジメント　令和元年秋　午前　問1

BEC（Business E-mail Compromise）に該当するものはどれか。

ア 巧妙なだましの手口を駆使し、取引先になりすまして偽の電子メールを送り、金銭をだまし取る。

イ 送信元を攻撃対象の組織のメールアドレスに詐称し、多数の実在しないメールアドレスに一度に大量の電子メールを送り、攻撃対象の組織のメールアド

　　レスを故意にブラックリストに登録させて、利用を阻害する。

ウ　第三者からの電子メールが中継できるように設定されたメールサーバを、スパムメールの中継に悪用する。

エ　誹謗中傷メールの送信元を攻撃対象の組織のメールアドレスに詐称し、組織の社会的な信用を大きく損なわせる。

!解法　ビジネスメール詐欺（BEC）は、巧妙な騙しの手口を駆使し、偽の電子メールを組織・企業に送り付け、従業員を騙して攻撃者の用意した口座などへ送金させる**詐欺の手口**です。

選択肢は全てメールに関連する攻撃ですが、**詐欺**に該当するのはアだけです。
ビジネスメール詐欺はセキュリティ製品による防御の自動化が難しいため、被害の防止には組織構成員一人ひとりの注意が重要です。

▶**答え**　ア

脅威の種類

公開問題　情報セキュリティマネジメント　平成29年春　午前　問21

ソーシャルエンジニアリングに該当するものはどれか。

ア　オフィスから廃棄された紙ごみを、清掃員を装って収集して、企業や組織に関する重要情報を盗み出す。

イ　キー入力を記録するソフトウェアを、不特定多数が利用するPCで動作させて、利用者IDやパスワードを窃取する。

ウ　日本人の名前や日本語の単語が登録された辞書を用意して、プログラムによってパスワードを解読する。

エ　利用者IDとパスワードの対応リストを用いて、プログラムによってWebサイトへのログインを自動的かつ連続的に試みる。

!解法　**人的脅威**に当たるソーシャルエンジニアリングは、人間の心理的な隙や行動ミスにつけ込んで情報資産を脅かす攻撃です。**人の特性を狙った攻撃**です。

ア 正解です。ソーシャルエンジニアリングの**ゴミ箱あさり（トラッシング）**の説明です。

イ 技術的脅威にあたる**キーロガー**の説明です。

ウ 技術的脅威にあたる**辞書攻撃**の説明です。

エ 技術的脅威にあたる**パスワードリスト攻撃**の説明です。

情報システムとは異なり、人間は管理者が制御することが困難であるため、情報セキュリティにおいてもっとも脆弱な存在だといえます。そのため、情報システムの脆弱性を見つけられなかった攻撃者は、組織の構成員をターゲットにした攻撃を計画する場合があります。

▶**答え　ア**

脅威の種類

公開問題　情報セキュリティマネジメント　平成28年春　午前　問34

特定電子メール送信適正化法で規制される、いわゆる迷惑メール（スパムメール）はどれか。

ア ウイルスに感染していることを知らずに、職場全員に送信した業務連絡メール

イ 書籍に掲載された著者のメールアドレスへ、匿名で送信した批判メール

ウ 接客マナーへの不満から、その企業のお客様窓口に繰返し送信したクレームメール

エ 送信することの承諾を得ていない不特定多数の人に送った広告メール

- -

⚠ 解法 特定電子メール送信適正化法（特定電子メール法）では広告宣伝メールの送信について「**原則としてあらかじめ送信の同意を得た者以外の者への送信禁止**」、「一定の事項に関する表示義務」、「送信者情報を偽った送信の禁止」、「送信を拒否した者への送信の禁止」などを定めています。

この公開問題は迷惑メールについての問いですが、同時に法律の適応範囲についても問われています。

▶**答え　エ**

マルウェア

▶ マルウェア

 定義 マルウェアに感染する原因はシステム側に脆弱性が存在するからです。マルウェア対策は脆弱性対策を行うことです。

マルウェア (malware) とは「悪意のある」という意味のmaliciousとsoftware を組み合わせた造語で、不正プログラムを指します。

経済産業省では「**コンピュータウイルス対策基準**」においてコンピュータウイルスを次のように定義しています。

第三者のプログラムやデータベースに対して意図的に何らかの被害を及ぼすように作られたプログラムであり、次の機能を一つ以上有するもの。

❶自己伝染機能
自らの機能によって他のプログラムに自らをコピーし又はシステム機能を利用して自らを他のシステムにコピーすることにより、他のシステムに伝染する機能

❷潜伏機能
発病するための特定時刻、一定時間、処理回数等の条件を記憶させて、発病するまで症状を出さない機能

❸発病機能
プログラム、データ等のファイルの破壊を行ったり、設計者の意図しない動作をする等の機能

引用：経済産業省コンピュータウイルス対策基準

https://www.meti.go.jp/policy/netsecurity/CvirusCMG.htm

代表的なマルウェアの種類と概要は次のとおりです。

名称	概要
コンピュータ ウイルス	自己伝染機能、潜伏機能、発病機能のいずれか1つ以上を有す。 広義の意味ではマルウェア全般を示す場合もある
ワーム	他のファイルに寄生せず自らがファイルやメモリを使い自己増殖を行う
トロイの木馬	正規のプログラムと見せかけ、不正な機能をコンピュータの内部に潜伏させる
マクロウイルス	オフィスソフトなどで使用するマクロ機能を悪用するウイルス
ボット	遠隔操作型ウイルス。感染したコンピュータは攻撃者によって**ボットネット**に参加させられ攻撃に加担する。C&Cサーバはボットネットの制御を行う
スパイウェア	利用者の使用するコンピュータから、個人情報やコンピュータの情報などを取得する。**キーボードからの入力を記録・盗聴するキーロガー**などもスパイウェアの一種
ランサムウェア	コンピュータを使用できない状態（保存されているデータを暗号化するなど）にした上で、もとに戻す対価を要求するマルウェア
ルートキット	悪用しやすいようコンピュータを改変するためのツール群の総称
バックドア	管理者に気づかれずに外部からコンピュータに侵入するための「裏口」を開ける行為やプログラム
偽セキュリティ対策 ソフト型ウイルス	セキュリティ対策ソフトに見せかけたウイルス

COLUMN

身代金は189ドル

世界初のランサムウェアは1989年のAIDS Trojanだと言われています。フロッピーディスクで配布され、感染した際の身代金は189ドルでした。

COLUMN

トロイの木馬の危険性

性質上、トロイの木馬をインストールするのはコンピュータの管理者や利用者です。そのため、トロイの木馬が強力な利用者権限で動作してしまう危険性があります。

マルウェアの種類

公開問題　情報セキュリティマネジメント 平成28年秋 午前 問27

ランサムウェアに分類されるものはどれか。

ア　感染したPCが外部と通信できるようプログラムを起動し、遠隔操作を可能にするマルウェア

イ　感染したPCに保存されているパスワード情報を盗み出すマルウェア

ウ　感染したPCのキー操作を記録し、ネットバンキングの暗証番号を盗むマルウェア

エ　感染したPCのファイルを暗号化し、ファイルの復号と引換えに金銭を要求するマルウェア

！解法　ランサムウェアはコンピュータを使用できない状態（保存されているデータを暗号化するなど）にした上で、もとに戻す対価を要求するマルウェアです。

ア　ボットの挙動です。　　　　イ　スパイウェアの挙動です。

ウ　キーロガーの挙動です。　　エ　ランサムウェアの挙動です。

従来のランサムウェアは不特定多数の利用者を狙った手口が一般的でしたが、2020年頃からは特定の個人や企業などを標的とした手口に変化しています。またデータを暗号化するだけではなく、データ窃取した上で「当該データを公開して欲しくなければ金を払え」と対価を要求する二重恐喝（ダブルエクストーション）という手口も確認されています。

類似問題対策として各選択肢がどのマルウェアを説明しているのか一緒に覚えておきましょう。

▶答え　エ

マルウェアの種類
公開問題　情報セキュリティマネジメント 平成28年秋 午前 問14

サーバにバックドアを作り、サーバ内で侵入の痕跡を隠蔽するなどの機能をもつ不正なプログラムやツールのパッケージはどれか。

ア RFID　**イ** rootkit　**ウ** TKIP　**エ** web beacon

解法 rootkit（ルートキット）は、コンピュータを悪用しやすいように改変するためのツール群の総称です。バックドアを作ったり侵入の痕跡を隠蔽したりするなどの機能を持つものがあります。

ア **RFID**はRadio Frequency IDentificationの略でICカードなどに利用されている技術です。
イ 正解です。
ウ **TKIP**はTemporal Key Integrity Protocolの略で無線LANによって利用されるセキュリティプロトコルの一種です。
エ **web beacon**はWebページに埋め込み、利用者の利用状況を収集する技術です。

バックドアは、rootkitなどの特別なツールを使用せずに実現することもできます。例えば、管理者が無効にしていたリモートアクセス用の標準機能を、管理者の目を盗んで攻撃者がこっそり有効化するだけでも、バックドアの意図を実現できます。そのため、日ごろから注意が必要です。

▶答え　イ

マルウェアの種類

公開問題 ITパスポート 平成21年春 問81

マクロウイルスに関する記述として、適切なものはどれか。

ア PCの画面上に広告を表示させる。

イ ネットワークで接続されたコンピュータ間を、自己複製しながら移動する。

ウ ネットワークを介して、他人のPCを自由に操ったり、パスワードなど重要な情報を盗んだりする。

エ ワープロソフトや表計算ソフトのデータファイルに感染する。

! 解法 マクロウイルスは**オフィスソフト**などで利用する**マクロ機能を悪用するウイルス**です。マクロはオフィスのデータファイルに含まれます。

ア 感染すると広告を無許可で表示させるアドウェアの特徴です。

イ ワームの特徴です。

ウ スパイウェアやボットの特徴です。

エ 正解です。

近年のオフィスソフトの初期設定では、マクロ付きファイルを開く場合、警告が表示されるため、許可をしなければマクロが実行されることはありません。しかし、マクロの有効化を促すような文章が記述され、警告を無視して有効化してしまうと悪意のあるマクロが実行されマルウェア感染へつながります。

マルウェアの特徴を問われていますので類似問題対策として各選択肢の特徴がどのマルウェアのものなのか一緒に覚えておきましょう。

▶**答え エ**

マルウェアの種類

公開問題 情報セキュリティマネジメント 平成30年秋 午前 問14

ボットネットにおけるC&Cサーバの役割として、適切なものはどれか。

ア Webサイトのコンテンツをキャッシュし、本来のサーバに代わってコンテンツを利用者に配信することによって、ネットワークやサーバの負荷を軽減する。

イ 外部からインターネットを経由して社内ネットワークにアクセスする際に、CHAPなどのプロトコルを用いることによって、利用者認証時のパスワードの盗聴を防止する。

ウ 外部からインターネットを経由して社内ネットワークにアクセスする際に、チャレンジレスポンス方式を採用したワンタイムパスワードを用いることによって、利用者認証時のパスワードの盗聴を防止する。

エ 侵入して乗っ取ったコンピュータに対して、他のコンピュータへの攻撃などの不正な操作をするよう、外部から命令を出したり応答を受け取ったりする。

！ 解法

ア CDN（Contents Delivery Network）に関する説明です。

イ、ウ 認証サーバに関する説明です。

エ 正解です。C&Cサーバはコマンド＆コントロール（Command & Control）サーバの略です。

▶答え　エ

マルウェアの種類

公開問題　情報セキュリティマネジメント　平成31年春　午前　問19

PCへの侵入に成功したマルウェアがインターネット上の指令サーバと通信を行う場合に、宛先ポートとして使用されるTCPポート番号80に関する記述のうち、適切なものはどれか。

ア DNSのゾーン転送に使用されることから、通信がファイアウォールで許可されている可能性が高い。

イ WebサイトのHTTPS通信での閲覧に使用されることから、マルウェアと指令サーバとの間の通信が侵入検知システムで検知される可能性が低い。

ウ Webサイトの閲覧に使用されることから、通信がファイアウォールで許可されている可能性が高い。

エ ドメイン名の名前解決に使用されることから、マルウェアと指令サーバとの

間の通信が侵入検知システムで検知される可能性が低い。

! 解法 TCPポート番号80はHTTP通信に用いられるポートで、一般的には企業のファイアウォールで通信許可されていることが多いポートです。

ア DNSのゾーン転送に使用するのは、TCPポート番号53です。また、DNSゾーン転送のトラフィック（TCPポート番号53）は、信頼できるDNSサーバ間通信のみを許可する運用が一般的であり、ファイアウォールではブロックされます。

イ HTTPS通信で利用されるポートはTCPポート番号443です。

ウ 正解です。

エ DNSの名前解決で利用されるポートはUDPポート番号53です。

▶答え　ウ

マルウェアの種類
公開問題　基本情報技術者 平成27年春 午前 問37

キーロガーの悪用例はどれか。

ア 通信を行う2者間の経路上に割り込み、両者が交換する情報を収集し、改ざんする。

イ ネットバンキング利用時に、利用者が入力したパスワードを収集する。

ウ ブラウザでの動画閲覧時に、利用者の意図しない広告を勝手に表示する。

エ ブラウザの起動時に、利用者がインストールしていないツールバーを勝手に表示する。

! 解法 キーロガーはキーボードからの入力を記録・盗聴します。

ア 中間者攻撃の悪用例です。

イ 正解です。

ウ アドウェアの悪用例です。

エ ブラウザ上で動作するスクリプトの悪用例です。

▶答え　イ

脆弱性の種類

▶ ゼイジャクセイノシュルイ

定義 セキュリティ対策においてもっとも困難なものは人的脆弱性の排除です。

どれだけシステム上で対策を施しても、人的脆弱性があれば、そこが攻撃の糸口になります。

脆弱性にはソフトウェア上の欠陥、システムのセキュリティ上の欠陥といった、技術的脆弱性のほかに物理的脆弱性、人的脆弱性も存在します。

代表的な脆弱性の種類と概要は次のとおりです。

種類	概要
バグ	ソフトウェア上の欠陥
セキュリティホール	システムのセキュリティ上の欠陥
人的脆弱性	人間が持つセキュリティ侵害につながる性質

脆弱性の種類

公開問題 ITパスポート 平成26年秋 問58

不正アクセスなどに利用される、コンピュータシステムやネットワークに存在する弱点や欠陥のことを何というか。

ア インシデント　**イ** セキュリティホール
ウ ハッキング　**エ** フォレンジック

！ 解法　セキュリティホールとは、脆弱性のことです。脆弱性は、システムの弱点や欠陥を意味するセキュリティ用語です。

ア　**インシデントとは情報および制御システムの運用におけるセキュリティ上の問題として捉えられる事象**のことです。

イ　正解です。

ウ　**ハッキングとは高度な技術力や知識を駆使すること**を意味します。

エ　**フォレンジックはディジタルフォレンジックとも呼ばれ、不正の証拠収集を行うプロセス**を指します。

セキュリティホールを塞ぐには常にOSやソフトウェアの更新情報を収集し、できる限り迅速にアップデートを行う必要がありますが、最近はゼロデイ攻撃と呼ばれるパッチ配布前の脆弱性を悪用した攻撃が増えており、パッチ適用だけでは対策が追い付かないケースもあります。影響度が大きい場合はセキュリティホールへの対応が完了するまでシステム停止の判断をする必要もあります。事前にシステム停止の判断を行うための指針を決めておくと迅速な対応が可能になります。

事象に該当する用語を問われていますので類似問題対策として各選択肢の用語の特徴がどのようなものなのか一緒に覚えておきましょう。

▶**答え　イ**

不正のメカニズム

▶ フセイノメカニズム

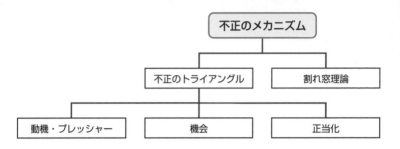

定義 不正とは法律やルールなどの規範に従わない行為を指します。

大多数の人は、自ら積極的には不正を行いません。不正が発覚した際の不利益が大きいことを知っているためです。それでも人が不正に走ることがあります。
不正のトライアングル理論と割れ窓理論は、人が不正に至る**不正のメカニズム**を考察しています。

●不正のトライアングル
犯罪学者ドナルド・R・クレッシー（Donald R. Cressey）氏が提唱した理論で、不正行為は"**動機・プレッシャ**"、"**機会**"、"**正当化**"の3要素が揃った場合に発生すると考えられています。

動機・プレッシャ	**不正行為をせざるを得ない事情** ［例］ **金銭上の問題**（借金返済、高額医療費など） **ノルマへのプレッシャ** プライド　など
機会	**不正行為がしやすい環境** ［例］ 脆弱性の放置 チェック機能の不備 監視していない　など

正当化	**自分勝手な歪んだ正義感** [例] 他に比べれば大した不正ではないという認識 正義のために不正をやっている　など

●割れ窓理論

犯罪学者ジョージ・ケリング（George L. Kelling）氏が提唱した理論で、壊れた窓を放置したままにしていると更に犯罪を誘発し残りの窓も壊されていくように、軽微な犯罪を放置するとより重大な犯罪を誘発するという考え方です。

不正のメカニズム
公開問題　情報セキュリティマネジメント 平成29年春 午前 問27

不正が発生する際には"不正のトライアングル"の3要素全てが存在すると考えられている。"不正のトライアングル"の構成要素の説明として、適切なものはどれか。

ア "機会"とは、情報システムなどの技術や物理的な環境、組織のルールなど、内部者による不正行為の実行を可能又は容易にする環境の存在である。

イ "情報と伝達"とは、必要な情報が識別、把握及び処理され、組織内外及び関係者相互に正しく伝えられるようにすることである。

ウ "正当化"とは、ノルマによるプレッシャなどのことである。

エ "動機"とは、良心のかしゃくを乗り越える都合の良い解釈や他人への責任転嫁など、内部者が不正行為を自ら納得させるための自分勝手な理由付けである。

！解法 監視カメラの設置や監査の実施は不正がしにくい環境を実現するため、不正の"機会"を軽減します。

ア 正解です。
イ 情報と伝達は不正のトライアングルとは関係ありません。
ウ "動機、プレッシャ"の説明です。
エ "正当化"の説明です。

不正のトライアングルの3要素のうち比較的対策がしやすいのは"機会"を軽減することです。監視カメラの導入や施設の施錠など、物質的な措置で対策ができます。一方、"動機・プレッシャ"、"正当化"は人の内面的な要素であるため、対策の難易度は高くなります。

▶答え ア

不正のメカニズム

公開問題 情報セキュリティマネジメント 平成30年秋 午前 問12

軽微な不正や犯罪を放置することによって、より大きな不正や犯罪が誘発されるという理論はどれか。

ア 環境設計による犯罪予防理論　　イ 日常活動理論
ウ 不正のトライアングル理論　　エ 割れ窓理論

⚠ 解法 割れた窓を放置することが、「防犯に関心を払う管理者が存在しない」というメッセージとなって犯罪を誘発しやすくなるという理論です。

ア 環境設計による犯罪予防理論 (CPTED：Crime Prevention Through Environmental Design) は、適切な環境を設計することで犯罪を予防する考え方です。

イ 日常活動理論は、"動機付けされた犯罪者"、"ふさわしい対象"、"有能な保護者の欠如"の3要素が同一環境・同一時間に揃うことで犯罪機会が生じるという考え方です。

ウ 不正のトライアングル理論は、"動機・プレッシャ"、"環境"、"正当化"が揃った時に不正行為が起こるという理論です。

エ 正解です。

▶答え エ

攻撃者の種類

▶ コウゲキシャノシュルイ

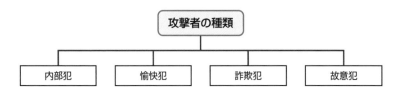

📝 **定義** 攻撃者は、立場や動機によって内部犯、愉快犯、詐欺犯、故意犯などに分類されます。

攻撃者には、内部犯のように被害者に近い立場のものもいれば、愉快犯のように好奇心から行うもの、詐欺犯のように金銭目当てのもの、故意犯のように自らの行為の犯罪性を自覚した上で行うものなど、様々な種類があります。

代表的な攻撃者の種類と関連する用語は次のとおりです。

●スクリプトキディ
技術力が乏しく、他人の開発した攻撃ツールを入手し使用する攻撃者を指します。

●ボットハーダー
マルウェアに乗っ取られた多数のコンピュータが構成するネットワーク（ボットネット）の指令者を意味します。

●ダークウェブ
専用ブラウザ（Torブラウザなど）を利用してアクセスできる**ダークネット**※上のWebコンテンツを指します。匿名性が高いためサイバー犯罪に利用される場合があります。
※インターネット上で到達可能かつ未使用のIPアドレス空間のこと

NICTERWEB

ダークネットの定点観測は情報通信研究機構（NICT）の "NICTER"、JPCERT/CCの "TSUBAME"、@policeの "インターネット定点観測" などがあります。"NICTER" はインターネット上のWebサイトで公開されており、誰でもアクセス可能です。

● NICTERWEB—ダークネット観測
https://www.nicter.jp/

攻撃者の種類

公開問題　情報セキュリティマネジメント　平成28年秋　午前　問24

スクリプトキディの典型的な行為に該当するものはどれか。

ア PCの利用者がWebサイトにアクセスし、利用者IDとパスワードを入力するところを後ろから盗み見して、メモをとる。

イ 技術不足なので新しい攻撃手法を考え出すことはできないが、公開された方法に従って不正アクセスを行う。

ウ 顧客になりすまして電話でシステム管理者にパスワードの再発行を依頼し、新しいパスワードを聞き出すための台本を作成する。

エ スクリプト言語を利用してプログラムを作成し、広告や勧誘などの迷惑メールを不特定多数に送信する。

！ 解法 **スクリプトキディ**とは技術力が低い攻撃者のことです。

ア ショルダーハッキングと呼ばれる**ソーシャルエンジニアリングの手法**の説明です。

イ 正解です。

ウ なりすましと呼ばれる**ソーシャルエンジニアリングの手法**の説明です。

エ スクリプトキディは、技術力の低い攻撃者のことであり、プログラムを作成

する技術力のある攻撃者はこれに該当しません。また、作成するプログラム
の種別 (スクリプト言語) は、この際には無関係です。

従来、セキュリティ攻撃者は、高い技術力を有しているのが一般的でした。し
かし、インターネットの普及により、攻撃ツールの入手が容易になり、技術力
がなくても公開されているツールを悪用するだけでセキュリティ攻撃に加担
できるようになりました。その結果、このような技術力の低い攻撃者たちを、
スクリプトキディと呼称するようになりました。

▶答え イ

攻撃者の種類
公開問題 情報セキュリティマネジメント 平成31年春 午後 問1を参考に作成

攻撃者がインターネット上の情報を用いて組織や人物を調査し、攻撃対象の組織
や人物に関する情報を取得する方法について次の (i) ～ (v) のうち、該当する
ものだけを全て挙げた組合せを選べ。

i 攻撃者が、WHOISサイトから、攻撃対象組織の情報システム管理者名や連絡
先などを入手する。
ii 攻撃者が、攻撃対象組織の公開Webサイトから、HTMLソースのコメント行
に残ったシステムのログイン情報などを探す。
iii 攻撃者が、攻撃対象組織の役員が登録しているSNSサイトから、攻撃対象の
人間関係や趣味などを推定する。
iv 攻撃者が、一般的なWebブラウザからはアクセスできないダークWebから、
攻撃対象の組織や人物のうわさ、内部情報などを探す。
v 攻撃者が、インターネットに公開されていない攻撃対象組織の社内ポータル
サイトから、組織図や従業員情報、メールアドレスなどを入手する。

ア (i)、(ii)、(iii)	イ (i)、(ii)、(iii)、(iv)	
ウ (i)、(ii)、(iii)、(v)	エ (i)、(ii)、(iv)	
オ (i)、(ii)、(iv)、(v)	カ (i)、(iii)、(iv)、(v)	
キ (i)、(iv)、(v)	ク (ii)、(iii)、(iv)、(v)	
ケ (ii)、(iii)、(v)	コ (iii)、(iv)、(v)	

> **！解法** 社内ポータルサイトは組織外には非公開であるため、インターネット上の情報として参照することはできません。

i 、ii 、iii 、iv　正しい説明です。いずれもインターネット上の情報の説明です。

v　社内ポータルサイトは組織外には非公開であるため、インターネット上の情報として参照することはできません。

攻撃者がインターネット上の情報を用いて組織や人物を調査することを偵察と呼びます。攻撃者は偵察によって得た情報を元に具体的な攻撃シナリオを検討します。

▶答え　イ

攻撃者の目的

▶ コウゲキシャノモクテキ

✎ **定義** 攻撃者の目的は金銭奪取、思想の目標達成、そして政治的目的達成などです。

攻撃者の主な目的は次のとおりです。

●金銭奪取
攻撃によって**不当な金銭を得る**ことが目的です。
ランサムウェアは身代金を要求し、金銭奪取を試みます。

●ハクティビズム
信教や政治的な思想の目標を達成するのが目的です。
ハック（hack）とアクティビズム（activism）を組み合わせた造語で、活動を行う個人や組織をハクティビスト（Hacktivist）と呼びます。

●サイバーテロリズム
インターネット上で行われるテロリズム（政治的目的を達成するための攻撃）です。
警視庁のサイバーテロ対策協議会では、サイバー犯罪の中でも最も甚大で深刻な被害を及ぼす危険があるとし、次のように説明しています。
「重要インフラの基幹システムに対する電子的攻撃又は重要インフラの基幹システムにおける重大な障害で電子的攻撃による可能性が高いものとされており、一般的にはコンピュータ・システムに侵入し、データを破壊、改ざんするなどの手段により、**国家又は社会の重要な基盤を機能不全に陥れる行為**」

ハクティビズム、**サイバーテロリズム**の様に交渉の余地が少ないものは、関係機関との連携しながら対応していく必要があります。

攻撃者の目的

公開問題　応用情報技術者　令和３年春　午前　問38を参考に作成

ハクティビズムに該当するものはどれか。

ア Webサイトのページを改ざんすることによって、そのWebサイトから社会的・政治的な主張を発信する。

イ 攻撃前に、攻撃対象となるPC、サーバ及びネットワークについての情報を得る。

ウ 攻撃前に、攻撃に使用するPCのメモリを増設することによって、効率的に攻撃できるようにする。

エ システムログに偽の痕跡を加えることによって、攻撃後に追跡を逃れる。

⚠ **解法** ハクティビズムは**信教や政治的な思想の目標を達成するのが目的**です。

ア 正解です。
イ フットプリンティングの説明です。
ウ 攻撃準備のための環境整備の説明です。
エ ログ改ざんの説明です。

ハクティビズムよりも甚大な被害を及ぼす危険なものとして、サイバーテロリズムにも注意が必要です。

▶答え　ア

サイバーキルチェーン

▶ サイバーキルチェーン

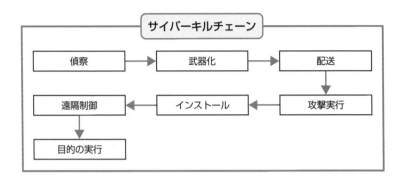

サイバーキルチェーン

| 偵察 | → | 武器化 | → | 配送 |

| 遠隔制御 | ← | インストール | ← | 攻撃実行 |

| 目的の実行 |

📝 定義 サイバーキルチェーンは標的型攻撃における攻撃者の行動をモデル化したものです。

特定の企業や個人を狙って行われる執拗で高度なサイバー攻撃の総称を持続的標的型攻撃（APT）と呼びます。サイバーキルチェーンは標的型攻撃における**攻撃者の行動をモデル化**したものの1つです。攻撃者の行動を7段階に分類し、段階毎の攻撃者の行動を定義しています。2009年にロッキード・マーチン社が提唱しました。

COLUMN

キルチェーン

キルチェーン（Kill Chain）という用語は、軍事分野で使用されている概念ですが、セキュリティ用語であるサイバーキルチェーンの定義との関連はありません。

7段階の説明は次のとおりです。

1	偵察 (Reconnaissance)	インターネットなどから組織や人物を調査し、対象組織に関する情報を取得する
2	武器化 (Weaponization)	**エクスプロイト（脆弱性を攻撃するプログラム）や**マルウェアを作成する
3	配送 (Delivery)	なりすましメール（マルウェアを添付あるいはマルウェア設置サイトに誘導）を送付し、ユーザにクリックするように誘導する
4	攻撃実行 (Exploitation)	ユーザにマルウェア添付ファイルを実行させる、あるいはユーザをマルウェア設置サイトに誘導し、脆弱性を使用したエクスプロイトコードを実行させる
5	インストール (Installation)	エクスプロイトの成功により、標的がマルウェアに感染する
6	遠隔操作 (Command & Control)	マルウェアとC＆Cサーバを通信させて、感染PCを遠隔操作する また新たなマルウェアやツールのダウンロードなど、により、感染拡大や内部情報の探索を試みる
7	目的の実行 (Actions on Objectives)	探し出した内部情報を、加工（圧縮や暗号化など、）した後、情報を持ち出す

サイバーキルチェーン

公開問題　応用情報技術者 令和4年春 午前 問37を参考に作成

サイバーキルチェーンの武器化段階に関する記述として、適切なものはどれか。

ア　攻撃対象企業の公開Webサイトの脆弱性を悪用してネットワークに侵入を試みる。

イ　攻撃対象企業の社員に標的型攻撃メールを送ってPCをマルウェアに感染させ、PC内の個人情報を入手する。

ウ　攻撃対象企業の社員のSNS上の経歴、肩書などを足がかりに、関連する組織や人物の情報を洗い出す。

エ　サイバーキルチェーンの2番目の段階をいい、攻撃対象に特化したPDFやドキュメントファイルにマルウェアを仕込む。

！ 解法　武器化段階ではエクスプロイトやマルウェアの作成を行います。

ア サイバーキルチェーンの段階には該当しません。

イ **配送段階**から**目的の実行段階**の説明です。

ウ **偵察段階**の説明です。

エ 正解です。

サイバーキルチェーンの各段階の攻撃者のアクティビティ（活動）場所が異なる点に注目し、守る側ではシステム側の確認すべきログの絞り込みを行っていきます。

サイバーキルチェーンの各段階の説明を問われていますので類似問題対策として各選択肢がどの段階を説明しているのか一緒に覚えておきましょう。

▶**答え** ア

SECTION 2 セキュリティ技術

攻撃手法

▶ コウゲキシュホウ

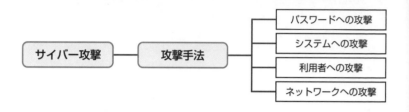

定義 本書では攻撃手法を4つの攻撃対象ごとに分類しました。実際の攻撃は複数の攻撃手法を組み合わせて行われます。

攻撃手法は主に①**パスワードへの攻撃**、②**システムへの攻撃**、③**利用者への攻撃**、④**ネットワークへの攻撃**に分類することができます。

各攻撃手法の解説は次ページ以降で行います。

COLUMN

官民ボード

社会全体としての不正アクセス防止対策の推進にあたって必要となる施策に関し、現状の課題や改善方策について官民の意見を集約するために、警察庁、総務省、経産省が民間事業者等と共同で設置した官民意見集約委員会のことを官民ボードといいます。

情報処理推進機構（IPA）では官民ボード参画団体が発信する情報を「情報セキュリティ・ポータルサイト」にまとめています。

- **ここからセキュリティ！ 情報セキュリティ・ポータルサイト**
  https://www.ipa.go.jp/security/kokokara/

パスワードへの攻撃

▶ パスワードヘノコウゲキ

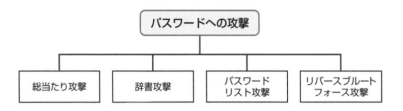

 定義 システムのパスワード認証機能を狙った攻撃です。

パスワード認証は実装が容易である反面、攻撃の影響を受けやすいため、多要素認証、多段階認証などで保護を強化する必要があります。

代表的なパスワードへの攻撃と概要は次のとおりです。

●総当たり攻撃 (ブルートフォース攻撃：brute force attack)
考えられる文字の全ての組み合わせを試していく攻撃手法です。
ブルートフォースは「力づく」の意味です。

●辞書攻撃
パスワードとしてよく使われる文字列や単語などを辞書ファイルに登録し、試していく攻撃手法です。

●パスワードリスト攻撃
複数のサイトで同一の利用者IDとパスワードを使っている利用者がいる状況に着目し、不正に取得した他サイトのIDとパスワードのリストを用いて、攻撃対象に試していく攻撃手法です。

●リバースブルートフォース攻撃
パスワードを固定した状態で利用者IDを総当たりで変えながらログインを試行してアカウントの特定を試みる攻撃手法です。

パスワードへの攻撃

公開問題　情報セキュリティマネジメント　平成28年春　午前　問26

パスワードリスト攻撃の手口に該当するものはどれか。

ア 辞書にある単語をパスワードに設定している利用者がいる状況に着目して、攻撃対象とする利用者IDを定め、英語の辞書にある単語をパスワードとして、ログインを試行する。

イ 数字4桁のパスワードだけしか設定できないWebサイトに対して、パスワードを定め、文字を組み合わせた利用者IDを総当たりに、ログインを試行する。

ウ パスワードの総文字数の上限が小さいWebサイトに対して、攻撃対象とする利用者IDを一つ定め、文字を組み合わせたパスワードを総当たりに、ログインを試行する。

エ 複数サイトで同一の利用者IDとパスワードを使っている利用者がいる状況に着目して、不正に取得した他サイトの利用者IDとパスワードの一覧表を用いて、ログインを試行する。

！ 解法 複数の異なるサイトで同一の利用者IDとパスワードの組合せを使用している利用者が存在することに目を付けた攻撃手法です。

ア 辞書攻撃の説明です。
イ リバースブルートフォース攻撃の説明です。
ウ 総当たり攻撃（ブルートフォース攻撃）の説明です。
エ 正解です。

> パスワードリスト攻撃への対策は、利用者側で異なるサイトではそれぞれ**異なる利用者IDとパスワードの組合せを使用**することですが、サービス提供側でも多要素認証やリスクベース認証の導入を行うことで対策の強化を図ることが可能です。

▶答え　エ

パスワードへの攻撃

リバースブルートフォース攻撃に該当するものはどれか。

ア 攻撃者が何らかの方法で事前に入手した利用者IDとパスワードの組みのリストを使用して、ログインを試行する。

イ パスワードを一つ選び、利用者IDとして次々に文字列を用意して総当たりにログインを試行する。

ウ 利用者ID、及びその利用者IDと同一の文字列であるパスワードの組みを次々に生成してログインを試行する。

エ 利用者IDを一つ選び、パスワードとして次々に文字列を用意して総当たりにログインを試行する。

⚠ 解法 攻撃時、パスワードを固定し、利用者IDを総当たりで試す攻撃手法です。

ア パスワードリスト攻撃の説明です。

イ 正解です。

ウ 利用者IDとパスワードが同じ値のアカウント（Joe Account）に対する攻撃の説明です。

エ 総当たり攻撃（ブルートフォース攻撃）の説明です。

利用者が**よく使われる弱いパスワード**を利用している場合や、パスワードで使われる文字種・文字数が少ない場合（数字4桁など）で特に有効な攻撃手法です。アカウントのロックアウト機能（繰返しログイン失敗したアカウントを無効にする機能）が実装されているシステムに対する攻撃として有効です。

▶**答え　イ**

システムへの攻撃

注目度
★★★★

▶ システムヘノコウゲキ

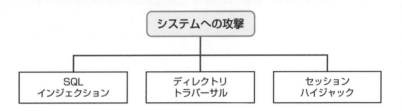

システムへの攻撃

| SQL
インジェクション | ディレクトリ
トラバーサル | セッション
ハイジャック |

定義 システムの脆弱性を狙った攻撃です。

インターネット上のシステムで攻撃者が注目するのはWebシステムです。
代表的なシステムへの攻撃は次のとおりです。

●SQLインジェクション
Webアプリケーションの脆弱性を利用し**Webアプリケーション**に連携する**データベース**を不正に操作する攻撃です。データベース操作のために使用するSQL文を脆弱性のあるWebサイトの入力フォームなどに意図的に注入 (インジェクション) し、データベースに影響を与えます。

▼SQLインジェクション攻撃のイメージ

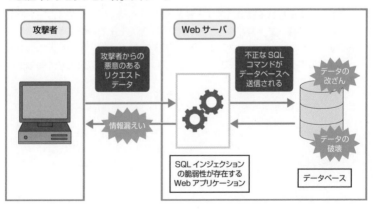

●ディレクトリトラバーサル

システムが想定しない不正な様式でファイルパス名を指定することで、Webサーバが本来は公開を意図していないファイルを入手する攻撃手法です。

●セッションハイジャック

コンピュータネットワーク通信におけるセッション (特定の通信間で行われる一連のやりとりのことです。一般的にはWebシステムで利用するHTTPやTCP/IPのセッションを指します。) を、**第三者が乗っ取る攻撃手法**です。

システムへの攻撃

公開問題 情報セキュリティマネジメント 平成29年春 午前 問23

ディレクトリトラバーサル攻撃に該当するものはどれか。

ア 攻撃者が、Webアプリケーションの入力データとしてデータベースへの命令文を構成するデータを入力し、管理者の意図していないSQL文を実行させる。

イ 攻撃者が、パス名を使ってファイルを指定し、管理者の意図していないファイルを不正に閲覧する。

ウ 攻撃者が、利用者をWebサイトに誘導した上で、WebアプリケーションによるHTML出力のエスケープ処理の欠陥を悪用し、利用者のWebブラウザで悪意のあるスクリプトを実行させる。

エ セッションIDによってセッションが管理されるとき、攻撃者がログイン中の利用者のセッションIDを不正に取得し、その利用者になりすましてサーバにアクセスする。

- -

！ 解法 Webサーバ自身の脆弱性、またはWebサーバ側で利用するアプリケーションに脆弱性が存在することが原因です。想定外のURLを指定することで、非公開の情報を不正に閲覧および取得します。

ア SQLインジェクションの説明です。
イ 正解です。
ウ クロスサイトスクリプティングの説明です。
エ セッションハイジャックの説明です。

SECTION 2 セキュリティ技術

脆弱性によっては、システム上のファイルを閲覧するだけでなく削除や改ざんが可能な場合もあります。

システムに対する攻撃の概要を問われていますので類似問題対策として各選択肢がどのような攻撃を説明しているのか一緒に覚えておきましょう。

▶答え　イ

システムへの攻撃
公開問題　基本情報技術者 平成29年秋 午前 問39

SQLインジェクション攻撃の説明はどれか。

ア　Webアプリケーションに問題があるとき、悪意のある問合せや操作を行う命令文を入力して、データベースのデータを不正に取得したり改ざんしたりする攻撃

イ　悪意のあるスクリプトを埋め込んだWebページを訪問者に閲覧させて、別のWebサイトで、その訪問者が意図しない操作を行わせる攻撃

ウ　市販されているDBMSの脆弱性を利用することによって、宿主となるデータベーサーバを探して自己伝染を繰り返し、インターネットのトラフィックを急増させる攻撃

エ　訪問者の入力データをそのまま画面に表示するWebサイトに対して、悪意のあるスクリプトを埋め込んだ入力データを送ることによって、訪問者のブラウザで実行させる攻撃

⚠ 解法　SQLインジェクションの脆弱性は**Webアプリケーション**上に存在します。

ア　正解です。
イ　クロスサイトリクエストフォージェリの説明です。
ウ　ワームの説明です。
エ　クロスサイトスクリプティングの説明です。

▶答え　ア

利用者への攻撃

▶ リヨウシャヘノコウゲキ

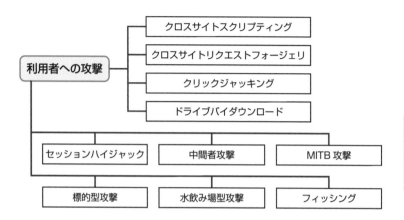

定義 利用者を狙う攻撃は多種多様です。システムの脆弱性が発端となって利用者が狙われるものもあり、システム管理者側の責務も大きいといえます。

代表的な**利用者への攻撃**は次のとおりです。

●クロスサイトスクリプティング
攻撃者が、利用者を脆弱性のあるWebサイトに誘導した上で、Webアプリケーションによる HTML出力のエスケープ処理の欠陥を悪用し、利用者のWebブラウザで悪意のあるスクリプトを実行させて、利用者の情報などを盗む攻撃です。

▼クロスサイトスクリプティング攻撃のイメージ

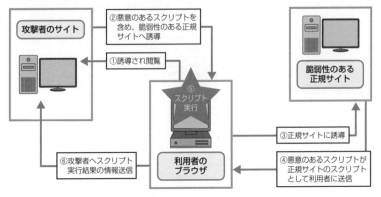

●クロスサイトリクエストフォージェリ
悪意のあるスクリプトを埋め込んだWebページを訪問者に閲覧させて、別の
Webサイトで、その訪問者が意図しない操作を行わせる攻撃手法です。

●クリックジャッキング
Webサイト上に隠蔽・偽装したリンクやボタンを設置し、サイト訪問者を視覚的
に騙してクリックさせるなど意図しない操作を誘導する攻撃手法です。

●ドライブバイダウンロード
Webサイトなどにマルウェアを隠し、アクセスした利用者が気づかないうちに自
動でダウンロードさせる攻撃手法です。

●セッションハイジャック
コンピュータネットワーク通信におけるセッションを、第三者が乗っ取る攻撃手
法です。

●中間者（Man-in-the-middle）攻撃
通信を行う2者の間に攻撃者が割り込み、それぞれが送り出してきた情報を受け
取り、それを盗聴、改ざんした上で、通信先の相手に送り出す攻撃手法です。
Man-in-the-middle攻撃（MITM：中間者攻撃）を防ぐにはディジタル証明書を
用いてクライアント・サーバ間で認証を行い、中間者の入る余地を無くす対策が

効果的です。

●MITB (Man-in-the-browser) 攻撃

利用者の端末にマルウェアを感染させWebブラウザの通信を盗聴、改ざんを行う攻撃手法です。インターネットバンキング利用者の被害事例が多くあります。一見、Man-in-the-Middle (中間者攻撃) 攻撃に似ているように見えますが、中継システムを使用せず、マルウェア自身が利用者の正規のブラウザからの通信を盗聴、改ざんするため、サーバ側では不正な処理と気づきにくいタイプの攻撃手法です。

●DNSキャッシュポイズニング

DNS (Domain Name System) は、ドメイン名とIPアドレスを紐づけるシステムです。DNSにはこの紐づけた情報をキャッシュ (一時保存) に保存するDNSキャッシュサーバがあります。攻撃者が不正なDNS情報をDNSキャッシュサーバにキャッシュさせることで、利用者を不正なサイトに誘導する攻撃をDNSキャッシュポイズニング (汚染) といいます。

●標的型攻撃

特定の企業や個人を狙って行われる執拗で高度なサイバー攻撃の総称です。

●水飲み場型攻撃

ターゲットが頻繁にアクセスするサイトにマルウェアを仕込み、アクセスするまで待ち伏せする攻撃手法です。

●フィッシング (Phishing)

実在する組織を騙り、偽サイト (フィッシングサイト) に誘導し、そこでID、パスワード、クレジットカード番号などの重要な情報を入力させ詐取する攻撃です。
フィッシングへの対策は最新の事例を知ることが重要です。
フィッシング対策協議会では、フィッシングに関する情報収集・提供、注意喚起などの活動を中心に、フィッシング対策を促進する情報発信やガイドラインを公開しています。

> ●フィッシング対策協議会　Council of Anti-Phishing Japan
> https://www.antiphishing.jp/

SECTION 2 セキュリティ技術

利用者への攻撃

公開問題　情報セキュリティマネジメント　平成28年春　午前　問21

クロスサイトスクリプティングに該当するものはどれか。

ア Webアプリケーションのデータ操作言語の呼出し方に不備がある場合に、攻撃者が悪意をもって構成した文字列を入力することによって、データベースのデータの不正な取得、改ざん及び削除を可能とする。

イ Webサイトに対して、他のサイトを介して大量のパケットを送り付け、そのネットワークトラフィックを異常に高めてサービスを提供不能にする。

ウ 確保されているメモリ空間の下限又は上限を超えてデータの書込みと読出しを行うことによって、プログラムを異常終了させたりデータエリアに挿入された不正なコードを実行させたりする。

エ 攻撃者が罠を仕掛けたWebページを利用者が閲覧し、当該ページ内のリンクをクリックしたときに、不正スクリプトを含む文字列が脆弱なWebサーバに送り込まれ、レスポンスに埋め込まれた不正スクリプトの実行によって、情報漏えいをもたらす。

！解法 　クロスサイトスクリプティングはWebサーバのアプリケーション上の脆弱性が起因となり、Webページの利用者が被害に遭います。Webページの利用者は、意図せずに実行させられたスクリプトにより情報漏えいが発生します。

ア 　SQLインジェクションの説明です。
イ 　DoS攻撃の説明です。
ウ 　バッファオーバフローの説明です。
エ 　正解です。

Webアプリケーションの脆弱性対応はWeb管理者の責任です。利用者に不利益を与えないよう、脆弱性診断を行い必要な対策を講じて安全なサイト運営に努める必要があります。

様々な攻撃の概要を問われていますので、類似問題対策として各選択肢がどのような攻撃を説明しているのか一緒に覚えておきましょう。

▶答え　エ

利用者への攻撃

公開問題　情報セキュリティマネジメント　平成28年春　午前　問22

クリックジャッキング攻撃に該当するものはどれか。

ア　Webアプリケーションの脆弱性を悪用し、Webサーバに不正なリクエストを送ってWebサーバからのレスポンスを二つに分割させることによって、利用者のブラウザのキャッシュを偽造する。

イ　WebサイトAのコンテンツ上に透明化した標的サイトBのコンテンツを配置し、WebサイトA上の操作に見せかけて標的サイトB上で操作させる。

ウ　Webブラウザのタブ表示機能を利用し、Webブラウザの非活性なタブの中身を、利用者が気づかないうちに偽ログインページに書き換えて、それを操作させる。

エ　利用者のWebブラウザの設定を変更することによって、利用者のWebページの閲覧履歴やパスワードなどの機密情報を盗み出す。

SECTION 2 セキュリティ技術

⚠️ **解法**　Webサイト上に**隠蔽・偽装したリンクやボタンを設置し、サイト訪問者を視覚的に騙して意図しないものをクリックさせる**攻撃です。

ア　HTTPレスポンス分割攻撃の説明です。
イ　正解です。
ウ　タブナビング攻撃の説明です。
エ　スパイウェアの説明です。

情報処理推進機構（IPA）によるとクリックジャッキングの脆弱性に関するウェブサイトの届出は、2011年がはじめてです。脆弱性対応はWeb管理者の責任です。利用者に不利益を与えないよう、脆弱性診断を行い必要な対策を講じて安全なサイト運営に努める必要があります。

この問題では様々な攻撃の概要を問われていますので類似問題対策として各選択肢がどのような攻撃を説明しているのか一緒に覚えておきましょう。

▶答え　イ

利用者への攻撃

公開問題　情報セキュリティマネジメント　平成30年春　午前　問21

ドライブバイダウンロード攻撃に該当するものはどれか。

ア　PC内のマルウェアを遠隔操作して、PCのハードディスクドライブを丸ごと暗号化する。

イ　外部ネットワークからファイアウォールの設定の誤りを突いて侵入し、内部ネットワークにあるサーバのシステムドライブにルートキットを仕掛ける。

ウ　公開Webサイトにおいて、スクリプトをWebページ中の入力フィールドに入力し、Webサーバがアクセスするデータベース内のデータを不正にダウンロードする。

エ　利用者が公開Webサイトを閲覧したときに、その利用者の意図にかかわらず、PCにマルウェアをダウンロードさせて感染させる。

- -

⚠️ **解法**　Webサイトなどに**マルウェアを隠し、アクセスした利用者に気が付かれないうちに自動でマルウェアをダウンロードさせる**攻撃です。

ア　ランサムウェアの説明です。
イ　不正アクセスの説明です。
ウ　SQLインジェクションの説明です。
エ　正解です。

> ドライブバイダウンロード攻撃はWebサイトに仕掛けられ、利用者のデバイス（PC、モバイル端末など）の脆弱性を狙うため、怪しいサイトへのアクセスを控え、OSやアプリケーションを最新の状態に保つことが対策につながります。

▶答え　エ

利用者への攻撃

攻撃者が用意したサーバXのIPアドレスが,A社WebサーバのFQDNに対応するIPアドレスとして,B社DNSキャッシュサーバに記憶された。これによって,意図せずサーバXに誘導されてしまう利用者はどれか。ここで,A社,B社の各従業員は自社のDNSキャッシュサーバを利用して名前解決を行う。

ア　A社WebサーバにアクセスしようとするA社従業員

イ　A社WebサーバにアクセスしようとするB社従業員

ウ　B社WebサーバにアクセスしようとするA社従業員

エ　B社WebサーバにアクセスしようとするB社従業員

⚠ 解法　DNSキャッシュポイズニング攻撃の影響に関する問題です。
　　　　攻撃の被害を受けたのはB社のDNSキャッシュサーバであるため、**影響がある利用者はB社の従業員**です。

ア　A社従業員はA社のDNSキャッシュサーバを利用するため、サーバXへの誘導はありません。

イ　正解です。B社従業員はB社のDNSキャッシュサーバを利用しますが、キャッシュが汚染されており、A社のWebサーバにアクセスしようとすると攻撃者が用意したXサーバに誘導されます。

ウ　A社従業員はA社のDNSキャッシュサーバを利用するため、サーバXへの誘導はありません。

エ　B社従業員はB社のDNSキャッシュサーバを利用しますが、B社のWebサーバへのDNS情報は汚染されていないため、サーバXへの誘導はありません。

▶**答え　イ**

利用者への攻撃

公開問題　情報セキュリティマネジメント　平成30年秋　午前　問21

APTの説明はどれか。

ア　攻撃者がDoS攻撃及びDDoS攻撃を繰り返し、長期間にわたり特定組織の業務を妨害すること

イ　攻撃者が興味本位で場当たり的に、公開されている攻撃ツールや脆弱性検査ツールを悪用した攻撃を繰り返すこと

ウ　攻撃者が特定の目的をもち、標的となる組織の防御策に応じて複数の攻撃手法を組み合わせ、気付かれないよう執拗（よう）に攻撃を繰り返すこと

エ　攻撃者が不特定多数への感染を目的として、複数の攻撃手法を組み合わせたマルウェアを継続的にばらまくこと

！ 解法　APT（Advanced Persistent Threats）は**持続的標的型攻撃**とも呼ばれ、特定の企業や個人を狙って行われる執拗で高度なサイバー攻撃を指します。

ア　長期間に渡る特定組織の可用性を損なう攻撃の説明ですがAPTの特徴を表すものではありません。

イ　スクリプトキディの説明です。

ウ　正解です。

エ　不特定多数への攻撃なのでAPTの特徴を表すものではありません。

独立行政法人情報処理推進機構（IPA）の**情報セキュリティ10大脅威**では2012年から標的型攻撃が例年3位以内にランクインしています。

● 情報セキュリティ10大脅威2022：IPA独立行政法人 情報処理推進機構
　https://www.ipa.go.jp/security/vuln/10threats2022.html

▶答え　ウ

利用者への攻撃

公開問題　情報セキュリティスペシャリスト 平成27年秋 午前Ⅱ 問8

水飲み場型攻撃 (Watering Hole Attack) の手口はどれか。

ア アイコンを文書ファイルのものに偽装した上で、短いスクリプトを埋め込んだショートカットファイル (LNKファイル) を電子メールに添付して標的組織の従業員に送信する。

イ 事務連絡などのやり取りを行うことで、標的組織の従業員の気を緩めさせ、信用させた後、攻撃コードを含む実行ファイルを電子メールに添付して送信する。

ウ 標的組織の従業員が頻繁にアクセスするWebサイトに攻撃コードを埋め込み、標的組織の従業員がアクセスしたときだけ攻撃が行われるようにする。

エ ミニブログのメッセージにおいて、ドメイン名を短縮してリンク先のURLを分かりにくくすることによって、攻撃コードを埋め込んだWebサイトに標的組織の従業員を誘導する。

- -

⚠ 解法 ターゲットが頻繁にアクセスするサイトにマルウェアを仕込み、アクセスするまで待ち伏せする攻撃手法です。

ア、イ、エ 水飲み場攻撃の特徴を表すものではありません。
ウ 正解です。

> 水飲み場攻撃の命名は、水飲み場の近くで獲物を捕獲する機会を待つ猛獣に由来しています。

▶**答え**　ウ

ネットワークへの攻撃

▶ ネットワークヘノコウゲキ

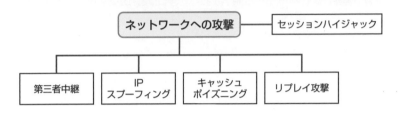

定義 通信ネットワークを狙った攻撃は利用する通信プロトコルの脆弱性に起因するものも数多くあり、特に古いプロトコルは要注意です。

代表的な**ネットワークへの攻撃**は次のとおりです。

●第三者中継
設定不備などにより**本来許可すべきでない第三者の通信の中継が可能**で**攻撃の踏み台に利用**される状態を利用する攻撃手法です。

●IPスプーフィング (IP偽装)
攻撃元を隠蔽するために、**偽の送信元IPアドレス**をもったパケットを作成利用する攻撃手法です。IPスプーフィングは**SYNフラッド攻撃**、Smurf攻撃などの各種DoS攻撃でも利用されています。

●キャッシュポイズニング
DNSキャッシュサーバの**キャッシュに偽のDNS情報**を登録させることで、利用者を偽のWebサイトに誘導する攻撃手法です。

●セッションハイジャック
コンピュータネットワーク通信におけるセッションを、第三者が乗っ取る攻撃手法です。セッションハイジャックは利用者にも影響を及ぼす攻撃です。

●リプレイ攻撃
攻撃者が正当な利用者の認証手順をそのまま盗聴・記録し、それをサーバに再送信することで、正規の利用者になりすまして不正アクセスを行う攻撃手法です。

ネットワークへの攻撃

公開問題　情報セキュリティマネジメント　平成31年春　午前　問10

DNSキャッシュポイズニングに該当するものはどれか。

ア HTMLメールの本文にリンクを設定し、表示文字列は、有名企業のDNSサーバに登録されているドメイン名を含むものにして、実際のリンク先は攻撃者のWebサイトに設定した上で、攻撃対象に送り、リンク先を開かせる。

イ PCが問合せを行うDNSキャッシュサーバに偽のDNS応答を送ることによって、偽のドメイン情報を注入する。

ウ Unicodeを使って偽装したドメイン名をDNSサーバに登録しておき、さらに、そのドメインを含む情報をインターネット検索結果の上位に表示させる。

エ WHOISデータベースサービスを提供するサーバをDoS攻撃して、WHOISデータベースにあるドメインのDNS情報を参照できないようにする。

⚠ **解法**　DNSキャッシュサーバに偽のドメイン情報を登録させ、利用者を悪意のあるWebサイトに誘導します。ポイズニングは汚染の意味です。

ア　フィッシングの説明です。
イ　正解です。
ウ　ドメイン名ハイジャックの説明です。
エ　WHOISデータベースに対するDoS攻撃の説明です。

DNSキャッシュポイズニングに対する根本的な解決策は、DNSSEC（DNS Security Extensions）の導入です。DNSSECでは、キャッシュサーバがDNS情報をその受け取る際、署名の検証を行うので、偽装・改ざんを検知しキャッシュポイズニングを防ぐことができるようになります。

● **重要技術　DNSのセキュリティ上安全な仕組み（DNSSEC）（総務省）**
https://www.soumu.go.jp/main_sosiki/joho_tsusin/security_previous/juyogijutsu/dnssec03.htm

▶**答え　イ**

SECTION 2　セキュリティ技術

サービス妨害

注目度
★★★★

```
            サービス妨害
    ┌───────────┼───────────┐
  DoS        DDoS      電子メール爆弾
```

定義 サービス妨害はシステムやサービスの可用性を損なう行為です。

代表的な**サービス妨害**は次のとおりです。

●DoS (Denial of Service：サービス拒否攻撃)
過剰な数のリクエストや応答パケットをサーバに送信し、サーバやネットワーク回線を過負荷状態にし、システムダウンや応答停止などの障害を意図的に引き起こすサービス拒否 (妨害) 攻撃です。
サーバの機能に重大な損傷を及ぼす行為は、刑法234条の2「電子計算機損壊等威力業務妨害罪」に問われます。

●DDoS (Distributed Denial of Service：分散型サービス拒否攻撃)
ボットネット (攻撃者によって乗っ取られた多数のコンピュータ群) から同時に大量のパケットを送り付けることで標的のネットワークを過負荷状態する分散型サービス拒否 (妨害) 攻撃です。

●電子メール爆弾 (Mail bomb)
特定のメールアドレスに対し短時間に大量、大容量の電子メールを送り付けることでメールボックスの容量を超過させたり、メール受信を妨害したりする行為です。

サービス妨害

公開問題　情報処理安全確保支援士　令和元年秋　午前Ⅱ　問13

マルチベクトル型DDoS攻撃に該当するものはどれか。

ア DNSリフレクタ攻撃によってDNSサービスを停止させ、複数のPCでの名前解決を妨害する。

イ Webサイトに対して、SYN Flood攻撃とHTTP POST Flood攻撃を同時に行う。

ウ 管理者用IDのパスワードを初期設定のままで利用している複数のIoT機器を感染させ、それらのIoT機器から、WebサイトにUDP Flood攻撃を行う。

エ ファイアウォールでのパケットの送信順序を不正に操作するパケットを複数送信することによって、ファイアウォールのCPUやメモリを枯渇させる。

- -

⚠️ 解法 マルチベクトルとは複数の要素という意味です。

ア DNSサーバに対するDoS攻撃の説明です。

イ 正解です。

ウ IoT機器のボット化によるDDoS攻撃の説明です。

エ ファイアウォールに対するDoS攻撃の説明です。

　マルチベクトル型の攻撃は、複数の種類の攻撃を**同時に行う**攻撃です。

▶答え　**イ**

防御難易度の高い攻撃

▶ ボウギョナンイドノタカイコウゲキ

 定義 防御が困難で事業への影響を最小限にする対策が必要な攻撃です。

ゼロデイ攻撃は、公に報告された新規の脆弱性を悪用する攻撃手法の1つです。通常、脆弱性が報告されたOSやソフトウェアにそれらの開発元ベンダから修正プログラムが提供されるまでには、若干の猶予期間が必要です。攻撃者がこの期間内にゼロデイ攻撃を開始した場合、防御は困難です。また、脆弱性を悪用する攻撃のみならず、**サービスおよびソフトウェアの機能を悪用**した攻撃も、発見が困難であるため、注意が必要です。例として**EDoS攻撃**は**過剰な機能の利用により想定外の経済的な損失を与えるDoS攻撃**です。

このような攻撃への対策として、事業へのインパクトが最小となるように、分析（BIA）と計画（BCP）を策定することが考えられます。

防御困難な妨害

公開問題　情報セキュリティマネジメント　平成30年秋　午前　問13

ゼロデイ攻撃の特徴はどれか。

ア　脆弱性に対してセキュリティパッチが提供される前に当該脆弱性を悪用して攻撃する。

イ　特定のWebサイトに対し、日時を決めて、複数台のPCから同時に攻撃する。

ウ　特定のターゲットに対し、フィッシングメールを送信して不正サイトに誘導する。

エ　不正中継が可能なメールサーバを見つけて、それを踏み台にチェーンメールを大量に送信する。

！ 解法 　脆弱性の修正プログラムが配布される前に実行される攻撃です。

ア　正解です。

イ、**ウ**、**エ**はゼロデイ攻撃の特徴を表すものではありません。

影響度の高い脆弱性が報告されたにもかかわらず、修正パッチを未適用のまま運用する環境は、特に攻撃の被害が拡大する傾向があります。日ごろからから脆弱性情報の収集が重要です。国内ではJVN(Japan Vulnerability Notes)などが情報提供を行っています。

● Japan Vulnerability Notes
https://jvn.jp/

▶ **答え　ア**

防御困難な妨害

公開問題　情報セキュリティマネジメント　平成30年秋　午前　問23

従量課金制のクラウドサービスにおけるEDoS(Economic Denial of Service、又はEconomic Denial of Sustainability)攻撃の説明はどれか。

ア　カード情報の取得を目的に、金融機関が利用しているクラウドサービスに侵入する攻撃

イ　課金回避を目的に、同じハードウェア上に構築された別の仮想マシンに侵入し、課金機能を利用不可にする攻撃

ウ　クラウドサービス利用者の経済的な損失を目的に、リソースを大量消費させる攻撃

エ　パスワード解析を目的に、クラウド環境のリソースを悪用する攻撃

！ 解法 　攻撃対象に経済的(E:Economic)な損失を与えることを目的とするDoS攻撃です。

ア、**イ**、**エ**　EDoS攻撃の特徴を表すものではありません。

ウ　正解です。

▶ **答え　ウ**

事前調査

▶ ジゼンチョウサ

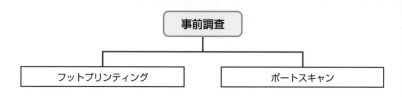

定義 攻撃者は、事前調査によって得られた情報を元に攻撃シナリオを検討します。

代表的な**事前調査手法**は次のとおりです。

●フットプリンティング
攻撃を行う事前準備として、攻撃対象を調査する行為の総称です。
コンピュータやWebページ内の脆弱性の調査、検索エンジンや公開データベース、あるいはツールなどを用いて攻撃に悪用できる情報を収集します。

●ポートスキャン
コンピュータやルータなどのアクセス可能な**TCP/IP通信ポート**を外部から調査する行為です。
スキャン対象からの応答様式によって、OSの種類や稼働しているサービス、ソフトウェアバージョンなどの情報が得られるため、攻撃を行うための下調べや、脆弱性検査などの目的で実施されます。ポートスキャンを効率よく行うために開発されたソフトウェアを「ポートスキャナ」といいます。

代表的なポートスキャナとしては、nmapが有名です。

● Nmap: the Network Mapper - Free Security Scanner
https://nmap.org/

事前調査

公開問題　情報セキュリティマネジメント　平成28年春　午前　問29

攻撃者がシステムに侵入するときにポートスキャンを行う目的はどれか。

ア　事前調査の段階で、攻撃できそうなサービスがあるかどうかを調査する。
イ　権限取得の段階で、権限を奪取できそうなアカウントがあるかどうかを調査する。
ウ　不正実行の段階で、攻撃者にとって有益な利用者情報があるかどうかを調査する。
エ　後処理の段階で、システムログに攻撃の痕跡が残っていないかどうかを調査する。

!解法　攻撃の事前準備のため、利用可能なTCP/IP通信ポートの調査をする行為です。

ア　正解です。
イ、ウ、エ　ポートスキャンの特徴を表すものではありません。

攻撃は、事前調査、権限取得、不正実行、後処理の順番で行われます。
フットプリンティングは事前調査に該当します。

▶答え　ア

SECTION 2　セキュリティ技術

CRYPTREC

▶ クリプトレック

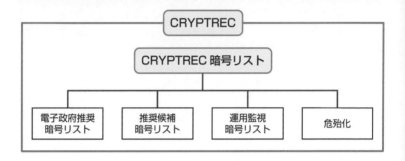

定義 CRYPTREC（Cryptography Research and Evaluation Committees：暗号技術検討会及び関連委員会）は電子政府推奨暗号の安全性を評価・監視し、暗号技術の適切な実装法・運用法を調査・検討するプロジェクトです。

CRYPTRECは2000年に活動開始し、暗号技術検討会と暗号技術評価委員会とで構成されていました。

● CRYPTREC
https://www.cryptrec.go.jp/

CRYPTRECでは、次のリストを作成、運用管理しています。

●電子政府推奨暗号リスト
CRYPTRECによる安全性及び実装性能が確認された暗号技術について、市場における利用実績が十分であるか今後の普及が見込まれると判断され、当該技術の利用を推奨するもののリストです。

●推奨候補暗号リスト
CRYPTRECによる安全性及び実装性能が確認され、今後、電子政府推奨暗号リストに掲載される可能性のある暗号技術のリストです。

●運用監視暗号リスト

実際に解読されるリスクが高まるなど、推奨すべき状態ではなくなった暗号技術のうち、互換性維持のために継続利用を容認するもののリストです。互換性維持以外の目的での利用は推奨しません。

開発当初には現実的な時間内では解読不可能と予想されていた暗号方式が、技術の進歩によって、現実的な時間内で暗号解読される恐れが生じる場合があります。このように、安全とみなされていた要素が、周辺環境の変化によって安全性を損なってしまうことを危殆化といいます。

CRYPTREC
公開問題　情報セキュリティマネジメント 平成29年秋 午前 問4

CRYPTRECの役割として、適切なものはどれか。

ア　外国為替及び外国貿易法で規制されている暗号装置の輸出許可申請を審査、承認する。
イ　政府調達においてIT関連製品のセキュリティ機能の適切性を評価、認証する。
ウ　電子政府での利用を推奨する暗号技術の安全性を評価、監視する。
エ　民間企業のサーバに対するセキュリティ攻撃を監視、検知する。

解法 電子政府推奨暗号の安全性を評価・監視し、暗号技術の適切な実装法・運用法を調査・検討するプロジェクトです。

ア　経済産業省の役割です。
イ　ITセキュリティ評価及び認証制度（JISEC）の役割です。
ウ　正解です。
エ　セキュリティオペレーションセンター（SOC：Security Operation Center）の説明です。

▶答え　ウ

暗号

▶ アンゴウ

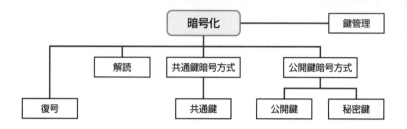

定義　暗号化とはデータの内容を第三者にわからなくするための処理です。

暗号化したデータを利用するには暗号化前のデータ（平文）に戻す必要がありますが、この処理を復号といいます。

暗号化では暗号アルゴリズム（暗号化、復号の処理手順）と鍵（暗号化、復号に用いる鍵）を用意します。セキュリティを確保するには強度な暗号アルゴリズムの利用と安全な鍵管理が必要です。

解読は暗号アルゴリズムや鍵の情報を使用せずに、暗号化前のデータを導き出すことを意味します。

▼暗号化のフロー

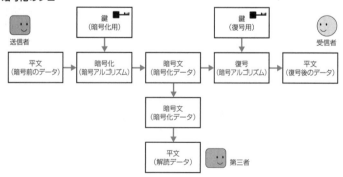

今日、代表的な暗号化方式は**共通鍵暗号方式**と**公開鍵暗号方式**です。

●共通鍵暗号方式

暗号化と**復号**に**同一の鍵**（**共通鍵**）を用いる方式です。課題として、やりとりを行う二者間であらかじめ同じ共通鍵を保有しておく必要があります。代表的なアルゴリズムに**AES（Advanced Encryption Standard）**があります。

▼共通鍵暗号方式のフロー

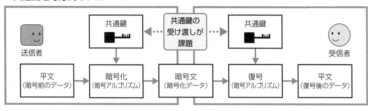

●公開鍵暗号方式

暗号化と**復号**で異なる**鍵**を用いる方式です。データ交換を行う二者間のうち、受信者側で2種類の鍵（**公開鍵、秘密鍵**）を作成します。公開鍵は送信者に渡します。送信者は**受信者の公開鍵**を用いてデータを暗号化します。公開鍵暗号方式では、暗号文は受信者の秘密鍵のみが復号できます。そのため、秘匿性を保つことが可能です。代表的なアルゴリズムに**RSA（Rivest-Shamir-Adleman）**があります。

▼公開鍵暗号方式のフロー

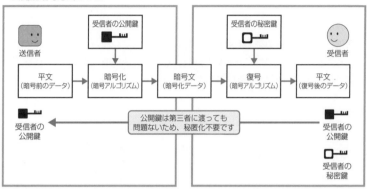

公開鍵暗号方式には、共通鍵暗号方式の課題であった安全な鍵の受け渡しのコストが軽減されるメリットがありますが、共通鍵暗号方式に比べ、処理に時間がかかるという課題があります。それぞれの方式の利点を取り入れて実現したものとしてハイブリッド暗号方式があります。

暗号

公開問題　情報セキュリティマネジメント　平成28年春　午前　問30

AさんがBさんの公開鍵で暗号化した電子メールを、BさんとCさんに送信した結果のうち、適切なものはどれか。ここで、Aさん、Bさん、Cさんのそれぞれの公開鍵は3人全員がもち、それぞれの秘密鍵は本人だけがもっているものとする。

ア 暗号化された電子メールを、Bさん、Cさんともに、Bさんの公開鍵で復号できる。

イ 暗号化された電子メールを、Bさん、Cさんともに、自身の秘密鍵で復号できる。

ウ 暗号化された電子メールを、Bさんだけが、Aさんの公開鍵で復号できる。

エ 暗号化された電子メールを、Bさんだけが、自身の秘密鍵で復号できる。

> **! 解法** 電子メールは、Bさんの公開鍵で暗号化されているため、それを復号できるのはBさんの公開鍵に対応するBさんの秘密鍵のみです。

▶答え エ

暗号

公開問題 情報セキュリティマネジメント 令和元年秋 午前 問26

手順に示す電子メールの送受信によって得られるセキュリティ上の効果はどれか。

〔手順〕
（1）：送信者は、電子メールの本文を共通鍵暗号方式で暗号化し（暗号文）、その共通鍵を受信者の公開鍵を用いて公開鍵暗号方式で暗号化する（共通鍵の暗号化データ）。
（2）：送信者は、暗号文と共通鍵の暗号化データを電子メールで送信する。
（3）：受信者は、受信した電子メールから取り出した共通鍵の暗号化データを、自分の秘密鍵を用いて公開鍵暗号方式で復号し、得た共通鍵で暗号文を復号する。

ア 送信者による電子メールの送達確認
イ 送信者のなりすましの検出
ウ 電子メールの本文の改ざん箇所の修正
エ 電子メールの本文の内容の漏えいの防止

> **! 解法** 暗号化によるメール本文の機密性の確保を実現しています。

ア 送信者による電子メールの送達確認機能は有していません。
イ 送信者のなりすましの検出機能は有していません。
ウ 電子メールの本文の改ざん箇所の修正検出機能は有していません。
エ 正解です。

▶答え エ

暗号技術

注目度
★★★★

▶ アンゴウギジュツ

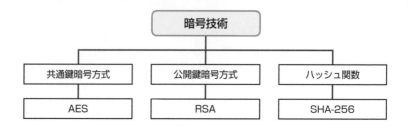

> 📎 **定義** 暗号技術の技術要素は暗号アルゴリズムです。
> 暗号の強度は暗号アルゴリズムの強度と鍵によって決まります。

代表的な暗号技術は次のとおりです。

●AES（Advanced Encryption Standard）

アメリカ国立標準技術研究所（NIST）が公募し採用された共通鍵暗号方式です。
鍵長は最大256ビットを利用することが可能です。また無線LANで利用される
WPA2（Wi-Fi Protected Access 2）の暗号化方式にも採用されています。
日本ではCRYPTREC（電子政府推奨暗号リスト）にも掲載されています。

●RSA（Rivest-Shamir-Adleman）

大きな数の**素因数分解が困難**であることを利用した**公開鍵暗号方式**です。
1977年、**ロナルド・リベスト（Ronald L. Rivest）**氏、アディ・シャミア（Adi
Shamir）氏、レオナルド・エーデルマン（Leonard M. Adleman）氏が考案し、
名前の頭文字をとってRSAと名づけられました。

●ハッシュ関数（HASH Algorithm）

改ざん検知やディジタル署名、検索やデータ比較処理の高速化などに利用される
技術です。
任意のデータをハッシュ関数で計算すると固定長のデータが出力されます。これ
を**ハッシュ値**（MD：メッセージダイジェスト）といいます。任意のデータに変更
が生じるとハッシュ値も変わります。ハッシュ値のデータサイズは小さいため、
ハッシュ値の比較による高速な改ざん検知機能を実装したセキュリティ製品も数

多くあります。ハッシュ関数は一方向関数であり、出力されたハッシュ値から元のデータを導き出すのは非常に困難とされています。

代表的なハッシュ関数にSHA-256 (Secure Hash Algorithm) があります。

▼ハッシュ関数

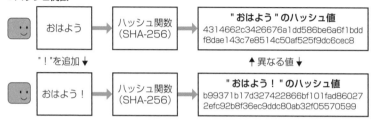

暗号アルゴリズム

公開問題　情報セキュリティマネジメント 平成28年春 午前 問28

PCとサーバとの間でIPsecによる暗号化通信を行う。ブロック暗号の暗号化アルゴリズムとしてAESを使うとき、用いるべき鍵はどれか。

ア　PCだけが所有する秘密鍵
イ　PCとサーバで共有された共通鍵
ウ　PCの公開健
エ　サーバの公開鍵

！ 解法　AESは共通鍵暗号方式のアルゴリズムです。

ア　AESは共通鍵暗号方式のアルゴリズムなので**秘密鍵は使用しません。**

イ　正解です。

ウ、エ　AESは共通鍵暗号方式のアルゴリズムなので**公開鍵は使用しません。**

以前は共通鍵暗号方式のアルゴリズムとしてDES (Data Encryption Standard) も利用されていましたが、セキュリティ上の問題により現在は推奨されていません。

▶答え　イ

暗号アルゴリズム

公開問題　情報セキュリティマネジメント 令和元年秋 午前 問12

セキュアハッシュ関数SHA-256を用いてファイルA及びファイルBのハッシュ値を算出すると、どちらも全く同じ次に示すハッシュ値n（16進数で示すと64桁）となった。この結果から考えられることとして、適切なものはどれか。

ハッシュ値n：86620f2f 152524d7 dbed4bcb b8119bb6 d493f734
　　　　　　　0b4e7661 88565353 9e6d2074

ア　ファイルAとファイルBの各内容を変更せずに再度ハッシュ値を算出すると、ファイルAとファイルBのハッシュ値が異なる。
イ　ファイルAとファイルBのハッシュ値nのデータ量は64バイトである。
ウ　ファイルAとファイルBを連結させたファイルCのハッシュ値の桁数は16進数で示すと128桁である。
エ　ファイルAの内容とファイルBの内容は同じである。

！解法　ハッシュアルゴリズムは入力値が同じであれば、常に同じハッシュ値を生成します。

ハッシュアルゴリズムはSHA-256の他にmd5、SHA-0、SHA-1などがありますが、ハッシュ値の衝突（同じハッシュ値の異なるデータがある）が確認されており、現在は利用が推奨されません。

▶答え　エ

暗号アルゴリズム

ワームの検知方式の一つとして、検査対象のファイルからSHA-256を使ってハッシュ値を求め、既知のワーム検体ファイルのハッシュ値のデータベースと照合する方式がある。この方式によって、検知できるものはどれか。

ア ワーム検体と同一のワーム

イ ワーム検体と特徴あるコード列が同じワーム

ウ ワーム検体とファイルサイズが同じワーム

エ ワーム検体の亜種に当たるワーム

!　解法 ハッシュ値が同じであることはワーム検体と同一であることを示します。

アンチマルウェアや完全性検査ツール（改ざん検知など）では、ハッシュアルゴリズムが活用されています。

▶答え　ア

SECTION 2 セキュリティ技術

ハイブリッド暗号方式

▶ ハイブリッドアンゴウホウシキ

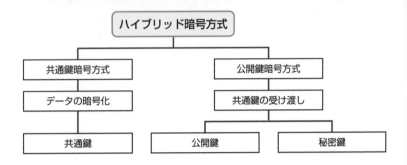

定義 ハイブリッド暗号方式は共通鍵暗号方式と公開鍵暗号方式を組み合わせて利用する方式です。

共通鍵暗号方式は処理速度に優れていますが、共通鍵の安全な受け渡しが課題です。一方、公開鍵暗号方式は、鍵の受け渡しが簡単になりますが、処理速度の遅さが課題です。そのため、ハイブリット暗号方式では共通鍵暗号方式で使用する**共通鍵の安全な受け渡し**を公開鍵暗号方式で行い、受け渡した共通鍵でリアルタイム性の高い**データの暗号化**処理を行うことで、鍵管理の簡略化と処理速度の向上の両立を図ります。

ハイブリッド暗号方式はSSL/TLS通信等に利用されています。

▼ハイブリッド暗号方式のフロー

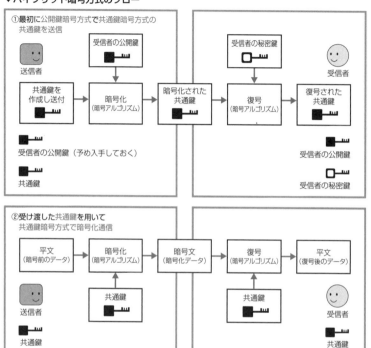

① 最初に公開鍵暗号方式で共通鍵暗号方式の共通鍵を送信

送信者

共通鍵を作成し送付

受信者の公開鍵

暗号化（暗号アルゴリズム）

暗号化された共通鍵

受信者の秘密鍵

復号（暗号アルゴリズム）

復号された共通鍵

受信者

受信者の公開鍵（予め入手しておく）

共通鍵

受信者の公開鍵

受信者の秘密鍵

② 受け渡した共通鍵を用いて共通鍵暗号方式で暗号化通信

平文（暗号前のデータ）

暗号化（暗号アルゴリズム）

暗号文（暗号化データ）

復号（暗号アルゴリズム）

平文（復号後のデータ）

送信者

共通鍵

共通鍵

受信者

共通鍵

共通鍵

SECTION 2　セキュリティ技術

ハイブリッド暗号

公開問題　情報セキュリティマネジメント　平成31年春　午前　問28

OpenPGPやS/MIMEにおいて用いられるハイブリッド暗号方式の特徴はどれか。

ア　暗号通信方式としてIPsecとTLSを選択可能にすることによって利用者の利便性を高める。

イ　公開鍵暗号方式と共通鍵暗号方式を組み合わせることによって鍵管理コストと処理性能の両立を図る。

ウ 複数の異なる共通鍵暗号方式を組み合わせることによって処理性能を高める。

エ 複数の異なる公開鍵暗号方式を組み合わせることによって安全性を高める。

！解法 公開鍵暗号方式により共通鍵暗号方式で使用する共通鍵の共有を行い、共通鍵暗号方式でデータ通信を行います。

ア 利用する暗号を選択することはハイブリッド暗号の特徴ではありません。

イ 正解です。

ウ 複数の異なる共通鍵暗号方式を組み合わせることはハイブリッド暗号の特徴ではありません。

エ 複数の異なる公開鍵暗号方式を組み合わせることはハイブリッド暗号の特徴ではありません。

OpenPGPやS/MIMEは、ハイブリッド暗号技術を利用してセキュアなメール環境を実現する技術です。OpenPGPやS/MIMEを知らなくてもハイブリッド暗号方式の理解ができていれば解答可能な問題です。

▶答え イ

認証技術

▶ ニンショウギジュツ

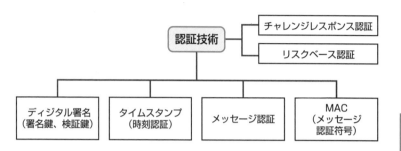

定義 認証とは、やりとりを行う相手の正当性や真正性を確かめることです。

認証の対象は、人間だけとは限りません。システムを確認する認証や、データの真正性を確認するための技術もあります。そのため、認証の対象や目的に合わせ、適切な技術を選択することが重要です。

代表的な認証技術は次のとおりです。

●ディジタル署名（署名鍵、検証鍵）
公開鍵暗号方式技術やハッシュ関数を利用し、データの正当性を保証する仕組みです。ディジタル署名が付与された文書は、受信側で**送信元の正当性**と**文書の改ざんの有無の検知**が可能です。

●タイムスタンプ（時刻認証）
信頼できる第三者機関である時刻認証局（TSA：Time Stamp Authority）が発行する時刻認証のことです。この時刻認証をタイムスタンプとして電子文書に付与することで、**付与時点での存在性**、および**その時刻以後の完全性を証明**します。

●メッセージ認証
相手から届いたメッセージが通信途中で改ざんされていないか検証します。検証には**MAC（Message Authentication Code：メッセージ認証符号）**と呼ばれる認証技術が用いられます。MACは、送受信者双方が共有する秘密の鍵とメッ

セージ本体から生成した小さなコードです。MACには、共通鍵暗号方式やハッシュ関数などの暗号技術が用いられます。

●チャレンジレスポンス認証

通信経路上に**送信する認証情報をランダム値に基づいて算出することで、パスワードの原文が固定の通信データとしてネットワークに送信されるのを回避できる認証方式です。盗聴によるパスワード情報奪取**や**リプレイ攻撃**を防ぐことができます。

認証時、サーバからクライアントにランダムな値（チャレンジ）を送り、受けとったクライアントは、パスワードとチャレンジを組み合わせて演算した結果をサーバに返します。サーバは受けとったレスポンスを計算し認証結果を判断します。

▼チャレンジレスポンス認証のイメージ

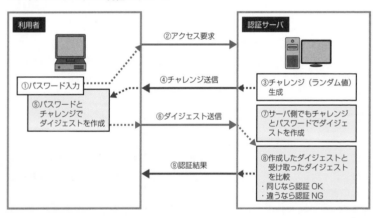

●リスクベース認証

普段とは異なる環境（いつもと違うIPアドレスやISP、Webブラウザなど）からの認証要求があった場合に、通常の認証に追加する形で別の認証を実施する方式です。

認証技術

公開問題　情報セキュリティマネジメント 平成29年春 午前 問22

ディジタル署名に用いる鍵の組みのうち、適切なものはどれか。

	ディジタル署名の作成に用いる鍵	ディジタル署名の検証に用いる鍵
ア	共通鍵	秘密鍵
イ	公開鍵	秘密鍵
ウ	秘密鍵	共通鍵
エ	秘密鍵	公開鍵

!　**解法**　ディジタル署名では公開鍵暗号方式技術を使用します。またディジタル署名の作成に用いる鍵は署名者自身であることの証明であるので秘密鍵で行う必要があります。

ア、ウ　共通鍵は公開鍵暗号方式では使用しません。
イ　ディジタル署名の作成に用いる鍵は秘密鍵です。
エ　正解です。

▶**答え　エ**

認証技術

公開問題　情報セキュリティマネジメント 平成29年春 午前 問10

情報セキュリティにおけるタイムスタンプサービスの説明はどれか。

ア　公式の記録において使われる全世界共通の日時情報を、暗号化通信を用いて安全に表示するWebサービス
イ　指紋、声紋、静脈パターン、網膜、虹彩などの生体情報を、認証システムに登録した日時を用いて認証するサービス
ウ　電子データが、ある日時に確かに存在していたこと、及びその日時以降に改ざんされていないことを証明するサービス
エ　ネットワーク上のPCやサーバの時計を合わせるための日時情報を途中で改ざんされないように通知するサービス

SECTION 2 セキュリティ技術

> **!解法** タイムスタンプの付与時点での存在性、およびその時刻以後の完全性を証明します。

ア タイムスタンプサービスのサービス内容ではありません。
イ バイオメトリクス認証(生体認証)の説明です。
ウ 正解です。
エ NTP(Network Time Protocol)の説明です。

▶**答え ウ**

認証技術

公開問題 情報セキュリティマネジメント 令和元年秋 午前 問23

メッセージが改ざんされていないかどうかを確認するために、そのメッセージから、ブロック暗号を用いて生成することができるものはどれか。

ア PKI　　　　　　　　**イ** パリティビット
ウ メッセージ認証符号　　**エ** ルート証明書

> **!解法** メッセージが改ざんされていないかどうかを確認するために利用されるのはメッセージ認証符号(MAC)です。

ア PKI(Public Key Infrastructure)は第三者が公開鍵の正当性を保証する公開鍵基盤です。
イ パリティビットは伝送時のデータ誤りを検出するための検査用ビットです。
ウ 正解です。
エ ルート証明書はルート認証局(ルートCA)が発行した証明書です。

▶**答え ウ**

認証技術

公開問題　情報セキュリティマネジメント 令和元年秋 午前 問24

リスクベース認証に該当するものはどれか。

ア インターネットバンキングでの取引において、取引の都度、乱数表の指定したマス目にある英数字を入力させて認証する。

イ 全てのアクセスに対し、トークンで生成されたワンタイムパスワードで認証する。

ウ 利用者のIPアドレスなどの環境を分析し、いつもと異なるネットワークからのアクセスに対して追加の認証を行う。

エ 利用者の記憶、持ち物、身体の特徴のうち、必ず二つ以上の方式を組み合わせて認証する。

⚠ 解法 普段とは異なる環境からの認証要求があった場合に、通常の認証に追加する形で別の認証を実施する方式です。

ア マトリクスコードを利用した認証の説明です。

イ トークンを利用したワンタイムパスワード認証の説明です。

ウ 正解です。

エ 多要素認証の説明です。

リスクベース認証は状況に応じて追加認証の要求を行うため、セキュリティが向上します。一方で状況によっては正規の利用者が認証できなくなる場合もあり、運用や管理の負担が増える可能性があります。

▶**答え**　ウ

SECTION 2 セキュリティ技術

利用者認証

▶ リヨウシャニンショウ

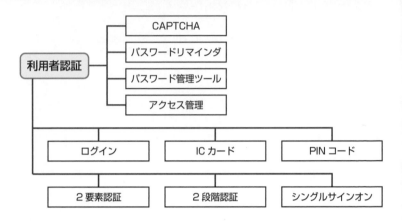

 定義 利用者認証は人を認証する技術です。システム同士の認証に比べて配慮すべき事項が多いため、実装上の工夫が求められます。

利用者IDと**パスワード**を入力し、**ログイン**を行うことは一般的な**利用者認証**の仕組みですが、実現するに当たり様々な技術が関わっています。
代表的な利用者認証に関連する技術は次のとおりです。

●アクセス管理
システム内の**情報資産**に対して、誰がどんな権限でアクセスできるかをコントロールすることです。一般的にはファイルやデータに対して、利用者 (グループ) ごとの閲覧権限や変更権限などを設定し制御を行います。
権限設定では常に必要最小限の権限 (LUA : least-privileged user account) のみ付与するようにします。
管理者などが使用する特権アカウントの管理についても細心の注意が求められます。

●PINコード (Personal Identification Number)
クレジットカードやキャッシュカードなどのICカードの利用の際に、システムと利用者の間で共有している暗証番号のことです。

利用時にはICカードとPINとの二要素認証を行うことで、正当な利用者であることを確認します。

●ワンタイムパスワード
一度しか使えないパスワードを用いて認証する方式のことです。

●2要素認証（記憶、所有、生体）
2要素認証（多要素認証）は異なる認証の要素を2つ（多要素認証は2つ以上）利用する必要があります。一般的に要素は「**知識情報（記憶）**」、「**所持情報（所持）**」、「**生体情報（バイオメトリクス）**」があり、パスワードは「知識情報」に該当します。

●2段階認証
2段階認証とは「2つの段階を経て認証を行う」ことを指します。
複数の段階で認証を行うことによって、認証の強化を図ります。ブルートフォース攻撃（総当たり攻撃）**対策**として効果があります。

●シングルサインオン
一度の認証で、許可されている複数のサーバやアプリケーションなどを利用できる方式です。

●CAPTCHA（Completely Automated Public Turing test to tell Computers and Humans Apart：キャプチャ認証）
認証の際に、ゆがめたり一部を隠したりした画像から文字を判読させて入力させることで、**コンピュータによる自動入力を排除する仕組み**です。

SECTION 2　セキュリティ技術

利用者認証
公開問題　情報セキュリティマネジメント　平成29年秋　午前　問18

パスワードを用いて利用者を認証する方法のうち、適切なものはどれか。

ア　パスワードに対応する利用者IDのハッシュ値を登録しておき、認証時に入力されたパスワードをハッシュ関数で変換して比較する。

イ　パスワードに対応する利用者IDのハッシュ値を登録しておき、認証時に入力された利用者IDをハッシュ関数で変換して比較する。

ウ　パスワードをハッシュ値に変換して登録しておき、認証時に入力されたパス

ワードをハッシュ関数で変換して比較する。

エ パスワードをハッシュ値に変換して登録しておき、認証時に入力された利用者IDをハッシュ関数で変換して比較する。

> **！ 解法** 認証システム上ではパスワードをそのまま保存するのではなく、パスワードのハッシュ値情報を登録し、認証に利用します。

ア パスワードに対応する利用者IDのハッシュ値は利用しません。

イ パスワードに対応する利用者IDのハッシュ値は利用しません。

ウ 正解です。

エ 認証時に入力された利用者IDをハッシュ関数で変換した値は利用しません。

> 実際の実装にはパスワードのハッシュ値情報だけではなく、Salt（ソルト）と呼ばれるランダムな値を付与して生成したハッシュ値を保存します。これは**レインボーテーブル攻撃と呼ばれるハッシュに対する攻撃への防御策**です。

▶答え　ウ

利用者認証

公開問題　セキュリティマネジメント　平成30年春　午前　問15

A社では、インターネットを介して提供される複数のクラウドサービスを、共用PCから利用している。共用PCの利用者IDは従業員の間で共用しているが、クラウドサービスの利用者IDは従業員ごとに異なるものを使用している。クラウドサービスのパスワードの管理方法のうち、本人以外の者による不正なログインの防止の観点から、適切なものはどれか。

ア 各従業員が指紋認証で保護されたスマートフォンをもち、スマートフォン上の信頼できるパスワード管理アプリケーションに各自のパスワードを記録する。

イ 各従業員が複雑で推測が難しいパスワードを一つ定め、どのクラウドサービスでも、そのパスワードを設定する。

ウ パスワードを共用PCのWebブラウザに記憶させ、次回以降に自動入力されるように設定する。

エ パスワードを平文のテキストファイル形式で記録し、共用PCのOSのデスクトップに保存する。

！ 解法　本人以外の者による不正ログインを防止する観点から選択します。

ア 正解です。指紋は本人固有の認証要素のため、本人以外が用いることは困難です。

イ パスワードリスト攻撃への影響が高くなります。

ウ ブラウザの機能でID、パスワードが自動入力されてしまい本人以外のログインが発生する可能性があります。

エ 共用PCでパスワードの確認ができる状態であるため、本人以外のログインが容易な環境になっています。

パスワードは組織の要件によって管理手法が変わってきます。要件を正しく理解し、適切な実装をしましょう。

▶**答え** ア

利用者認証

公開問題　情報セキュリティマネジメント 平成28年秋 午前 問1

ICカードとPINを用いた利用者認証における適切な運用はどれか。

ア ICカードによって個々の利用者を識別できるので、管理負荷を軽減するために全利用者に共通のPINを設定する。

イ ICカード紛失時には、新たなICカードを発行し、PINを再設定した後で、紛失したICカードの失効処理を行う。

ウ PINには、ICカードの表面に刻印してある数字情報を組み合わせたものを設定する。

エ PINは、ICカードには同封せず、別経路で利用者に知らせる。

！ 解法　不正利用を避けるにはICカードとPINは管理を分ける必要があります。

ア 全利用者に共通のPINを設定することは、全員が他の方のPINを知っているのと同じであるため、セキュリティ上好ましくありません。

イ ICカード紛失時のICカードの失効処理は、もっとも優先度の高い作業です。

ウ ICカードを物理的に触れる方全員がPINを知っているのと同意のため、セキュリティ上好ましくありません。

エ 正解です。

> 多要素認証では、**利用する要素の管理を**別々に行うことが重要です。

▶答え エ

利用者認証

公開問題　情報セキュリティマネジメント 平成29年春 午前 問18

2要素認証に該当する組みはどれか。

ア クライアント証明書、ハードウェアトークン

イ 静脈認証、指紋認証

ウ パスワード認証、静脈認証

エ パスワード認証、秘密の質問の答え

！解法 異なる認証の要素を2つ利用しているものを選びます。要素には「知識情報（記憶）」、「所持情報（所持）」、「生体情報（バイオメトリクス）」があります。

ア クライアント証明書、ハードウェアトークンはいずれも「所持情報（所持）」です。

イ 静脈認証、指紋認証はいずれも「生体情報（バイオメトリクス）」です。

ウ 正解です。パスワード認証は「知識情報（記憶）」、静脈認証は「生体情報（バイオメトリクス）」です。

エ パスワード認証、秘密の質問の答えはいずれも「知識情報（記憶）」です。

▶答え ウ

利用者認証

Webサイトで利用されるCAPTCHAに該当するものはどれか。

ア 人からのアクセスであることを確認できるよう、アクセスした者に応答を求め、その応答を分析する仕組み

イ 不正なSQL文をデータベースに送信しないよう、Webサーバに入力された文字列をプレースホルダに割り当ててSQL文を組み立てる仕組み

ウ 利用者が本人であることを確認できるよう、Webサイトから一定時間ごとに異なるパスワードを要求する仕組み

エ 利用者が本人であることを確認できるよう、乱数をWebサイト側で生成して利用者に送り、利用者側でその乱数を鍵としてパスワードを暗号化し、Webサイトに送り返す仕組み

> ⚠️ **解法** 人以外からのアクセスを拒否できるよう、人のみが判断できる応答を求める仕組みです。

ア 正解です。

イ SQLで使用するバインド機構の説明です。

ウ CAPTCHAの動作には当てはまりません。

エ チャレンジレスポンス認証の説明です。

▶**答え　ア**

SECTION 2　セキュリティ技術

生体認証

▶ セイタイニンショウ

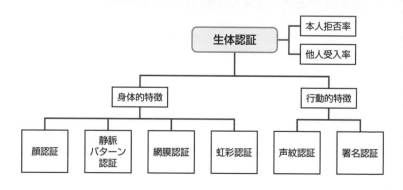

定義　**生体認証**は身体的**特徴**や行動的**特徴**を認証に利用します。

身体的特徴を利用する認証方法としては**静脈パターン認証**、**虹彩認証（目の虹彩を認証に利用）**、**顔認証**、**網膜認証（目の網膜パターンを認証に利用）**など、行動的特徴を利用する認証方法としては**声紋認証**、**署名認証**、キーストローク認証などがあります。
経年劣化**が少なく**偽装**がしにくい**ものは優れた生体認証だと言えます。

生体情報は漏えいの影響が大きい個人情報であり、万一、漏えいした場合、二度と同じものを利用することができなくなります。運用管理の徹底が求められます。

生体認証を利用する上で重要な指標は次のとおりです。

●本人拒否率（FRR：False Rejection Rate）
本人であるにも関わらず本人ではないと判断されてしまう確率のことです。

●他人受入率（FAR：False Acceptance Rate）
他人であるにも関わらず本人であると判断されてしまう確率のことです。

本人拒否率が上がると他人受け入れ率が下がり、本人拒否率が下がると他人受け入れ率が上がります。

生体認証

公開問題　情報セキュリティマネジメント 平成30年春 午前 問22

バイオメトリクス認証システムの判定しきい値を変化させるとき、FRR（本人拒否率）とFAR（他人受入率）との関係はどれか。

ア　FRRとFARは独立している。

イ　FRRを減少させると、FARは減少する。

ウ　FRRを減少させると、FARは増大する。

エ　FRRを増大させると、FARは増大する。

- -

！ 解法　本人拒否率と他人受け入れ率は、一方を減少させると他方が増大します。

ア　FRRとFARは関係性があります。

イ　FRRを減少させると、**FARは増大**します。

ウ　正解です。

エ　FRRを増大させると、**FARは減少**します。

▶答え　ウ

公開鍵基盤

▶ コウカイカギキバン

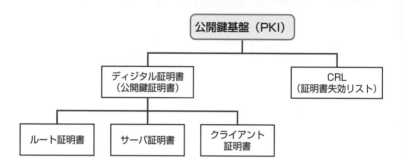

```
        公開鍵基盤（PKI）
         /              \
ディジタル証明書          CRL
（公開鍵証明書）      （証明書失効リスト）
   /     |     \
ルート証明書  サーバ証明書  クライアント
                          証明書
```

📎 **定義** 公開鍵基盤（PKI：Public Key Infrastructure）は公開鍵暗号方式を安全に利用するための基盤です。

公開鍵暗号や**ディジタル署名**を安全に利用するには、相手方の公開鍵が正しいものであるかを検証する手段が必要です。

これを実現するために相手方の公開鍵に対し、第三者による審査を行い、真正性が確認されたものに対し、ディジタル署名を添付したディジタル証明書（公開鍵証明書）を発行してもらうようにした仕組みが公開鍵基盤（PKI）です。

▼PKIのイメージ

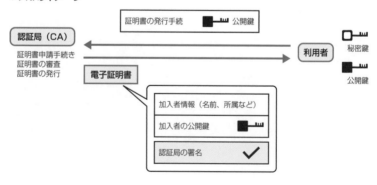

ディジタル証明書を署名して発行する第三者を認証局 (CA：Certificate Authority) といい、階層上の最上位の認証局をルート認証局 (Root CA)、ルート認証局自身の証明書をルート証明書と呼びます。また、何らかの理由で有効期間中に失効したディジタル証明書の一覧を証明書失効リスト (CRL：Certificate Revocation List) といいます。

公開鍵基盤

公開問題　情報セキュリティマネジメント 平成30年春 午前 問30

PKI (公開鍵基盤) において、認証局が果たす役割はどれか。

ア　共通鍵を生成する。
イ　公開鍵を利用してデータを暗号化する。
ウ　失効したディジタル証明書の一覧を発行する。
エ　データが改ざんされていないことを検証する。

SECTION 2 セキュリティ技術

！ 解法

ア　認証局が共通鍵を生成することはありません。
イ　認証局が公開鍵を利用してデータを暗号化することはありません。
ウ　正解です。認証局は失効したディジタル証明書の一覧 (CRL) を発行します。
エ　認証局はデータが改ざんされていないことを検証しません。

▶**答え　ウ**

公開鍵基盤

公開問題　情報セキュリティマネジメント 平成30年春 午前 問29

ディジタル証明書をもつA氏が、B商店に対して電子メールを使って商品を注文するときに、A氏は自分の秘密鍵を用いてディジタル署名を行い、B商店はA氏の公開鍵を用いて署名を確認する。この手法によって実現できることはどれか。ここで、A氏の秘密鍵はA氏だけが使用できるものとする。

ア　A氏からB商店に送られた注文の内容が、第三者に漏れないようにできる。
イ　A氏から発信された注文が、B商店に届くようにできる。

ウ B商店からA氏への商品販売が許可されていることを確認できる。

エ B商店に届いた注文が、A氏からの注文であることを確認できる。

解法 ディジタル署名とディジタル証明書で送信者の正当性の確認が可能です。

ア ディジタル署名には暗号化機能がありません。

イ ディジタル署名には送達確認の機能がありません。

ウ ディジタル署名には商品の販売許可確認の機能がありません。

エ 正解です。

▶答え　エ

公開問題　情報セキュリティマネジメント 平成30年秋 午前 問22

A社のWebサーバは、サーバ証明書を使ってTLS通信を行っている。PCからA社のWebサーバへのTLSを用いたアクセスにおいて、当該PCがサーバ証明書を入手した後に、認証局の公開鍵を利用して行う動作はどれか。

ア 暗号化通信に利用する共通鍵を生成し、認証局の公開鍵を使って復号する。

イ 暗号化通信に利用する共通鍵を生成し、認証局の公開鍵を使って暗号化する。

ウ サーバ証明書の正当性を、認証局の公開鍵を使って検証する。

エ 利用者が入力して送付する秘匿データを、認証局の公開鍵を使って暗号化する。

解法 TLS通信ではサーバ証明書の正当性を検証する必要があり、そのためには認証局の公開鍵を使用して検証します。

▶答え　ウ

SECTION 3

セキュリティ管理

セキュリティ管理

▶ セキュリティカンリ

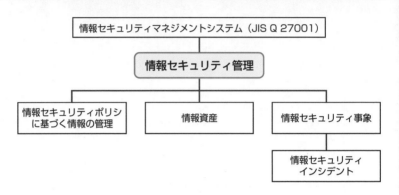

> **定義** セキュリティ管理は企業のセキュリティを維持・向上させるための管理です。従業員の意識向上や、取引先からの信頼向上といった効果もあります。

情報セキュリティポリシに基づく情報の管理は、何をどのように守るのかを明確にします。その為に策定、運用されるのが情報セキュリティポリシです。
情報セキュリティポリシとは、企業や組織において実施する情報セキュリティ対策の方針や行動指針のことです。
情報セキュリティポリシは、一般的に基本方針、対策基準、実施手順の3つの階層で構成されます。

▼情報セキュリティポリシの構成イメージ

❶基本方針（情報セキュリティ方針）
経営者によって承認された全社的な方針です。
社内外にも開示され、「情報セキュリティが必要な理由」や「情報セキュリティ対策の方針」、「顧客情報の取り扱い方針」などが含まれます。
JIS Q 27001に基づく情報セキュリティ方針は次の項目を満たしている必要があります。

・組織の目的に適切であること
・情報セキュリティの目的または目的を設定するための大枠を示すこと
・ISMSの継続的改善への誓約を含むこと

また情報セキュリティ方針が次の状態にあることが求められます。

・文書化した情報として利用可能なこと
・組織内に伝達されていること
・必要に応じて、利害関係者が入手できるようにしてあること

❷対策基準（対策方針）
基本方針を基に情報セキュリティ対策の指針を記述します。

❸実施手順・規程
対策基準を満たすため、実施すべき対策の内容を担当者や組織構成員の具体的な手順として記載します。
代表的なものは次のとおりです。

・情報管理規程
・秘密情報管理規程
・文書管理規程
・情報セキュリティインシデント対応規程（マルウェア感染時の対応ほか）
・情報セキュリティ教育の規程
・プライバシーポリシ（個人情報保護方針）
・雇用契約
・職務規程
・罰則の規程
・対外説明の規程

　　　・例外の規程
　　　・規則更新の規程
　　　・規程の承認手続
　　　・ソーシャルメディアガイドライン（SNS利用ポリシ）

情報セキュリティポリシは**画一的なものではなく**、企業や組織の持つ情報や組織の規模、体制によって異なります。**組織に合った**情報セキュリティポリシを作成する必要があります。

●情報資産

情報セキュリティの保護対象は情報資産です。
情報資産には有形資産（形がある資産）、無形資産（形がない資産）があります。

有形資産	**ソフトウェア資産** システムのソフトウェア、開発ツールなど **物理的資産** コンピュータ、ルータなどの通信装置、記録媒体、設備など
無形資産	情報（会話、通信データ、記憶など）、信用、企業文化、企業ブランドなど **知的資産**：特許や商標権や著作権など **人的資産**：従業員の持つ技術や能力など

またサービス（電源、空調、照明、通信サービスなど）も情報資産と考えられます。

●情報セキュリティ事象

情報セキュリティ事象とは、ISO/IEC27001（ISMS）で情報セキュリティ方針への違反若しくは管理策の不具合の可能性、又はセキュリティに関係し得る未知の状況を示す、システム、サービス又はネットワークの状態に関連する事象と定義されています。

●情報セキュリティインシデント

情報セキュリティインシデントとは、望まない単独、若しくは一連の情報セキュリティ事象、又は予期しない単独若しくは一連の情報セキュリティ事象であって、事業運営を危うくする確率および情報セキュリティを脅かす確率が高いものを指します。

●情報セキュリティ対策

情報セキュリティ対策は、人的対策、技術的対策、物理的対策に分類することがで

きます。

❶人的対策

人的対策とは、責務の明確化、就業規則・内部規程類の整備、教育・訓練、職務分掌などの対策です。

❷技術的対策

技術的対策とは、アクセス制御、ファイアウォール、侵入検知システム、マルウェア対策、バイオメトリクス認証(生体認証)などのセキュリティ技術を活用した製品・サービスによる対策です。

❸物理的対策

物理的対策とは、入退室管理、施錠、回線・機器の二重化、警備員の配置、アンチパスバックなどの対策です。

COLUMN

情報セキュリティポリシーのサンプル

身近にセキュリティポリシを見る機会がない場合、日本ネットワークセキュリティ協会(JNSA)が作成した「情報セキュリティポリシーサンプル改版(1.0版)」が参考になります。

●情報セキュリティポリシーサンプル改版(1.0版)
https://www.jnsa.org/result/2016/policy/index.html

情報セキュリティ管理

公開問題　情報セキュリティマネジメント　平成30年春　午前　問5

JIS Q 27000：2014（情報セキュリティマネジメントシステム―用語）及び
JIS Q 27001：2014（情報セキュリティマネジメントシステム―要求事項）に
おける情報セキュリティ事象と情報セキュリティインシデントの関係のうち、適
切なものはどれか。

ア　情報セキュリティ事象と情報セキュリティインシデントは同じものである。

イ　情報セキュリティ事象は情報セキュリティインシデントと無関係である。

ウ　単独又は一連の情報セキュリティ事象は、情報セキュリティインシデントに
　　分類され得る。

エ　単独又は一連の情報セキュリティ事象は、全て情報セキュリティインシデン
　　トである。

- -

！解法　単独又は一連の情報セキュリティ事象は、条件によっては情報セキュ
　　　　リティインシデントに分類される場合があります。

ア　情報セキュリティ事象と情報セキュリティインシデントは**同じものではあり
　　ません**。

イ　情報セキュリティ事象は情報セキュリティインシデントと**関係性がありま
　　す**。

ウ　正解です。

エ　単独又は一連の情報セキュリティ事象の全てが、情報セキュリティインシデ
　　ントということではありません。

セキュリティ事象とセキュリティインシデントの関係性は出題頻度が高いの
でおさえておきましょう。

▶答え　ウ

情報セキュリティ管理
公開問題 情報セキュリティマネジメント 平成29年春 午前 問8

A社は、情報システムの運用をB社に委託している。当該情報システムで発生した情報セキュリティインシデントについての対応のうち、適切なものはどれか。

ア 情報セキュリティインシデント管理を一元化するために、委託契約継続可否及び再発防止策の決定をB社に任せた。

イ 情報セキュリティインシデントに迅速に対応するためにサービスレベル合意書（SLA）に緊急時のセキュリティ手続を記載せず、B社の裁量に任せた。

ウ 情報セキュリティインシデントの発生をA社及びB社の関係者に迅速に連絡するために、あらかじめ定めた連絡経路に従ってB社から連絡した。

エ 迅速に対応するために、特定の情報セキュリティインシデントの一次対応においては、事前に定めた対応手順よりも、経験豊かなB社担当者の判断を優先した。

！解法 迅速に行えるよう、インシデント対応について委託先との契約に盛り込んで締結することが重要です。

ア 委託契約継続可否及び再発防止策の決定は**委託元のA社の責任**で行います。

イ B社の裁量に任せるのではなく、迅速に対応できるようにSLAに**インシデント対応を含める**ようにします。

ウ 正解です。

エ セキュリティインシデント対応は**事前に定めた手順**に沿って行います。

情報セキュリティの最終的な責任は委託元にあります。そのため、委託先との契約ではセキュリティに関する事項を明確にすることが重要です。

▶**答え ウ**

情報セキュリティ管理

公開問題　情報セキュリティマネジメント 平成31年春 午前 問41

あるデータセンタでは、受発注管理システムの運用サービスを提供している。次の受発注管理システムの運用中の事象において、インシデントに該当するものはどれか。

〔受発注管理システムの運用中の事象〕
夜間バッチ処理において、注文トランザクションデータから注文書を出力するプログラムが異常終了した。異常終了を検知した運用担当者から連絡を受けた保守担当者は、緊急出社してサービスを回復し、後日、異常終了の原因となったプログラムの誤りを修正した。

ア　異常終了の検知　　　　イ　プログラムの誤り
ウ　プログラムの異常終了　エ　保守担当者の緊急出社

- -

！解法　情報セキュリティインシデントの定義は次のとおりです。
「望まない単独若しくは一連の情報セキュリティ事象、又は予期しない単独若しくは一連の**情報セキュリティ事象**であって、**事業運営を危うくする確率及び情報セキュリティを脅かす確率が高いもの**」
この内容にもっとも近いものを選択肢から選びます。

ア　異常終了の検知だけではインシデントに該当しません。
イ　プログラムの誤りは調査過程で判明した事実でありインシデントに該当しません。
ウ　正解です。
エ　保守担当者の緊急出社だけではインシデントに該当しません。

他の分野でもインシデントという用語は使われますが、内容は情報セキュリティのインシデントとは異なります。試験対策として「情報セキュリティとしてのインシデントの定義」を正しく理解しておくことが重要です。

▶答え　ウ

リスク分析と評価

▶ リスクブンセキトヒョウカ

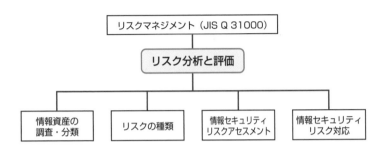

定義 リスクマネジメントでは最初にどのようなリスクが存在するかを特定します。

次に特定したリスクを分析し、評価を行い、最後に対応が必要なリスクを選定します。

リスクとは目的に影響を与える恐れがある不確かさのことです。不確かさは良い方にも悪い方にも作用しますが、情報セキュリティでは悪い方へ作用することに注目しています。

リスクマネジメント (JIS Q 31000) はISO 31000を基に作成されたリスクマネジメントに関する原則および一般的な指針を示したJIS規格です。

リスクマネジメントの11の原則は次のとおりです。
①価値を創造し、保護する
②組織のすべてのプロセスにおいて不可欠な部分である
③意思決定の一部である
④不確かさに明確に対処する
⑤体系的かつ組織的で、時宜を得たものである
⑥最も利用可能な情報に基づくものである
⑦組織に合わせて作られる
⑧人的及び文化的要素を考慮に入れる
⑨透明性があり、かつ、包含的である
⑩動的で、繰り返し行われ、変化に対応する
⑪組織の継続的改善を促進する

SECTION 3 セキュリティ管理

123

リスクマネジメントでは、リスクを組織的に管理し、損失等の回避又は低減を図るため、次の4つのプロセスを実施します。

❶リスク特定
リスクを発見、認識および記述するプロセスです。

❷リスク分析
リスク特定されたリスクの性質を理解し、リスクレベルを決定するプロセスです。

❸リスク評価
リスクおよび、又は大きさが受容可能か又は許容可能かを決定するために、リスク分析の結果をリスク基準と比較するプロセスです。

❹リスク対応
リスクを修正するプロセスです。リスク分析・リスク評価の結果で明らかになったリスクに対してリスクの大きさ、顕在化の可能性、情報資産の重要度、予算などを踏まえて最適な対応策をとります。

▼リスクマネジメントプロセスのイメージ

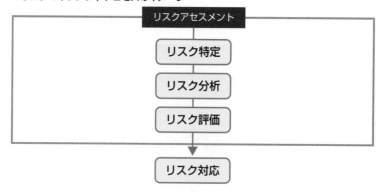

リスク分析と評価

公開問題　情報セキュリティマネジメント 平成29年春 午前 問5

JIS Q 31000：2010（リスクマネジメント―原則及び指針）において、リスクマネジメントを効果的なものにするために、組織が順守することが望ましいこととして挙げられている原則はどれか。

ア リスクマネジメントは、静的であり、変化が生じたときに終了する。

イ リスクマネジメントは、組織に合わせて作られる。

ウ リスクマネジメントは、組織の主要なプロセスから分離した単独の活動である。

エ リスクマネジメントは、リスクが顕在化した場合を対象とする。

！ 解法

ア 動的で、繰り返し行われ、変化に対応します。

イ 正解です。

ウ 組織の主要なプロセスから分離した単独の活動ではありません。

エ 継続的に変化を察知し、対応します。

　リスクマネジメントにおける11の原則の1つは「リスクマネジメントは、組織に合わせて作られる」です。

▶答え　イ

SECTION 3 セキュリティ管理

リスク分析と評価

公開問題　情報セキュリティマネジメント 平成29年春 午前 問6

JIS Q 31000：2010（リスクマネジメント―原則及び指針）において、リスクマネジメントは、"リスクについて組織を指揮統制するための調整された活動" と定義されている。そのプロセスを構成する活動の実行順序として、適切なものはどれか。

ア　リスク特定→リスク対応→リスク分析→リスク評価
イ　リスク特定→リスク分析→リスク評価→リスク対応
ウ　リスク評価→リスク特定→リスク分析→リスク対応
エ　リスク評価→リスク分析→リスク特定→リスク対応

！解法　リスクマネジメントにおける４つのプロセスは、リスクを発見、認識および記述するプロセスの**リスク特定**からはじまり、**リスク分析・リスク評価**の結果からリスクに対して対応策を行う**リスク対応**へ続きます。順番を確実に覚えておくことで正解を選べる問題です。

▶答え　イ

情報資産の調査・分類

▶ ジョウホウシサンノチョウサ・ブンルイ

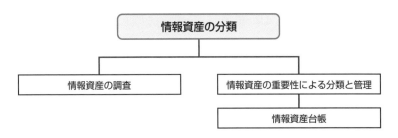

情報資産の分類

```
情報資産の調査          情報資産の重要性による分類と管理
                                情報資産台帳
```

📘 **定義** 　情報資産の分類では、情報資産の調査を行い、その重要性による分類と管理を行います。管理のために情報資産台帳を作成し、状況に合わせ、情報資産の追加登録、更新、削除などを適切に行います。

情報資産の調査では**あらかじめ決めた範囲の情報資産**の調査を行います。調査は広範に渡るため、組織の各部門の協力を得ながら実施していくのが一般的です。調査では過去の事実（事件や事故、損害など）も考慮し、情報資産の**脅威**と**脆弱性**を認識します。

情報資産の管理や分析を効率化するには情報資産**の重要性による分類と管理**が重要です。情報資産台帳を作成し、情報資産を漏れなく記載し、機密性や重要性、分類グループなどをまとめていきます。また情報資産は変化していくため、台帳を適切に更新する必要があります。

独立行政法人情報処理推進機構（IPA）の「中小企業の情報セキュリティ対策ガイドライン」では「付録7：リスク分析シート」として情報資産台帳のサンプルを公開しています。

● 中小企業の情報セキュリティ対策ガイドライン：IPA独立行政法人 情報処理推進機構
https://www.ipa.go.jp/security/keihatsu/sme/guideline/

SECTION 3 セキュリティ管理

情報資産の調査・分類

公開問題　情報セキュリティマネジメント　平成31年春　午前　問9

組織での情報資産管理台帳の記入方法のうち、IPA "中小企業の情報セキュリティ対策ガイドライン（第2.1版）" に照らして、適切なものはどれか。

ア　様々な情報が混在し、重要度を一律に評価できないドキュメントファイルは、企業の存続を左右しかねない情報や個人情報を含む場合だけ台帳に記入する。

イ　時間経過に伴い重要度が変化する情報資産は、重要度が確定してから、又は組織で定めた未記入措置期間が経過してから、台帳に記入する。

ウ　情報資産を紙媒体と電子データの両方で保存している場合は、いずれか片方だけを台帳に記入する。

エ　利用しているクラウドサービスに保存している情報資産を含めて、台帳に記入する。

！ 解法　情報資産管理台帳には予め決めた範囲の情報資産を全て記入します。

ア、ウ　あらかじめ決めた範囲の**情報資産を全て記入**します。

イ　情報資産の重要度は**現時点の評価値を記入**します。

エ　正解です。

▶答え　エ

リスクの種類

注目度
★★★★

▶ リスクノシュルイ

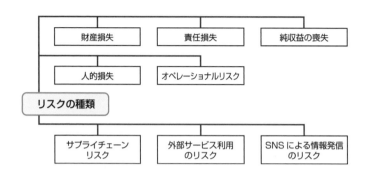

 定義 リスクの種類には財産損失、責任損失、純利益の喪失などをはじめとする様々なものが存在します。

リスクマネジメントを適切に行うためには、様々なリスクの種類を知ることが重要です。代表的なリスクの種類は次のとおりです。

●財産損失
災害、盗難などにより、企業が所有している財産が損なわれるリスクです。

●責任損失
訴訟などで賠償責任を負うリスクです。

●純収益の喪失
売り上げや利益の減少リスクです。

●人的損失
経営者、従業員の死亡・事故・疾病・不健康・信用損失などのリスクです。

●オペレーショナルリスク
通常の業務活動上のリスクの総称です。

●サプライチェーンリスク

サプライチェーン（供給先）での災害、事故、セキュリティインシデントなどでリソースの調達や製品・サービスの供給に影響が出るリスクです。

●モラルハザード

リスクを軽視し、責任感や倫理観または道徳観の欠如により、モラルのない行動が発生しやすくなっている状態を指します。

●外部サービス利用のリスク

外部サービスの依存度が高くなることにより自組織による統制が困難になるなどのリスクです。

●SNSによる情報発信のリスク

誹謗中傷、なりすまし、炎上などのリスクです。

●年間予想損失額

1年で損失する**資産額**を算出したものです。

リスクの種類

公開問題　情報セキュリティマネジメント　平成28年春　午前　問7

IPA"組織における内部不正防止ガイドライン"にも記載されている、組織の適切な情報セキュリティ対策はどれか。

ア　インターネット上のWebサイトへのアクセスに関しては、コンテンツフィルタ（URLフィルタ）を導入して、SNS、オンラインストレージ、掲示板などへのアクセスを制限する。

イ　業務の電子メールを、システム障害に備えて、私用のメールアドレスに転送するよう設定させる。

ウ　従業員がファイル共有ソフトを利用する際は、ウイルス対策ソフトの誤検知によってファイル共有ソフトの利用が妨げられないよう、ウイルス対策ソフトの機能を一時的に無効にする。

エ　組織が使用を許可していないソフトウェアに関しては、業務効率が向上するものに限定して、従業員の判断でインストールさせる。

解法

ア 正解です。

イ 業務の電子メールを私用のメールアドレスに転送することは**業務の重要な情報が外部に漏れるリスク**があります。

ウ **ファイル共有ソフトの利用は好ましくありません**。またウイルス対策ソフトの機能を無効にすると**ウイルスからの保護ができない**ためセキュリティ上好ましくありません。

エ 使用可能なソフトウェアは**従業員の判断ではなく組織で決定する**必要があります。

外部サービス利用のリスクや**SNSによる情報発信のリスク**について組織が適切にコントロールできる状態にしておくことが重要です。

▶答え　ア

リスクの種類

公開問題　情報セキュリティマネジメント 平成29年春 午前 問2

経済産業省とIPAが策定した"サイバーセキュリティ経営ガイドライン(Ver1.1)"が、自社のセキュリティ対策に加えて、実施状況を確認すべきとしている対策はどれか。

ア 自社が提供する商品及びサービスの個人利用者が行うセキュリティ対策

イ 自社に出資している株主が行うセキュリティ対策

ウ 自社のサプライチェーンのビジネスパートナが行うセキュリティ対策

エ 自社の事業所近隣の地域社会が行うセキュリティ対策

解法

ガイドラインの3原則の1つに「自社は勿論のこと、ビジネスパートナや委託先も含めた**サプライチェーン**に対するセキュリティ対策が必要」と定義されています。

ア 個人利用者のセキュリティ対策は定義されていません。

イ 株主の責任は定義されていません。

131

ウ 正解です。

エ 地域社会が行うセキュリティ対策は定義されておりません。

情報処理推進機構（IPA）の「情報セキュリティ10大脅威」では2018年、初めて**サプライチェーンの弱点**がランクインされ、現在も上位にいます。

● **情報セキュリティ10大脅威2022：IPA独立行政法人 情報処理推進機構**
https://www.ipa.go.jp/security/vuln/10threats2022.html

▶**答え　ウ**

情報セキュリティ
リスクアセスメント

▶ ジョウホウセキュリティリスクアセスメント

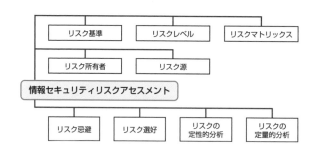

定義 情報セキュリティリスクアセスメントは**リスク基準**策定後の3つのプロセス（リスク特定、リスク分析、リスク評価）が該当します。リスク分析の手法には定性的分析と定量的分析があります。

情報セキュリティリスクアセスメントに関連する用語は次のとおりです。

●リスク基準（リスク受容基準、情報セキュリティリスクアセスメントを実施するための基準）
リスクの重大性を評価するための目安とする条件です。リスクアセスメント実施者による評価が正しく行われるように設定する判断指標です。

●リスクレベル
リスクが顕在化した結果、引き起こされる損害の大きさと、その発生しやすさの組合せとして表現される、リスクまたは組み合わさったリスクの大きさのことです。

●リスクマトリックス
リスクレベルをマトリックス（図表）で整理する手法です。

●リスク所有者
「リスクを運用管理することについて、アカウンタビリティ及び権限をもつ人又は主体」のことです。つまり、リスクが顕在化したときの責任者がこれに該当します。

●リスク源
「それ自体又はほかとの組み合わせによって、リスクを生じさせる力を本来潜在的にもっている要素」と定義されています。

●リスク忌避
リスクを避ける態度のことです。

●リスク選好
リスクを選んで取りに行く態度のことです。

●リスクの定性的分析
ある事象の発生確率と影響度を分析することです。

●リスクの定量的分析
ある事象のリスクの大きさを損害発生金額を予想することなどにより明確することです。

情報セキュリティリスクアセスメント
公開問題　情報セキュリティマネジメント　平成31年春　午前　問6

JIS Q 27000：2014（情報セキュリティマネジメントシステム―用語）における"リスクレベル"の定義はどれか。

ア　脅威によって付け込まれる可能性のある、資産又は管理策の弱点
イ　結果とその起こりやすさの組合せとして表現される、リスクの大きさ
ウ　対応すべきリスクに付与する優先順位
エ　リスクの重大性を評価するために目安とする条件

- -

！解法　リスクレベルとは「顕在化した結果引き起こされる損害の大きさとその起こりやすさの組合せとして表現される、リスクまたは組み合わさったリスクの大きさのこと」です。

ア　脆弱性の説明です。
イ　正解です。

ウ JIS Q 27000：2014での定義にはありません。

エ リスク基準の説明です。

　用語と意味を紐づけて覚えるのが難しい場合は「リスクレベル＝リスクの大きさ」というように、用語と用語説明内の短いキーワードを紐づけて覚える工夫を取り入れるとよいでしょう。

▶答え　イ

情報セキュリティリスクアセスメント
公開問題　情報セキュリティマネジメント 平成31年春 午前 問7

JIS Q 27000：2014（情報セキュリティマネジメントシステム―用語）では、リスクを運用管理することについて、アカウンタビリティ及び権限をもつ人又は主体を何と呼んでいるか。

ア 監査員　　　　**イ** トップマネジメント
ウ 利害関係者　　**エ** リスク所有者

> **！解法** リスクを運用管理することについて、アカウンタビリティ及び権限をもつ人又は主体はリスク所有者です。

ア 監査員は監査の実施者です。

イ トップマネジメントは最高位で組織を指揮します。

ウ 利害関係者はある決定事項若しくは活動に影響を与え得るか、その影響を受け得るか、又はその影響を受けると認識している、個人又は組織です。

エ 正解です。

　用語と意味を紐づけて覚えるのが難しい場合は「アカウンタビリティ＝リスク所有者」というように、用語と用語説明内の短いキーワードを紐づけて覚える工夫を取り入れるとよいでしょう。

▶答え　エ

リスクアセスメントのプロセス 注目度 ★★★★

▶ リスクアセスメントノプロセス

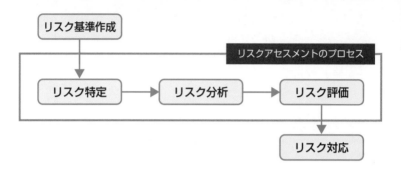

📝 **定義** リスクアセスメントはリスク特定・リスク分析・リスク評価のプロセス群を指します。

リスク基準作成後、リスクアセスメントのプロセス群 (リスク特定、リスク分析、リスク評価) を進めていきます。リスクアセスメントの結果を基にリスク対応を行います。

リスクアセスメントのプロセス

公開問題　情報セキュリティマネジメント 平成28年秋 午前 問8

JIS Q 27000におけるリスク評価はどれか。

ア　対策を講じることによって、リスクを修正するプロセス
イ　リスクが受容可能か否かを決定するために、リスク分析の結果をリスク基準と比較するプロセス
ウ　リスクの特質を理解し、リスクレベルを決定するプロセス
エ　リスクの発見、認識及び記述を行うプロセス

❗ **解法** JIS Q 27000では
「リスク及び／又はその大きさが、受容可能か又は許容可能かを決定

するために、リスク分析の結果をリスク基準と比較するプロセス」
と定義されています。

ア **リスク対応**についての説明です。
イ 正解です。
ウ **リスク分析**についての説明です。
エ **リスク特定**についての説明です。

▶答え　イ

リスクアセスメントのプロセス

公開問題　情報セキュリティマネジメント 平成29年秋 午前 問5

a～dのうち、リスクアセスメントプロセスのリスク特定において特定する対象
だけを全て挙げたものはどれか。

〔特定する対象〕
a. リスク対応に掛かる費用
b. リスクによって引き起こされる事象
c. リスクによって引き起こされる事象の原因及び起こり得る結果
d. リスクを顕在化させる可能性をもつリスク源

ア a、b、d　**イ** a、d　**ウ** b、c　**エ** b、c、d

！解法 リスク特定はリスクアセスメントにおいて最初に実施され、リスク源、リスクによって生じる事象、それらの原因および起こり得る結果を発見・認識し、文書として記述します。

b、c、dはリスク特定に該当します。

▶答え　エ

リスクアセスメントのプロセス

公開問題　情報セキュリティマネジメント 平成30年秋 午前 問7

JIS Q 27000：2014（情報セキュリティマネジメントシステム―用語）におけるリスク分析の定義はどれか。

ア 適切な管理策を採用し、リスクを修正するプロセス
イ リスクが受容可能か又は許容可能かを決定するために、リスク及びその大きさをリスク基準と比較するプロセス
ウ リスクの特質を理解し、リスクレベルを決定するプロセス
エ リスクを発見、認識及び記述するプロセス

!｜解法 リスク分析とは「リスクの特質を理解し、リスクレベルを決定するプロセス」です。

ア リスク対応の定義です。
イ リスク評価の定義です。
ウ 正解です。
エ リスク特定の定義です。

用語と意味を紐づけて覚えるのが難しい場合は「リスク分析＝リスクレベルを決定」というように用語と用語説明内の短いキーワードを紐づけて覚える工夫を取り入れるとよいでしょう。

▶答え　ウ

情報セキュリティリスク対応

▶ ジョウホウセキュリティリスクタイオウ

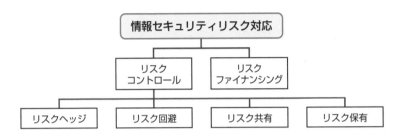

📝 **定義** 　情報セキュリティリスク対応はリスクコントロールとリスクファイナンシングに分類されます。リスクコントロールは潜在的なリスクに対して、リスクを回避したり低減したりする対策を実施すること、リスクファイナンシングはリスクが顕在化した場合に備えて、損失の補てんや対応費用などを確保しておくことです。

情報セキュリティリスク対応に関連する用語や概念は次のとおりです。

●リスクヘッジ
リスクを予測し、**リスク軽減**や避けるための対策を図ることです。

●リスク軽減
リスク発生の可能性を下げることや、リスク発生時の影響を小さくする対策です。
例：・新たにネットワークのセキュリティ監視を24時間行う
　　・認証システムを強化し、パスワードの認証から多要素認証に変更する

●サイバー保険
サイバー事故で企業に生じた**損害賠償責任**や、インシデント対策費用やビジネスの喪失利益などを補償する保険です。

●リスク回避
リスクそのものを排除する対応です。
例：・ファックスの誤送信というリスクを回避するため、ファックスを廃止する

139

・万引きのリスクを回避するため、実店舗運営をやめ、通信販売に切り替える

●リスク共有（リスク移転、リスク分散）
外部とリスクを共有する対応です。
例：・**サイバー保険**へ加入する
　　・業務の外部委託（アウトソーシング）を行う

●リスク保有（リスク受容）
リスクに対して特に対策をとらず、その状態を受け入れる対応です。
リスクが軽微である場合や、対策がないため止むを得ず受け入れる場合などです。
例：・文面を読まれてしまうリスクがあるが重要な情報ではないため葉書で手紙を送る
　　・代替策がないため保守契約が終了している製品を使用している

●リスク集約
複数のリスクを管理しやすい単位に集約することです。

●残留リスク
リスク対応後に残るリスクのことです。

●リスク対応計画
リスクアセスメントで判明したリスクの対策に対する対応計画です。

●リスク登録簿
特定したリスクとその情報（影響、深刻度、発生確率、リスク対応方法、優先度、リスク保有者など）を記載、登録します。

●リスクコミュニケーション
リスクに関する正確な情報を利害関係者（ステークホルダ）間で共有し、相互に意思疎通を図ることです。災害時などでリスクに対する合意形成のために行われます。

情報セキュリティリスクアセスメント

公開問題　情報セキュリティマネジメント 令和元年秋 午前 問3

JIS Q 27001において、リスクを受容するプロセスに求められるものはどれか。

ア　受容するリスクについては、リスク所有者が承認すること
イ　受容するリスクをモニタリングやレビューの対象外とすること
ウ　リスクの受容は、リスク分析前に行うこと
エ　リスクを受容するかどうかは、リスク対応後に決定すること

！解法　リスク受容（リスク保有）は、リスクに対し何も対策を実施しないことです。発生頻度が低く損害の小さいリスクや、リスク対策コストがリスク顕在化したときの損害額を上回る場合などに採用します。

ア　正解です。
イ　受容したリスクも含め全てのリスクがモニタリングやレビューの対象です。
ウ　リスクの受容はリスク分析後に行います。
エ　リスクを受容するかどうかは、リスク対応プロセスで決まります。

　人は元来、リスク受容（リスク保有）しており、リスクヘッジをしながら、リスク回避、リスク共有などのリスク対策を組み合わせることで、日常生活におけるリスクをコントロールしています。

▶**答え**　ア

情報セキュリティリスク対応

公開問題　情報セキュリティマネジメント 平成31年春 午前 問5

リスク対応のうち、リスクファイナンシングに該当するものはどれか。

ア　システムが被害を受けるリスクを想定して、保険を掛ける。
イ　システムの被害につながるリスクの顕在化を抑える対策に資金を投入する。
ウ　リスクが大きいと評価されたシステムを廃止し、新たなセキュアなシステムの構築に資金を投入する。
エ　リスクが顕在化した場合のシステムの被害を小さくする設備に資金を投入す

る。

!解法　**リスクファイナンス**はリスクが顕在化した場合に備えて、損失の補てんや対応費用などを確保しておくことです。保険を掛けることはリスクファイナンスに該当します。

ア　正解です。
イ、エ　リスクコントロールのリスク軽減です。
ウ　リスクコントロールのリスク回避です。

リスクを抑えるために資金を投入することはリスク軽減のための投資であるため、リスクファイナンスの定義には当たりません。

▶答え　ア

情報セキュリティリスク対応
公開問題　情報セキュリティマネジメント 平成30年春 午前 問2

リスク対応のうち、リスクの回避に該当するものはどれか。

ア　リスクが顕在化する可能性を低減するために、情報システムのハードウェア構成を冗長化する。
イ　リスクの顕在化に伴う被害からの復旧に掛かる費用を算定し、保険を掛ける。
ウ　リスクレベルが大きいと評価した情報システムを用いるサービスの提供をやめる。
エ　リスクレベルが小さいので特別な対応をとらないという意思決定をする。

!解法　**リスクの回避**とは**リスク源を除去**し、**リスク発現確率をゼロ**にすることです。

ア　リスク軽減です。
イ　リスク共有 (リスク移転、リスク分散) です。
ウ　正解です。

エ リスク受容 (リスク保有) です。

▶答え　ウ

情報セキュリティリスク対応

公開問題　情報セキュリティマネジメント 平成28年秋 午前 問2

リスクの顕在化に備えて地震保険に加入するという対応は、JIS Q 31000：2010に示されているリスク対応のうち、どれに分類されるか。

ア ある機会を追求するために、そのリスクを取る又は増加させる。

イ 一つ以上の他者とそのリスクを共有する。

ウ リスク源を除去する。

エ リスクを生じさせる活動を開始又は継続しないと決定することによって、リスクを回避する。

- -

⚠ 解法 保険への加入は、リスクによる影響の一部を他者に移すため「他者とのリスク共有」に分類されます。

ア 地震保険への加入がリスクを増加させることはありません。

イ 正解です。

ウ 地震保険ではリスク源そのものを除去できません。

エ 地震保険ではリスクを生じさせる活動を開始又は継続しないと決定することはできません。

▶答え　イ

情報セキュリティリスク対応

公開問題　情報セキュリティマネジメント 平成28年秋 午前 問9

JIS Q 31000：2010における、残留リスクの定義はどれか。

ア 監査手続を実施しても監査人が重要な不備を発見できないリスク

イ 業務の性質や本来有する特性から生じるリスク

ウ 利益を生む可能性に内在する損失発生の可能性として存在するリスク

エ リスク対応後に残るリスク

> **！解法** **残留リスク**とは**リスク対応後に残るリスク**のことです。

ア 発見リスクの説明です。監査リスクの要素の1つです。
イ 固有リスクの説明です。監査リスクの要素の1つです。
ウ 投機的リスク（ビジネスリスク）の説明です。
エ 正解です。

▶答え　エ

情報セキュリティリスク対応
公開問題　情報セキュリティスペシャリスト 平成27年秋 午前 問7

特定の情報資産の漏えいに関するリスク対応のうち、リスク回避に該当するものはどれか。

ア 外部の者が侵入できないように、入退室をより厳重に管理する。
イ 情報資産を外部のデータセンタに預託する。
ウ 情報の新たな収集を禁止し、収集済みの情報を消去する。
エ 情報の重要性と対策費用を勘案し、あえて対策をとらない。

> **！解法** リスク回避とはリスク源を除去し、リスクの発現確率をゼロにすることです。

ア リスク軽減です。
イ リスク共有（リスク移転、リスク分散）です。
ウ 正解です。
エ リスク保有です。

▶答え　ウ

情報セキュリティマネジメント システム (ISMS)

▶ ジョウホウセキュリティマネジメントシステム

▼情報セキュリティマネジメントシステム (ISMS)

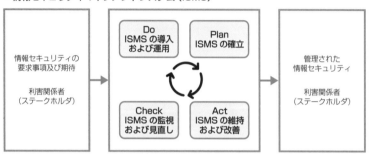

定義 情報セキュリティマネジメントシステム (ISMS：Information Security Management System) の目標は、**リスクマネジメント**プロセスを適用することによって、情報の**機密性**、**完全性**および**可用性**を適切に維持し、かつ、**リスクを適切に管理している**という信頼を利害関係者に与えることです。

ISMSでは継続的改善を行うため、PDCA (Plan：計画の作成、Do：実施、Check：点検、Act：改善) サイクルをまわします。
ISMSにおけるPDCAの定義は次のとおりです。

●**Plan（計画）**：ISMSの確立
　リスクマネジメントおよび情報セキュリティの改善に関連した、ISMS基本方針、目的、プロセスおよび手順を確立します。
●**Do（実行）**：ISMSの導入および運用
　ISMS基本方針、管理策（**情報セキュリティインシデント管理、情報セキュリティの教育および訓練、法的および契約上の要求事項の順守**ほか）、プロセスおよび手順を運用、**管理目的**の理解を図ります。

●**Check（点検）**：ISMSの監視および見直し
パフォーマンス評価（内部監査、マネジメントレビュー）を行い有効性の評価を行います。
●**Act（処置）**：ISMSの維持および改善
ISMSの改善（不適合に対する是正処置、継続的改善）を行います。

情報セキュリティマネジメントシステムに関連する用語や概念は次のとおりです。

●マネジメントレビュー

マネジメントレビューとは、トップマネジメントによって定期的に行われるISMSのパフォーマンス評価のことです。
マネジメントレビューで、考慮すべき事項は次のとおりです。

ⓐ前回までのマネジメントレビューの結果とった処置の状況
ⓑISMSに関連する外部及び内部の課題の変化
ⓒ次に示す傾向を含めた、情報セキュリティパフォーマンスに関するフィードバック
　①不適合及び是正処置
　②監視及び測定の結果
　③監査結果
　④情報セキュリティ目的の達成
ⓓ利害関係者からのフィードバック
ⓔリスクアセスメントの結果及びリスク対応計画の状況
ⓕ継続的改善の機会

●ISMS適用範囲

ISMS構築では最初に適用範囲の定義を行います。
適用範囲は施設や部門単位で設定ができるため、導入の負荷を抑えるためにスモールスタートからはじめ、徐々に範囲を拡大していくことも可能です。
そのためにはセキュリティ対策として効果的な範囲を決定することが重要です。
範囲は事業的範囲、組織的範囲、物理的範囲、ネットワーク的範囲、情報資産の管理範囲といった様々な視点での設定が可能であるため、最適なものを選びます。
確定した適用範囲は適用範囲定義書として文書化します。

●情報セキュリティ目的

情報セキュリティ目的は測定可能で具体的な計画目標です。

要求事項として次の事項を満たす必要があります。

ⓐ情報セキュリティ方針と整合

ⓑ (実行可能な場合) 測定可能

ⓒ適用される情報セキュリティ要求事項、並びにリスクアセスメントおよびリスク対応の結果を考慮

ⓓ伝達

ⓔ必要に応じて、更新

また、達成計画を策定する際には**実施事項、必要な資源、責任者、達成期限、結果の評価方法**を決めます。

●リーダーシップ

経営者 (トップマネジメント) がISMSに関して、リーダーシップおよびコミットメント (約束) を果たし、従業員が計画とおり動けるようにします。

●ISMS適合性評価制度

情報セキュリティマネジメントシステム (ISMS) 適合性評価制度は、国際的に整合性のとれた情報セキュリティマネジメントシステムに対する第三者適合性評価制度です。

●ISMS認証、JIS Q 27001 (ISO/IEC 27001)

ISMS適合性評価制度において、第三者である認証機関が本制度の認証を希望する組織の適合性を評価し認証します。

●JIS Q 27002 (ISO/IEC 27002)

情報セキュリティマネジメントの実践のための規範として情報セキュリティ管理のベストプラクティスの実施要項 (規範) を提供します。

●情報セキュリティガバナンス (JIS Q 27014 (ISO/IEC 27014))

情報セキュリティガバナンスとは、企業ガバナンス (コーポレートガバナンス) と、それを支えるメカニズムである内部統制の仕組みを、情報セキュリティの観点から企業内に構築・運用することです。

企業ガバナンス、情報セキュリティガバナンスとIT戦略の策定および実行に関わるITガバナンスとの関係性を図示したのが次の図です。

▼企業ガバナンスにおける情報セキュリティガバナンスとITガバナンスの関係のイメージ

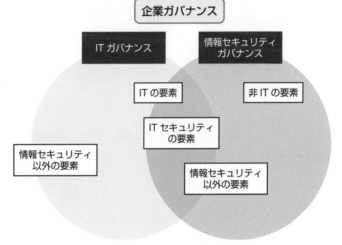

※情報セキュリティガバナンス導入ガイダンス（経済産業省）を参考に作図

情報セキュリティマネジメントシステム（ISMS）

公開問題　情報セキュリティマネジメント 平成31年春 午前 問1

JIS Q 27001：2014（情報セキュリティマネジメントシステム―要求事項）において、トップマネジメントがマネジメントレビューで考慮しなければならない事項としている組合せとして、適切なものはどれか。

	マネジメントレビューで考慮しなければならない事項		
ア	前回までのマネジメントレビューの結果とった処置の状況	トップマネジメントが設定した情報セキュリティ目的	内部監査の結果
イ	前回までのマネジメントレビューの結果とった処置の状況	トップマネジメントが設定した情報セキュリティ目的	発生した不適合及び是正処置の状況
ウ	前回までのマネジメントレビューの結果とった処置の状況	内部監査の結果	発生した不適合及び是正処置の状況
エ	トップマネジメントが設定した情報セキュリティ目的	内部監査の結果	発生した不適合及び是正処置の状況

> **解法** トップマネジメントレビューで考慮しなくてはいけない事項は、**前回までのマネジメントレビューの結果とった処置の状況、内部監査の結果、発生した不適合及び是正処置の状況**が該当します。

マネジメントレビューについては**情報セキュリティ管理基準**でも言及しています。

● 情報セキュリティ管理基準 (平成28年改正版) ―経済産業省
https://www.meti.go.jp/policy/netsecurity/downloadfiles/IS_
Management_Standard_H28.pdf

▶**答え　ウ**

情報セキュリティマネジメントシステム (ISMS)
公開問題　情報セキュリティマネジメント 平成31年春 午前 問4

JIS Q 27002 : 2014 (情報セキュリティ管理策の実践のための規範) の"サポートユーティリティ"に関する例示に基づいて、サポートユーティリティと判断されるものはどれか。

ア サーバ室の空調　　**イ** サーバの保守契約
ウ 特権管理プログラム　**エ** ネットワーク管理者

> **解法** JIS Q 27002では、サポートユーティリティとして、電気、通信サービス、給水、ガス、下水、換気、空調などのシステム稼働の前提となるインフラを挙げています。

▶**答え　ア**

情報セキュリティマネジメントシステム (ISMS)
公開問題　情報セキュリティマネジメント 平成29年秋 午前 問2

組織がJIS Q 27001 : 2014 (情報セキュリティマネジメントシステム―要求事項) への適合を宣言するとき、要求事項及び管理策の適用要否の考え方として、適切なものはどれか。

	規格本文の箇条4〜10に規定された要求事項	付属書A"管理目的及び管理策"に規定された管理策
ア	全て適用が必要である。	全て適用が必要である。
イ	全て適用が必要である。	妥当な理由があれば適用除外できる。
ウ	妥当な理由があれば適用除外できる。	全て適用が必要である。
エ	妥当な理由があれば適用除外できる。	妥当な理由があれば適用除外できる。

！解法 　組織がこの規格へ適合宣言する場合、規格本文の**箇条4〜10（4. 組織の状況、5. リーダーシップ、6. 計画、7. 支援、8. 運用、9. パフォーマンス評価、10. 改善に関する汎用的な要求事項）に規定するいかなる要求事項の除外も認められません。**
また附属書A（管理目的及び管理策の包括的なリスト）の管理策については「妥当な理由」があれば適用除外できます。

　暗記問題のため、ポイントを押さえておきましょう。

▶答え　イ

情報セキュリティマネジメントシステム（ISMS）
公開問題　情報セキュリティマネジメント 平成30年春 午前 問38

JIS Q 27001：2014（情報セキュリティマネジメントシステム—要求事項）に準拠してISMSを運用している場合、内部監査について順守すべき要求事項はどれか。

ア　監査員にはISMS認証機関が認定する研修の修了者を含まなければならない。

イ　監査責任者は代表取締役が任命しなければならない。

ウ　監査範囲はJIS Q 27001に規定された管理策に限定しなければならない。

エ　監査プログラムは前回までの監査結果を考慮しなければならない。

！解法 JIS Q 27001：2014（情報セキュリティマネジメントシステム—要求事項）では「監査プログラムは、関連するプロセスの重要性及び前回までの監査の結果を考慮に入れなければならない」としています。

ア 監査の知識は必要ですがISMS認証機関が認定する研修の義務はありません。

イ 監査責任者を代表取締役が任命するという規定はありません。

ウ 組織が独自に規定した要求事項及び関連プロセスも含まれます。

エ 正解です。

▶**答え　エ**

情報セキュリティマネジメントシステム (ISMS)

公開問題　情報セキュリティマネジメント 令和元年秋 午前 問5

JIS Q 27000：2019（情報セキュリティマネジメントシステム—用語）において、不適合が発生した場合にその原因を除去し、再発を防止するためのものとして定義されているものはどれか。

ア 継続的改善　**イ** 修正　**ウ** 是正処置　**エ** リスクアセスメント

！解法

ア 継続的改善は**パフォーマンスを向上するために繰り返し行われる活動**です。

イ 修正は**検出された不具合を除去**するための処置です。

ウ 正解です。是正処置は**不適合の原因を除去し、再発を防止**するための処置です。

エ リスクアセスメントは**リスク特定、リスク分析及びリスク評価**のプロセス全体です。

用語の意味を問われていますので類似問題対策として各選択肢がどのような意味か一緒に覚えておきましょう。

▶**答え　ウ**

情報セキュリティマネジメントシステム（ISMS）

公開問題　情報セキュリティマネジメント 平成30年秋 午前 問8

JIS Q 27014：2015（情報セキュリティガバナンス）における、情報セキュリティガバナンスの範囲とITガバナンスの範囲に関する記述のうち、適切なものはどれか。

ア 情報セキュリティガバナンスの範囲とITガバナンスの範囲は重複する場合がある。

イ 情報セキュリティガバナンスの範囲とITガバナンスの範囲は重複せず、それぞれが独立している。

ウ 情報セキュリティガバナンスの範囲はITガバナンスの範囲に包含されている。

エ 情報セキュリティガバナンスの範囲はITガバナンスの範囲を包含している。

！解法 　情報セキュリティガバナンスは企業ガバナンスを情報セキュリティの観点から支援するものです。ITガバナンスはIT戦略の策定および実行に関わります。

ア 正解です。

イ 情報セキュリティガバナンスの範囲とITガバナンスの範囲は重複します。

ウ、エ 情報セキュリティガバナンスの範囲とITガバナンスの範囲は互いを包含しません。

▶答え　ア

情報セキュリティ継続

▶ ジョウホウセキュリティケイゾク

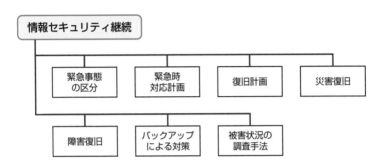

📝 **定義** 　情報セキュリティ継続とは、情報セキュリティの運用の継続を確実にするためのプロセスおよび手順のことを指します。

情報セキュリティを緊急時でも継続させるには、組織の事業継続計画との整合性がとれるように計画を立てる必要があります。

●緊急事態の区分
緊急事態は進展やレベルによって必要な処置が変わってきます。そのため関係者が共通の認識を持てるよう緊急事態の区分をしておきます。

●緊急時対応計画（コンティンジェンシ計画）
緊急事態、またはシステム中断があった場合、ITサービスを復旧させるための暫定的な措置のことです。
システムの別サイトへの再配置や代替機利用などによる機能の復旧などが想定されます。

●復旧計画
事業を元に戻すための**完全復旧**に向けた計画です。あらかじめ**被害状況の調査手法**を確立しておくことで効率的な復旧計画を策定することが可能です。

災害復旧は主にインフラ機能の復旧活動、障害復旧は主にシステム上の障害復旧活動を指し、事前の**バックアップによる対策**などが重要です。

情報セキュリティ継続

公開問題　情報セキュリティマネジメント 平成28年秋 午前 問43

メールサーバのディスクに障害が発生して多数の電子メールが消失した。消失した電子メールの復旧を試みたが、2週間ごとに行っている磁気テープへのフルバックアップしかなかったので、最後のフルバックアップ以降1週間分の電子メールが回復できなかった。そこで、今後は前日の状態までには復旧できるようにしたい。対応策として、適切なものはどれか。

ア 2週間ごとの磁気テープへのフルバックアップに加え、毎日、磁気テープへの差分バックアップを行う。

イ 電子メールを複数のディスクに分散して蓄積する。

ウ バックアップ方法は今のままとして、メールサーバのディスクをミラーリングするようにし、信頼性を高める。

エ 毎日、メールサーバのディスクにフルバックアップを行い、2週間ごとに、バックアップしたデータを磁気テープにコピーして保管する。

！解法 ディスク障害が起こってもバックアップデータを利用し、前日の状態まで戻すための対応策としてもっとも適切なものを選びます。

ア 正解です。障害発生時にはフルバックアップ＋差分バックアップを適用することで前日の状態まで回復が可能です。

イ 単に分散してディスクに保存するだけでは障害ディスクに記録されたデータはフルバックアップ時の状態までしか復旧できません。

ウ ディスクのミラーリングによりデータ保全は確保できますが、バックアップ要件自体を満たすための方策に言及がありません。

エ ディスク障害に対する対策であるため、障害が発生する可能性があるディスクと同じディスクにバックアップデータを保存するのは不適切です。

フルバックアップは対象となるデータの全てをバックアップするため、バックアップ時間がかかります。そのため、フルバックアップとフルバックアップから変更があった個所の差分を**差分バックアップ**として取得するなどの、効率の良いバックアップを計画します。

▶答え　ア

情報セキュリティ組織・機関

▶ ジョウホウセキュリティソシキ・キカン

```
情報セキュリティ組織・機関
    ├── IPA セキュリティ          サイバーセキュリティ          JPCERT/CC
    │   センター                  戦略本部
    │                                 │
    │                            内閣サイバーセキュリ
    │                            ティセンター（NISC）
    │
    ├── 情報セキュリティ委員会      CSIRT                      SOC
```

📝 **定義**　情報セキュリティを取り巻く組織・機関は相互連携を行い、様々な取り組みを行っています。

●情報セキュリティ委員会
企業の情報セキュリティを管理するために設置される企業内の組織です。
情報セキュリティマネジメントの企画および計画、社内教育の実施、情報セキュリティポリシの遵守状況の評価および改訂、監査結果の評価および改訂、取締役会への報告などを行います。

▼情報セキュリティ委員会の組織イメージ

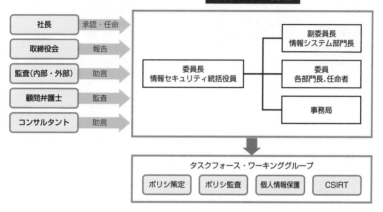

●CSIRT（Computer Security Incident Response Team）
インシデントが発生した際に対応するチームです。

CSIRT間の緊密な連携を図り、シーサートにおける課題解決に貢献するための組織として一般社団法人 日本コンピュータセキュリティインシデント対応チーム協議会があります。

● CSIRT―日本シーサート協議会
https://www.nca.gr.jp/

●SOC（Security Operation Center）
サイバー攻撃の検知や分析、対策を講じる専門組織です。
セキュリティ装置やネットワーク機器、サーバ監視、ログ分析、影響範囲の特定、セキュリティ対策の立案などを行います。

セキュリティオペレーション技術向上、オペレータ人材育成、および関係する組織・団体間の連携を推進することによって、セキュリティオペレーションサービスの普及とサービスレベルの向上を促し、安全で安心して利用できるIT環境実現に寄与することを目的として設立された組織に、日本セキュリ

ティオペレーション事業者協議会 (Information Security Operation providers Group Japan 略称：ISOG-J) があります。

- 日本セキュリティオペレーション事業者協議会
  https://isog-j.org/

●サイバーセキュリティ戦略本部
サイバーセキュリティ基本法に基づき、内閣に設置された国の機関です。
行政各部の情報システムに対する不正活動の監視・分析、重大事象の原因究明調査、監査、サイバーセキュリティに関する企画・立案、総合調整などを行います。

- サイバーセキュリティ戦略本部
  https://www.nisc.go.jp/council/cs/index.html

●内閣サイバーセキュリティセンター (NISC)
内閣官房に設置されている機関です。サイバーセキュリティ戦略本部をサポートしています。

- 内閣サイバーセキュリティセンター
  https://www.nisc.go.jp

●IPAセキュリティセンター (独立行政法人情報処理推進機構セキュリティセンター)
国内外の関係機関と連携を図り、民間で収集困難な情報収集、分析とそれらの知見の一般化を行っています。IPAは情報セキュリティマネジメント試験も実施しています。

- IPAセキュリティセンター (独立行政法人情報処理推進機構セキュリティセンター)
  https://www.ipa.go.jp/security/outline/isecabst.html

●JPCERT/CC (一般社団法人JPCERTコーディネーションセンター)
コンピュータセキュリティの情報を収集し、インシデント対応の支援、コンピュータセキュリティ関連情報の発信などを行っています。

- JPCERTコーディネーションセンター
  https://www.jpcert.or.jp/

●コンピュータ不正アクセス届出制度

「コンピュータ不正アクセス対策基準（経済産業省告示）」に基づき、国内の不正アクセス被害を届け出る制度です。IPA（情報処理推進機構）が受け付けます。

- コンピュータウイルス・不正アクセスに関する届出について
  https://www.ipa.go.jp/security/outline/todokede-j.html

●コンピュータウイルス届出制度

「コンピュータウイルス対策基準（経済産業省告示）」に基づき、国内のウイルス被害を届け出る制度です。IPA（情報処理推進機構）が受け付けます。

- コンピュータウイルス・不正アクセスに関する届出について
  https://www.ipa.go.jp/security/outline/todokede-j.html

●ソフトウェア等の脆弱性関連情報に関する届出制度

「ソフトウェア製品等の脆弱性関連情報に関する取扱規程（経済産業省告示）」に基づき、国内の脆弱性関連情報を届け出る制度です。IPA（情報処理推進機構）が受け付け、JPCERT/CCに当該脆弱性関連情報を通じて製品開発者の間で調整を行い、脆弱性を修正します。

- 脆弱性関連情報の届出受付
  https://www.ipa.go.jp/security/vuln/report/index.html

●情報セキュリティ早期警戒パートナーシップ

ソフトウェア製品およびウェブアプリケーションに関する脆弱性関連情報の円滑な流通、および対策の普及を図るための公的ルールに基づく官民の連携体制です。

- 情報セキュリティ早期警戒パートナーシップガイドライン
  https://www.ipa.go.jp/security/ciadr/partnership_guide.html

●JVN（Japan Vulnerability Notes）

日本で使用されているソフトウェアなどの脆弱性関連情報とその対策情報を提供

する脆弱性対策情報ポータルサイトです。

情報セキュリティ早期警戒パートナーシップに基づき、JPCERTコーディネーションセンターと独立行政法人情報処理推進機構（IPA）が共同で運営しています。

- ●Japan Vulnerability Notes
  https://jvn.jp/

情報セキュリティ組織・機関

公開問題　情報セキュリティマネジメント　平成30年春　午前　問1を参考に作成

内閣サイバーセキュリティセンター（NISC）に関する記述として、適切なものはどれか。

ア　サイバーセキュリティ基本法に基づき設置されている。

イ　自社や顧客に関係した情報セキュリティインシデントに対応する企業内活動を担う。

ウ　情報セキュリティマネジメントシステム適合性評価制度を運営する。

エ　標的型サイバー攻撃の被害低減と攻撃連鎖の遮断を支援する活動を担う。

⚠️ **解法**　サイバーセキュリティ基本法に基づき、内閣に「サイバーセキュリティ戦略本部」が設置され、内閣官房組織令に基づき、情報セキュリティセンターを改組し、内閣官房に「内閣サイバーセキュリティセンター（NISC）」が設置されました。

ア　正解です。

イ　CSIRTの説明です。

ウ　情報マネジメントシステム認定センターの説明です。

エ　サイバーレスキュー隊（J-CRAT）の説明です。

▶**答え**　**ア**

情報セキュリティ組織・機関

公開問題　情報セキュリティマネジメント 平成28年秋 午前 問3

JPCERT/CCの説明はどれか。

ア 産業標準化法に基づいて経済産業省に設置されている審議会であり、産業標準化全般に関する調査・審議を行っている。

イ 電子政府推奨暗号の安全性を評価・監視し、暗号技術の適切な実装法・運用法を調査・検討するプロジェクトであり、総務省および経済産業省が共同で運営する暗号技術検討会などで構成される。

ウ 特定の政府機関や企業から独立した組織であり、国内のコンピュータセキュリティインシデントに関する報告の受付、対応の支援、発生状況の把握、手口の分析、再発防止策の検討や助言を行っている。

エ 内閣官房に設置され、我が国をサイバー攻撃から防衛するための司令塔機能を担う組織である。

- -

⚠️ **解法** 　特定の政府機関や企業からは独立した中立の組織としてインターネットを介して発生する侵入やサービス妨害などのコンピュータセキュリティインシデントについて、日本国内に関するインシデントなどの報告を受け付けます。さらに対応の支援、発生状況の把握、手口の分析、再発防止のための対策の検討や助言などを、技術的な立場から行なっています。

ア 日本産業標準調査会（JISC）の説明です。

イ CRYPTRECの説明です。

ウ 正解です。

エ 内閣サイバーセキュリティセンター（NISC）の説明です。

似た略称と混同しないよう、各選択肢がどのような意味か一緒に覚えておきましょう。

▶答え　ウ

情報セキュリティ組織・機関

公開問題　情報セキュリティマネジメント 平成30年秋 午前 問1

組織的なインシデント対応体制の構築や運用を支援する目的でJPCERT/CCが作成したものはどれか。

ア　CSIRTマテリアル　　　イ　ISMSユーザーズガイド
ウ　証拠保全ガイドライン　　エ　組織における内部不正防止ガイドライン

解法　組織的なインシデント対応体制である組織内CSIRTの構築支援のためのガイドラインです。

ア　正解です。
イ　一般財団法人日本情報経済社会推進協会（JIPDEC）から提供されています。
ウ　特定非営利活動法人デジタル・フォレンジック研究会から提供されています。
エ　独立行政法人情報処理推進機構（IPA）から提供されています。

CISRTマテリアルは3つのフェーズ（構想、構築、運用）で記載されており、CSIRTの計画から運用まで網羅されています。

● JPCERTコーディネーションセンターCSIRTマテリアル
　 https://www.jpcert.or.jp/csirt_material/

▶答え　ア

SECTION 3 セキュリティ管理

情報セキュリティ組織・機関

公開問題　情報セキュリティマネジメント 平成29年春 午前 問12

情報セキュリティ管理を行う上での情報の収集源の一つとしてJVNが挙げられる。JVNが主として提供する情報はどれか。

ア　工業製品などに関する技術上の評価や製品事故に関する事故情報及び品質報

イ　国家や重要インフラに影響を及ぼすような情報セキュリティ事件・事故とその対応情報

ウ　ソフトウェアなどの脆弱性関連情報や対策情報

エ　日本国内で発生した情報セキュリティインシデントの相談窓口に関する情報

！解法　JVNは、日本で使用されているソフトウェアなどの脆弱性関連情報とその対策情報を提供します。

ア　製品評価技術基盤機構 (NITE) が提供します。

イ　内閣サイバーセキュリティセンター (NISC) が提供します。

ウ　正解です。

エ　IPA情報セキュリティ安心相談窓口などが提供します。

● 情報セキュリティ安心相談窓口
https://www.ipa.go.jp/security/anshin/

▶答え　ウ

セキュリティ
技術評価

セキュリティ評価

▶ セキュリティヒョウカ

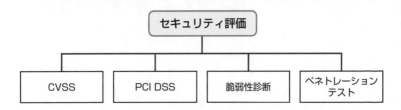

 定義 セキュリティ評価では情報セキュリティ対策が適切に実施されていることを確認します。脆弱性を発見するために脆弱性診断、ペネトレーションテストといった手法を利用します。

セキュリティ評価は実際にどのような方法で行い、どのような基準を利用して評価する必要があるのかあらかじめ決めておく必要があります。
代表的なセキュリティ評価で利用される手法や評価システム、業界標準は次のとおりです。

[セキュリティ評価で利用される手法]
●脆弱性診断
脆弱性診断とは、サーバやネットワークの持つ脆弱性を発見することが主な目的です。ツール（ポートスキャナ、脆弱性診断ツール）を利用して診断する方法の他に関係者にアンケートを実施し、その回答を基に評価する方法もあります。
脆弱性診断は事前に目的と診断内容を決めて実施します。

●ペネトレーションテスト
ペネトレーションテストは、ネットワークに接続されているシステムに対して、攻撃者のように様々な方法で侵入を試みるテストです。ペネトレーションテストの実施者は、**ホワイトハッカー**のような高度な技術や経験が求められ、通常の**脆弱性診断**では見つからないような脆弱性が発見できる場合があります。

[セキュリティ評価で利用される基準]

● CVSS(Common Vulnerability Scoring System：共通脆弱性評価システム)

CVSSは、ソフトウェアや情報システムで発見された脆弱性の深刻度を評価する手法です。

システムの種類や開発元の違い、評価者の違いなどによらず共通の尺度で脆弱性の**深刻度を0から最も深刻度の高い**10までの数値で表します。脆弱性そのものの特性を評価する「評価基準 (Base Metrics)」、現在の深刻度を評価する「現状評価基準 (Temporal Metrics)」、製品利用者の利用環境も含め、最終的な脆弱性の深刻度を評価する「環境評価基準 (Environmental Metrics)」の3つの基準で脆弱性を評価します。

> ● 共通脆弱性評価システムCVSS概説：IPA独立行政法人 情報処理推進機構
> https://www.ipa.go.jp/security/vuln/CVSS.html

[業界標準のセキュリティ基準]

● PCI DSS(Payment Card Industry Data Security Standard)

PCI DSSは、クレジットカード会員データを安全に取り扱うことを目的とした、**クレジットカード業界のセキュリティ基準**です。具体的なセキュリティ対策の要件がまとめられており、事業者が対応することで認定取得できます。認定は規模に応じて、訪問審査、サイトスキャン(対象のシステムの**脆弱性診断**、**ペネトレーションテスト**の実施)、自己問診を通じて行われます。

> ● PCI Security Standards Council公式サイト
> https://ja.pcisecuritystandards.org/minisite/env2/

セキュリティ評価

公開問題　情報セキュリティマネジメント 令和元年秋 午前 問27

クレジットカードなどのカード会員データのセキュリティ強化を目的として制定され、技術面及び運用面の要件を定めたものはどれか。

ア　ISMS適合性評価制度　　　イ　PCI DSS

ウ　特定個人情報保護評価　　　エ　プライバシーマーク制度

！ 解法

ア **ISMS適合性評価制度**はISMSに関する第三者適合性評価制度です。

イ 正解です。PCI DSSは**Payment Card Industry Data Security Standard**の略です。

ウ **特定個人情報保護評価**は特定個人情報ファイルを保有しようとする又は保有する**国の行政機関や地方公共団体など**が、個人のプライバシーなどの権利利益に与える影響を予測した上で特定個人情報の漏えいその他の事態を発生させるリスクを分析し、そのようなリスクを軽減するための適切な措置を講ずることを宣言するものです。

エ プライバシーマーク制度は個人情報について適切な保護措置を講ずる体制を整備している事業者などを評価し、プライバシーマークの使用を認める制度です。

似た用語の意味を問われていますので類似問題対策として各選択肢がどのような意味か一緒に覚えておきましょう。

▶答え　イ

セキュリティ評価
公開問題　情報セキュリティマネジメント 平成31年春 午前 問18

ペネトレーションテストに該当するものはどれか。

ア 検査対象の実行プログラムの設計書、ソースコードに着目し、開発プロセスの各工程にセキュリティ上の問題がないかどうかをツールや目視で確認する。

イ 公開Webサーバの各コンテンツファイルのハッシュ値を管理し、定期的に各ファイルから生成したハッシュ値と一致するかどうかを確認する。

ウ 公開Webサーバや組織のネットワークの脆弱性を探索し、サーバに実際に侵入できるかどうかを確認する。

エ 内部ネットワークのサーバやネットワーク機器のIPFIX情報から、各PCの通信に異常な振る舞いがないかどうかを確認する。

！ 解法

ア ソースコードレビューの説明です。

イ **ハッシュ値の性質を利用した**完全性検査の説明です。

ウ 正解です。

エ NetFlowと呼ばれる機能を使用したネットワーク検査の説明です。

▶答え　ウ

セキュリティ評価

公開問題　情報セキュリティマネジメント 平成30年秋 午前 問28

共通脆弱性評価システム(CVSS)の特徴として、適切なものはどれか。

ア CVSSv2とCVSSv3は、脆弱性の深刻度の算出方法が同じであり、どちらのバージョンで算出しても同じ値になる。

イ 情報システムの脆弱性の深刻度に対するオープンで汎用的な評価手法であり、特定ベンダに依存しない評価方法を提供する。

ウ 脆弱性の深刻度を0から100の数値で表す。

エ 脆弱性を評価する基準は、現状評価基準と環境評価基準の二つである。

！ 解法

ア バージョンが異なると**脆弱性の深刻度の算出方法も異なります。**

イ 正解です。

ウ 脆弱性の深刻度は**0から10までの数値**で表します。

エ 脆弱性を評価する基準は、**基本評価基準、現状評価基準、環境評価基準の3つ**です。

▶答え　イ

SECTION 4 セキュリティ技術評価

memo

情報セキュリティ対策

人的セキュリティ対策

▶ ジンテキセキュリティタイサク

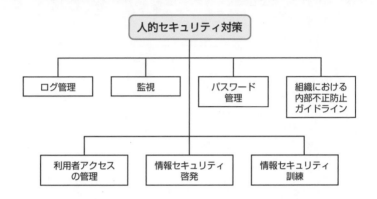

定義 人的セキュリティ対策は、組織構成員による不正行為のみに限らず、錯誤や盗難被害などの広範な人的リスクを軽減するための対策の総称です。

人的セキュリティ対策は利用者の管理、監視だけでなく啓発活動、訓練も含まれます。

●組織における内部不正防止ガイドライン
内部不正防止の重要性や対策の体制、関連する法律などの概要を説明しています。想定される人的リスクと、それらに対する具体的な対策のポイントが整理されており、内部不正の事例のほか、自組織の内部不正対策の状況を把握するための33項目のチェックシート、対策のヒントとなるQ＆A集などで構成されています。

●組織における内部不正防止ガイドライン：IPA独立行政法人 情報処理推進機構
https://www.ipa.go.jp/security/fy24/reports/insider/index.html

●情報セキュリティ啓発
情報セキュリティに関する意識や知識の向上のための施策です。
普段から情報セキュリティに触れて意識の向上につなげるため、セキュリティ**教**

育や**資料配布**、インターネット動画などの**メディアを活用**します。
情報処理推進機構（IPA）では情報セキュリティ啓発の情報をWebで発信しています。

●**情報セキュリティ啓発：IPA独立行政法人 情報処理推進機構**
https://www.ipa.go.jp/security/keihatsu/features.html

●情報セキュリティ訓練
セキュリティインシデントを想定し実践的な訓練を行います。
代表的なものとして標的型攻撃を想定した**標的型メールに関する訓練**、**ホワイトハッカー（卓越した技術を持つ善意のハッカー）**などから疑似攻撃を受けて対応する**レッドチーム演習**などがあります。

●パスワード管理
パスワード管理は利用者自身で行う必要があるため、適切な管理を怠ると、即座にセキュリティリスクにつながります。例えば付箋にパスワードを書いてPCのディスプレイ横に貼っておくと、のぞき見されてパスワードが第三者に漏えいしてしまいます。
パスワード管理手法は脅威に合わせて洗練していく必要があります。具体例としては、パスワードリスト攻撃はシステム毎に異なる利用者ID、パスワードを設定することでリスクを軽減することができます。また、短いパスワードを長いものに変更することでブルートフォース攻撃のリスクを軽減できます。啓発ではこうした知識を向上させていきます。

●利用者アクセスの管理
アクセス管理では、一般利用者に対しても管理者に対しても、最小権限（need-to-know）のみを付与することで、誤用や不正を防ぎます。一般利用者に限らず、システムが保有するプロセスの権限も同様です。利用者に変更が発生した場合には即時、内容に応じて変更や削除、無効化などを実施します。アクセス権限が高い特権的アクセス権を利用する場合は、特権的アクセス権が正しく利用されているかをチェックするため、**ログ監視**などを強化します。

●ログ監視と管理
ログ監視では処理が正常に行われているかを確認するだけでなく、不正や異常を検知することも可能です。組織では様々なシステムが稼働し、数多くのログが出

力されるため、どのログをどのように管理するか運用ルールやセキュリティポリシなどに明記しておき、確実に実施するようにしておく必要があります。

SIEM (Security Information and Event Management) はこうした多数のシステムが出力する様々な態様のログを収集し、相関分析を行うシステムです。

人的セキュリティ対策

公開問題　情報セキュリティマネジメント 平成30年春 午前 問7

情報システムに対するアクセスのうち、JIS Q 27002でいう特権的アクセス権を利用した行為はどれか。

ア　許可を受けた営業担当者が、社外から社内の営業システムにアクセスし、業務を行う。

イ　経営者が、機密性の高い経営情報にアクセスし、経営の意思決定に生かす。

ウ　システム管理者が業務システムのプログラムのバージョンアップを行う。

エ　来訪者が、デモシステムにアクセスし、システム機能の確認を行う。

！解法　特権的アクセス権とはシステム上、一般の利用者権限には与えられない、**もっとも強力なシステム管理者向けの操作権限**です。

ア、イ、エ　一般の利用者権限でも可能な操作であり、システム管理者の特権的アクセス権を必要としません。

ウ　正解です。

▶答え　ウ

人的セキュリティ対策

公開問題　情報セキュリティマネジメント 平成28年春 午前 問15

システム管理者による内部不正を防止する対策として、適切なものはどれか。

ア　システム管理者が複数の場合にも、一つの管理者IDでログインして作業を行わせる。

イ　システム管理者には、特権が付与された管理者IDでログインして、特権を必要としない作業を含む全ての作業を行わせる。

ウ　システム管理者の作業を本人以外の者に監視させる。

エ　システム管理者の操作ログには、本人にだけアクセス権を与える。

！ 解法

ア　アカウント共有をすると誰が実作業を行ったのか特定が困難となるため不適切です。

イ　need-to-know（最小権限）の原則に外れるため不適切な作業です。

ウ　正解です。

エ　システム管理者以外が定期的にシステム管理者のログや作業証跡及び作業報告書の内容を確認することが重要であるため不適切です。

> システム管理者の作業を録画、記録する監視用ソフトウェアもあります。

▶答え　ウ

人的セキュリティ対策

公開問題　情報セキュリティマネジメント　平成30年秋　午前　問45

データベースの監査ログを取得する目的として、適切なものはどれか。

ア　権限のない利用者のアクセスを拒否する。

イ　チェックポイントからのデータ復旧に使用する。

ウ　データの不正な書換えや削除を事前に検知する。

エ　問題のあるデータベース操作を事後に調査する。

！ 解法

ア　監査ログを取得することで権限のない利用者のアクセスを拒否することはできません。

イ　データベースの**トランザクションログ**の説明です。

ウ　監査ログを取得することでデータの不正な書き換えや削除を事前に検知することはできません。

エ　正解です。監査ログは事後調査のために取得します。

> データベースのログの特徴を問われていますので類似問題対策として各選択
> 肢の特徴を一緒に覚えておきましょう。

▶答え　エ

人的セキュリティ対策

公開問題　情報セキュリティマネジメント 令和元年秋 午前 問4

退職する従業員による不正を防ぐための対策のうち、IPA "組織における内部不正
防止ガイドライン（第4版）" に照らして、適切なものはどれか。

ア　在職中に知り得た重要情報を退職後に公開しないように、退職予定者に提出
　　させる秘密保持誓約書には、秘密保持の対象を明示せず、重要情報を客観的
　　に特定できないようにしておく。
イ　退職後、同業他社に転職して重要情報を漏らすということがないように、職
　　業選択の自由を行使しないことを明記した上で、具体的な範囲を設定しない
　　包括的な競業避止義務契約を入社時に締結する。
ウ　退職者による重要情報の持出しなどの不正行為を調査できるように、従業員
　　に付与した利用者IDや権限は退職後も有効にしておく。
エ　退職間際に重要情報の不正な持出しが行われやすいので、退職予定者に対す
　　る重要情報へのアクセスや媒体の持出しの監視を強化する。

！ 解法

ア　秘密保持誓約書は、秘密保持の対象となる重要情報が客観的に特定できるよ
　　うに記載し、退職者との認識の齟齬を防ぐ必要があります。
イ　職業選択の自由を制限することは憲法違反となるため無効です。
ウ　退職者による不正アクセスを防止するため、不要となった利用者IDおよびア
　　クセス権は、速やかに削除します。
エ　正解です。

▶答え　エ

技術的セキュリティ対策
〔技術的セキュリティ対策の種類〕

▶ ギジュツテキセキュリティタイサク

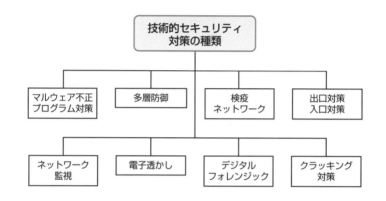

> **定義** 技術的セキュリティ対策では、セキュリティ対策技術を保護対象に適用し、セキュリティを確保します。

技術的セキュリティ対策に関連する代表的な用語と概要は次のとおりです。

●クラッキング対策

コンピュータ技術を悪用し不正や犯罪を働くことをクラッキングと呼びます。クラッキング行為の中にはシステムへの不正アクセスや破壊、改ざんなどがあり、技術的セキュリティ対策はこうした行為を防ぎます。

●マルウェア・不正プログラム対策

技術的セキュリティ対策で用いられるマルウェア・不正プログラム対策はマルウェア対策ソフトの導入です。マルウェア対策ソフトはセキュリティ企業やOSを提供する事業者が提供し、利用者は目的や必要な機能を満たしたものを選びます。

マルウェア対策ソフトではマルウェアの検知を行うために、パターンマッチングという手法を利用します。様々なマルウェアの持つ特徴的なコードをパターン（シグネチャコード）として収録（マルウェア定義ファイル）し、その情報に合致

175

したものをマルウェアとして検知するという技術です。古い定義ファイルには最新のマルウェア・不正プログラムの情報が含まれていないため、検知を見逃すことがないよう、定義ファイルの更新を適切に行う必要があります。

●多層防御・入口対策・出口対策

多層防御とは、複数のセキュリティ対策を活用し、リスクを最小化することです。攻撃も保護対象も多様化している現状では単一のセキュリティ対策では十分な対応が困難です。そのため、多層防御で対策を強化します。

組織のネットワークを想定した多層防御では入口対策（ファイアウォール、侵入防御システム、認証システムなどのアクセス制御技術、ウイルス対策など）、内部対策（**ログ管理**、認証システムなど）、出口対策（DLP、データの**秘匿化**など）をそれぞれ行い、**防御を多層化**することで**攻撃を困難**にします。

脆弱性管理（OSアップデート、脆弱性修正プログラムの適用ほか）などの管理策も多層防御の要素の１つです。

●ネットワーク監視

ネットワーク監視では組織内ネットワーク、インターネット、**DMZ（非武装地帯）**といった、異なるセキュリティレベルのネットワーク間の**アクセス権の設定**が、想定どおりに機能しているかなどを監視します。一般的にネットワークは24時間365日稼働しているため、監視も稼働に合わせます。必要に応じてMSS（マネージドセキュリティサービス）などの外部委託サービスを利用することも可能です。

●検疫ネットワーク

検疫ネットワークとは、情報端末を組織内のネットワークに接続する前にマルウェアなどに感染していないか検査を行うための隔離されたネットワーク領域のことです。

●電子メール・Webのセキュリティ

Webと電子メールはインターネット上でもっともよく利用されるサービスであり、利用者を狙った攻撃に注意する必要があります。

代表的な技術的セキュリティ対策は次のとおりです。

●SPAM対策（アンチスパム）

受信者から許可を受けずに送信される広告メールなどを防ぎます。

●URLフィルタリング

WebサイトのURL（uniform resource locator）を基にサイトへのアクセスをフィルタリング（選別）します。

●コンテンツフィルタリング

Webサイトの内容を基にサイトへのアクセスをフィルタリングします。

●技術、サービス固有のセキュリティ

新技術、新サービスが登場すると、それに対する脅威が出現します。

携帯端末（携帯電話、スマートフォン、タブレット端末など）、無線LAN、クラウドサービスのセキュリティ、IoTなどの新技術、新サービスに対するセキュリティ対策はそれぞれの脅威を理解して適切な対策を行います。

●電子透かし

電子透かしとは、画像や動画、音声などのデータに特定の情報を埋め込むことにより、不正コピーされたデータを判別する著作権保護の技術です。

●ディジタルフォレンジックス（証拠保全）

ディジタルフォレンジックスとは、コンピュータに関する犯罪や法的紛争の法的な証拠として保全する手段や技術の総称です。

●ステガノグラフィ

ステガノグラフィとは、情報（動画、画像、音声、文字など）の中に他の情報を隠して埋め込む技術のことです。著作権情報などを追加する電子透かし技術などにも応用されています。

SECTION 5 情報セキュリティ対策

技術的セキュリティ対策〔技術的セキュリティ対策の種類〕
公開問題　情報セキュリティマネジメント　平成30年春　午前　問17

A社では、利用しているソフトウェア製品の脆弱性に対して、ベンダから提供された最新のセキュリティパッチを適用することを決定した。ソフトウェア製品がインストールされている組織内のPCやサーバについて、セキュリティパッチの適用漏れを防ぎたい。そのために有効なものはどれか。

ア　ソフトウェア製品の脆弱性の概要や対策の情報が蓄積された脆弱性対策情報データベース（JVN iPedia）

イ　ソフトウェア製品の脆弱性の特性や深刻度を評価するための基準を提供する共通脆弱性評価システム（CVSS）

ウ　ソフトウェア製品のソースコードを保存し、ソースコードへのアクセス権と変更履歴を管理するソースコード管理システム

エ　ソフトウェア製品の名称やバージョン、それらが導入されている機器の所在、IPアドレスを管理するIT資産管理システム

！ 解法

ア　脆弱性対策情報データベース（JVN iPedia）は、IPAとJPCERT/CCが運営する**既知の脆弱性対策情報を提供する**Webサイトです。

イ　共通脆弱性評価システム（CVSS）は、**ソフトウェアや情報システムに発見された脆弱性の深刻度**を評価します。

ウ　ソースコード管理システムは**ソフトウェア開発のバージョン管理**を行います。

エ　正解です。IT資産管理システムは、組織内のIT資産の把握、管理を行い、インストールされているソフトウェア製品の情報入手が可能です。

IT資産管理システムは、ITSM（ITシステムマネジメント）の製品として、ITIL（Information Technology Infrastructure Library）に準拠したものなど、数多くあります。

▶答え　エ

技術的セキュリティ対策〔技術的セキュリティ対策の種類〕
公開問題　情報セキュリティマネジメント 平成30年春 午前 問9

ネットワーク障害の発生時に、その原因を調べるために、ミラーポート及びLANアナライザを用意して、LANアナライザを使用できるようにしておくときに、留意することはどれか。

ア　LANアナライザがパケットを破棄してしまうので、測定中は測定対象外のコンピュータの利用を制限しておく必要がある。

イ　LANアナライザはネットワークを通過するパケットを表示できるので、盗聴などに悪用されないように注意する必要がある。

ウ　障害発生に備えて、ネットワーク利用者に対してLANアナライザの保管場所と使用方法を周知しておく必要がある。

エ　測定に当たって、LANケーブルを一時的に抜く必要があるので、ネットワーク利用者に対して測定日を事前に知らせておく必要がある。

⚠ 解法　ミラーポートとは、ミラーポートがあるネットワーク機器を通過する通信を監視するための受信専用の物理ポートです。このポートを使用しても実通信に影響を与えることはありません。

ア　ミラーポートに接続されたLANアナライザが周囲のコンピュータ通信に影響を与えることはありません。

イ　正解です。暗号化されていない通信は盗聴のリスクがあります。

ウ　LANアナライザの使用をネットワーク利用者に開放することは盗聴の危険などセキュリティ上の問題があります。

エ　ミラーポートの利用によってネットワーク利用者の通信に影響を与えることはありません。

ネットワーク監視では、ミラーポート（SPANポート）などを利用します。また障害耐性の高い、ネットワークTAPという機器を使う場合もあります。

▶答え　イ

技術的セキュリティ対策〔技術的セキュリティ対策の種類〕

公開問題　情報セキュリティマネジメント 平成31年春 午前 問20

無線LANを利用できる者を限定したいとき、アクセスポイントへの第三者による無断接続の防止に最も効果があるものはどれか。

ア MACアドレスフィルタリングを設定する。

イ SSIDには英数字を含む8字以上の文字列を設定する。

ウ セキュリティ方式にWEPを使用し、十分に長い事前共有鍵を設定する。

エ セキュリティ方式にWPA2-PSKを使用し、十分に長い事前共有鍵を設定する。

🛈 解法

ア **MACアドレスは偽装することができる**ので十分な効果はありません。

イ SSIDは隠蔽できないため、英数字を含む8文字以上の文字列に設定しても第三者の無断接続の防止にはなりません。

ウ WEPは脆弱性が発見されており、利用が推奨されていません。

エ 正解です。

無線LANのセキュリティは基本的な暗号化プロトコル（手順）と一般的なセキュリティ機能から様々な視点で出題されますので、用語にとらわれることなく正しく理解しておくことが試験対策につながります。

総務省では「無線LAN（Wi-Fi）の安全な利用（セキュリティ確保）について」で全体像の資料を公開していますので無線LANセキュリティの全体像を理解するために参考にしてください。

● 総務省｜無線LAN（Wi-Fi）の安全な利用（セキュリティ確保）について
https://www.soumu.go.jp/main_sosiki/cybersecurity/wi-fi/

▶答え　エ

技術的セキュリティ対策〔技術的セキュリティ対策の種類〕

公開問題　情報セキュリティマネジメント 平成30年秋 午前 問20

公衆無線LANのアクセスポイントを設置するときのセキュリティ対策と効果の
組合せの組みのうち、適切なものはどれか。

	セキュリティ対策	効果
ア	MACアドレスフィルタリングを設定する。	正規の端末のMACアドレスに偽装した攻撃者の端末からの接続を遮断し、利用者のなりすましを防止する。
イ	SSIDを暗号化する。	SSIDを秘匿して、SSIDの盗聴を防止する。
ウ	自社がレジストラに登録したドメインを、アクセスポイントのSSIDに設定する。	正規のアクセスポイントと同一のSSIDを設定した、悪意のあるアクセスポイントの設置を防止する。
エ	同一のアクセスポイントに無線で接続している端末同士の通信を、アクセスポイントで遮断する。	同一のアクセスポイントに無線で接続している他の端末に、公衆無線LANの利用者がアクセスポイントを経由して無断でアクセスすることを防止する。

- -

！ 解法

ア　MACアドレスフィルタリングを設定しても偽装したMACアドレスの端末の
　　接続は遮断できません。

イ　SSIDの暗号化はできません。

ウ　ドメイン名をSSIDとして設定することで悪意のある正規のアクセスポイン
　　トと同一のSSIDを設定したアクセスポイントの設置を防止することはでき
　　ません。

エ　正解です。プライバシーセパレータは、同一の無線LANに接続された端末同
　　士の通信を禁止する機能です。

　MACアドレスフィルタリング機能については
　①端末固有の情報（MACアドレス）を元に接続制限を行う
　②しかしMACアドレスは技術的に偽装が可能であるためなりすましができる
　の2点を押さえておきましょう。

S
E
C
T
I
O
N
5

情報セキュリティ対策

▶答え　エ

技術的セキュリティ対策〔技術的セキュリティ対策の種類〕

公開問題　情報セキュリティマネジメント 令和元年秋 午前 問18

WPA3はどれか。

ア　HTTP通信の暗号化規格
イ　TCP/IP通信の暗号化規格
ウ　Webサーバで使用するディジタル証明書の規格
エ　無線LANのセキュリティ規格

！解法　WPA3 (Wi-Fi Protected Access 3) は、無線LANのためのセキュリティ規格 (プロトコル) です。

ア　SSL/TLSなどが該当します。
イ　IPsecなどが該当します。
ウ　X.509が該当します。
エ　正解です。

代表的な無線LANで利用されるセキュリティ規格は次のとおりです。
・WEP (Wired Equivalent Privacy)
・WPA2 (Wi-Fi Protected Access 2)
・WPA3 (Wi-Fi Protected Access 3)
WEPは脆弱性のある規格のため、利用が推奨されていません。
現在利用が推奨されているのはWPA3です。

セキュリティ技術の特徴を問われていますので類似問題対策として各選択肢の特徴を一緒に覚えておきましょう。

▶答え　エ

技術的セキュリティ対策〔技術的セキュリティ対策の種類〕

公開問題　情報セキュリティマネジメント 平成30年秋 午前 問3

JIS Q 27017:2016 (JIS Q 27002に基づくクラウドサービスのための技術的セキュリティ対策〔技術的セキュリティ対策の種類〕策の実践の規範) が提供する "管理策及び実施の手引" の適用に関する記述のうち、適切なものはどれか。

ア　外部のクラウドサービスを利用し、かつ、別のクラウドサービスを他社に提供する事業者だけに適用できる。

イ　外部のクラウドサービスを利用する事業者と、クラウドサービスを他社に提供する事業者とのどちらにも適用できる。

ウ　外部のクラウドサービスを利用するだけであり、自らはクラウドサービスを他社に提供しない事業者には適用できない。

エ　外部のクラウドサービスを利用せず、自らクラウドサービスを他社に提供するだけの事業者には適用できない。

！解法　JIS Q 27017:2016は、クラウドサービスの提供および利用に適用できる情報セキュリティ管理策のための指針を示した規格で、JIS Q 27002に規定する指針に管理策を追加し補うものです。対象はクラウドサービスプロバイダ (クラウドサービスの提供者) とクラウドサービスカスタマ (クラウドサービスの利用者) です。

> JIS Q 27017については
> ①クラウドサービスのセキュリティ管理策指針
> ②クラウドサービスの提供者、利用者が対象
> の2点を押さえておきましょう。

> ●概要｜ISO/IEC 27017 (クラウドサービスセキュリティ)｜ISO認証｜日本品質保証機構 (JQA)
> https://www.jqa.jp/service_list/management/service/iso27017/

▶**答え　イ**

技術的セキュリティ対策〔技術的セキュリティ対策の種類〕

公開問題　ITパスポート令和3年春 問73

IoTデバイスに関わるリスク対策のうち、IoTデバイスが盗まれた場合の耐タンパ性を高めることができるものはどれか。

ア IoTデバイスとIoTサーバ間の通信を暗号化する。

イ IoTデバイス内のデータを、暗号鍵を内蔵するセキュリティチップを使って暗号化する。

ウ IoTデバイスに最新のセキュリティパッチを速やかに適用する。

エ IoTデバイスへのログインパスワードを初期値から変更する。

⚠ 解法

耐タンパ性とは、ハードウェア、ソフトウェアなどが、外部から内部の構造やデータなどを解析、読取、改竄されにくいようになっている状態のことです。

> IoTのセキュリティはITのセキュリティとは異なる点が多く、違いも含め、正しく理解しておくことが重要です。IoT推進コンソーシアム、総務省、経済産業省の「IoTセキュリティガイドライン」ではIoT特有の性質を次のとおり定義しています。
>
> (性質1) 脅威の影響範囲・影響度合いが大きいこと
> (性質2) IoT機器のライフサイクルが長いこと
> (性質3) IoT機器に対する監視が行き届きにくいこと
> (性質4) IoT機器側とネットワーク側の環境や特性の相互理解が不十分であること
> (性質5) IoT機器の機能・性能が限られていること
> (性質6) 開発者が想定していなかった接続が行われる可能性があること
>
> ● IoTセキュリティガイドライン
> https://www.soumu.go.jp/main_content/000428393.pdf

▶答え　イ

技術的セキュリティ対策〔技術的セキュリティ対策の種類〕

公開問題　情報セキュリティマネジメント　平成30年秋　午前　問5

SaaS（Software as a Service）を利用するときの企業のセキュリティ管理についての記述のうち、適切なものはどれか。

ア システム運用を行わずに済み、障害時の業務手順やバックアップについての検討が不要である。

イ システムのアクセス管理を行わずに済み、パスワードの初期化の手続や複雑性の要件を満たすパスワードポリシの検討が不要である。

ウ システムの構築を行わずに済み、アプリケーションソフトウェア開発に必要なセキュリティ要件の定義やシステムログの保存容量の設計が不要である。

エ システムの情報セキュリティ管理を行わずに済み、情報セキュリティ管理規定の策定や管理担当者の設置が不要である。

！解法 SaaS（Software as a Service）とはサービス提供事業者が運用するソフトウェアをインターネット経由で利用する形態です。

ア 利用者側でもバックアップをとっておく必要があります。

イ システムのアクセス管理やパスワードの管理は利用者側で行います。

ウ 正解です。利用者側は、サービス提供事業者の構築したシステムの機能を利用することになります。

エ 利用者側にも管理担当者を確保する必要があります。

クラウドサービスではサービスモデルによりクラウド事業者とクラウド利用者との責任範囲が変わります。

●IaaS
クラウド利用者は、OSや開発環境の選択に関し、高い自由度を持っていますが、クラウドの基盤部分を越えるセキュリティ対策は、主として利用者が実施します。

●PaaS
クラウド利用者は、プラットフォーム上のアプリケーションやアプリケーションの環境を管理・設定できますが、セキュリティ対策は、クラウド事業

者とクラウド利用者で範囲をあらかじめ決めておきます。

●SaaS
セキュリティ対策は、主としてクラウド事業者が実施します。

※利用者はいずれのサービスモデルにおいても、クラウド上のデータ、クラウドと通信を行うエンドポイント（端末）、アカウント、アクセス管理に責任を負います。

▶答え　ウ

技術的セキュリティ対策〔技術的セキュリティ対策の種類〕
公開問題　情報セキュリティマネジメント　令和元年秋　午前　問6

ネットワークカメラなどのIoT機器ではTCP23番ポートへの攻撃が多い理由はどれか。

ア　TCP23番ポートはIoT機器の操作用プロトコルで使用されており、そのプロトコルを用いると、初期パスワードを使って不正ログインが容易に成功し、不正にIoT機器を操作できることが多いから

イ　TCP23番ポートはIoT機器の操作用プロトコルで使用されており、そのプロトコルを用いると、マルウェアを添付した電子メールをIoT機器に送信するという攻撃ができることが多いから

ウ　TCP23番ポートはIoT機器へのメール送信用プロトコルで使用されており、そのプロトコルを用いると、初期パスワードを使って不正ログインが容易に成功し、不正にIoT機器を操作できることが多いから

エ　TCP23番ポートはIoT機器へのメール送信用プロトコルで使用されており、そのプロトコルを用いると、マルウェアを添付した電子メールをIoT機器に送信するという攻撃ができることが多いから

⚠ **解法**　TCP23番ポートはリモート操作のための Telnet というサービスに割り当てられているポートです。攻撃者は認証管理が不十分なIoT機器を探すため、TCP23番ポートへ攻撃を行います。

TCPのポート番号は出題頻度が多いため、代表的なポート番号を覚えておきましょう。

- ・TCP22番ポート：SSH（セキュアシェル）で利用します。Telnet同様リモート操作用のサービスですが、暗号化通信が可能なので、平文で通信するTelnetよりもセキュアです。
- ・TCP25番ポート：SMTP（メール送信用プロトコル）で使用します。
- ・TCP80番ポート：HTTP（Web用プロトコル）で使用します。
- ・TCP443番ポート：HTTPS（Web用プロトコル）で使用します。証明書を利用し、暗号化通信をします。

▶答え　ア

技術的セキュリティ対策〔技術的セキュリティ対策の種類〕

公開問題　情報セキュリティマネジメント 平成29年春 午前 問15

ディジタルフォレンジックスの説明として、適切なものはどれか。

ア　あらかじめ設定した運用基準に従って、メールサーバを通過する送受信メールをフィルタリングすること

イ　外部からの攻撃や不正なアクセスからサーバを防御すること

ウ　磁気ディスクなどの書換え可能な記憶媒体を廃棄する前に、単に初期化するだけではデータを復元できる可能性があるので、任意のデータ列で上書きすること

エ　不正アクセスなどコンピュータに関する犯罪に対して法的な証拠性を確保できるように、原因究明に必要な情報の保全、収集、分析をすること

⚠解法　コンピュータに関する犯罪や法的紛争の法的な証拠として、ログや電子的な証跡を保全する手段や技術の総称です。

ア　メールフィルタリングに関する説明です。

イ　ハードニング（システムの堅牢化）などのセキュリティ対策に関する説明です。

ウ　クリアリングなどに関する説明です。

エ　正解です。

国内ではデジタルフォレンジックに関する情報を「デジタル・フォレンジック研究会」が提供しています。

● **デジタル・フォレンジック研究会**
https://digitalforensic.jp/home/act/products/

また、デジタル・フォレンジックの国際資格としてEC-CouncilのCHFI (Certified Hacking Forensic Investigator) や、GIAC GCFE (Certified Forensic Examiner) などがあります。

▶**答え　エ**

ステガノグラフィ

公開問題　情報セキュリティマネジメント　令和元年秋　午前　問11

ステガノグラフィはどれか。

ア 画像などのデータの中に、秘密にしたい情報を他者に気付かれることなく埋め込む。

イ 検索エンジンの巡回ロボットにWebページの閲覧者とは異なる内容を応答し、該当Webページの検索順位が上位に来るようにする。

ウ 検査対象の製品に、問題を引き起こしそうなJPEG画像などのテストデータを送信し読み込ませて、製品の応答や挙動から脆弱性を検出する。

エ コンピュータには認識できないほどゆがんだ文字が埋め込まれた画像を表示し、利用者に文字を認識させて入力させることによって、利用者が人であることを確認する。

- -

！ 解法 ステガノグラフィは画像だけでなく、動画や、音声、文字などにも埋め込むことができます。

ア 正解です。

イ クローキング（Cloaking）についての説明です。

ウ ファジング（fuzzing）についての説明です。

エ CAPTCHAの説明です。

▶**答え　ア**

技術的セキュリティ対策 〔セキュリティ製品・サービス〕

▶ ギジュツテキセキュリティタイサク

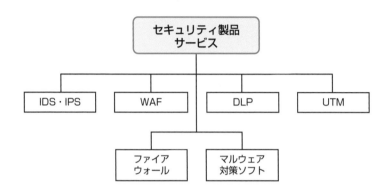

定義 セキュリティ技術はセキュリティ製品やサービスによって実装されます。

代表的なセキュリティ製品・サービスは次のとおりです。

●マルウェア対策ソフト
マルウェア対策ソフト（アンチマルウェア）は、マルウェア（不正プログラム）からシステムを守るソフトウェアです。
端末上にインストールするものや、ゲートウェイ型（通信の経路の途中でマルウェアを検知、除去）などがあります。
実際にマルウェアを**サンドボックス**（仮想環境）上で実行させ動的解析を行うことで、不審な動作を検知する機能をもつものもあり、パターンマッチング技術では検知されにくいマルウェアなどの発見に効果的です。

●DLP（Data Loss Prevention, Data Leak Prevention）
DLPは、機密情報や重要データの外部への漏えいを防ぐシステムです。
外部からの攻撃被害による流出を防ぐだけでなく、内部人員の人的ミス（メールの誤送信など）による流出防止も行います。

●SIEM (Security Information and Event Management)

SIEMは、ファイアウォールやIDS／IPS、プロキシなどのITシステムやセキュリティ製品から出力されるログやデータを一元的に収集し、相関分析を行うシステムです。分散化されたシステムでは複数のログデータを調べる必要があるため、効率よく分析することが可能になります。

●ファイアウォール

ファイアウォールは、ネットワーク境界に設置され、異なる性質のネットワーク間で流れる通信のアクセス制御を行います。専用のハードウェアを導入したり、ルータやネットワーク機器上の機能を利用したり、端末やサーバのOS上で動作するものもあります。ファイアウォールで制御できる通信はTCP/IPで利用されるIPアドレスやポート番号に対する制御のため、通信データを精査して判断するためにはIDS、IPS、WAFなどを利用します。

●WAF (Web Application Firewall)

WAFとは、Webアプリケーションに対する攻撃を防ぐことに特化したファイアウォールです。

●IDS (Intrusion Detection System：侵入検知システム)

IDSは攻撃を検知するシステムです。ネットワーク型 (NIDS) とホスト型 (HIDS) があり、ネットワーク型はネットワーク上に流れる通信データを調べ、ホスト型はサーバ上のログやデータを調べて、あらかじめ設定したルール (シグネチャ) 情報に基づいて攻撃を検知します。

●IPS (Intrusion Prevention System：侵入防止システム)

IPSは攻撃を検知し、防御するシステムです。ネットワーク上に流れる通信データを調べ、あらかじめ設定したルール (シグネチャ) 情報に基づいて攻撃と判断される通信を阻止します。

●UTM (Unified Threat Management：統合脅威管理)

UTMは複数のセキュリティ機能を統合したものです。一般的なUTMには、ファイアウォール機能を中心に、IDS、IPS、マルウェア対策、URLフィルタリング、コンテンツフィルタリングなどが含まれます。

●ホワイトリスト (whitelist)、アローリスト (allowlist)
ホワイトリスト (アローリスト) は、組織として許可できる安全な通信やアプリケーションなどを定義したリストです。このリストで指定された条件を満たす通信が許可されます。一般的なファイアウォールのルールはホワイトリスト形式です。

●ブラックリスト (blacklist)、デナイリスト (denylist)
ブラックリスト (デナイリスト) は、組織として禁止するべき危険な通信と判断した危険な通信やアプリケーションなどを定義したリストです。このリストで指定された条件を満たす通信は、セキュリティ製品やサービスによりブロックされます。

●フォールスポジティブ (False Positive)
セキュリティ製品におけるフォールスポジティブとは、安全な通信トラフィックやファイルデータを、危険なものであると判断してブロックしたりアラートを通知してしまう事象です。

●フォールスネガティブ (False Negative)
セキュリティ製品におけるフォールスネガティブとは、危険な通信トラフィックやファイルデータを、安全なものとして扱ってしまう事象です。

●SSLアクセラレータ
SSLアクセラレータは、通信を暗号化するSSL/TLSを利用する際に、暗号化や復号を行う装置です。Webサーバなどが行う暗号化の処理を代行して、負荷を軽減することができます。

●MDM (Mobile Device Management)
MDMは、組織が従業員に支給するスマートフォンなどの携帯情報端末のシステム設定や使用状況を、統合的に管理するシステムです。

技術的セキュリティ対策〔技術的セキュリティ対策の種類〕
公開問題　情報セキュリティマネジメント　令和元年秋　午前　問22

マルウェアの動的解析に該当するものはどれか。

ア 解析対象となる検体のハッシュ値を計算し、オンラインデータベースに登録された既知のマルウェアのハッシュ値のリストと照合してマルウェアを特定する。

イ サンドボックス上で検体を実行し、その動作や外部との通信を観測する。

ウ ネットワーク上の通信データから検体を抽出し、さらに、逆コンパイルして取得したコードから検体の機能を調べる。

エ ハードディスク内のファイルの拡張子とファイルヘッダの内容を基に、拡張子が偽装された不正なプログラムファイルを検出する。

！ 解法

ア 表層解析についての説明です。

イ 正解です。

ウ 静的解析についての説明です。

エ マルウェア対策ソフトの動作についての説明です。

▶答え　イ

技術的セキュリティ対策〔セキュリティ製品・サービス〕
公開問題　情報セキュリティマネジメント　平成29年秋　午前　問13

情報システムにおいて、秘密情報を判別し、秘密情報の漏えいにつながる操作に対して警告を発令したり、その操作を自動的に無効化させたりするものはどれか。

ア DLP　**イ** DMZ　**ウ** IDS　**エ** IPS

！ 解法
特に重要な情報を保護するために、DLPを導入して漏洩対策を強化できます。

似た略語の意味を問われていますので類似問題対策として各選択肢がどのよ

うな技術か一緒に正しく覚えておきましょう。

▶答え　ア

技術的セキュリティ対策〔セキュリティ製品・サービス〕

公開問題　情報セキュリティマネジメント 平成30年春 午前 問18

社内ネットワークとインターネットの接続点に、ステートフルインスペクション機能をもたない、静的なパケットフィルタリング型のファイアウォールを設置している。このネットワーク構成において、社内のPCからインターネット上のSMTPサーバに電子メールを送信できるようにするとき、ファイアウォールで通過を許可するTCPパケットのポート番号の組合せはどれか。ここで、SMTP通信には、デフォルトのポート番号を使うものとする。

	送信元	宛先	送信元ポート番号	宛先ポート番号
ア	PC	SMTPサーバ	25	1024以上
	SMTPサーバ	PC	1024以上	25
イ	PC	SMTPサーバ	110	1024以上
	SMTPサーバ	PC	1024以上	110
ウ	PC	SMTPサーバ	1024以上	25
	SMTPサーバ	PC	25	1024以上
エ	PC	SMTPサーバ	1024以上	110
	SMTPサーバ	PC	110	1024以上

！ 解法　SMTPで利用するポート番号は25番であるため、PCからSMTPサーバに向けた宛先ポートは25番になるものを選びます。

110ポートはメール受信サーバ（POP3）用のサービスポートです。SMTPクライアントであるPC側が使用するのは、1024以上のポート番号です。

▶答え　ウ

技術的セキュリティ対策〔セキュリティ製品・サービス〕

公開問題　情報セキュリティマネジメント　平成29年春　午前　問13

NIDS（ネットワーク型IDS）を導入する目的はどれか。

ア 管理下のネットワーク内への不正侵入の試みを検知し、管理者に通知する。

イ 実際にネットワークを介してWebサイトを攻撃し、不正に侵入できるかどうかを検査する。

ウ ネットワークからの攻撃が防御できないときの損害の大きさを判定する。

エ ネットワークに接続されたサーバ上に格納されているファイルが改ざんされたかどうかを判定する。

❗ 解法

ア 正解です。

イ ペネトレーションテストの説明です。

ウ リスクアセスメントの説明です。

エ HIDS（ホスト型IDS）の機能にあるハッシュ値などを利用した完全性検査の説明です。

▶**答え　ア**

技術的セキュリティ対策〔セキュリティ製品・サービス〕

公開問題　情報セキュリティマネジメント　平成29年春　午前　問17

1台のファイアウォールによって、外部セグメント、DMZ、内部ネットワークの三つのセグメントに分割されたネットワークがある。このネットワークにおいて、Webサーバと、重要なデータをもつDBサーバから成るシステムを使って、利用者向けのサービスをインターネットに公開する場合、インターネットからの不正アクセスから重要なデータを保護するためのサーバの設置方法のうち、最も適切なものはどれか。ここで、ファイアウォールでは、外部セグメントとDMZ間及びDMZと内部ネットワーク間の通信は特定のプロトコルだけ許可し、外部セグメントと内部ネットワーク間の通信は許可しないものとする。

ア WebサーバとDBサーバをDMZに設置する。

イ WebサーバとDBサーバを内部ネットワークに設置する。

ウ WebサーバをDMZに、DBサーバを内部ネットワークに設置する。

エ Webサーバを外部セグメントに、DBサーバをDMZに設置する。

! 解法 外部セグメントはインターネット、内部ネットワークは組織のネットワーク、DMZは社外にサーバを公開するための専用のネットワークです。

ア DBサーバは重要なデータをもつため、もっとも安全な内部ネットワークに設置するべきです。

イ Webサーバを内部ネットワークに設置するとインターネットからアクセスすることができなくなります。

ウ 正解です。WebサーバをDMZに設置しインターネットからのアクセスは許可しますが、DBサーバはインターネットからアクセスできない内部ネットワークに設置することでリスクを軽減します。

エ Webサーバを外部セグメントに設置すると、あらゆるアクセスがインターネットから発生するためリスクが高まります。またDBサーバをDMZに設置することもセキュリティ上、適切ではありません。

インターネットから見て、攻撃しやすい組織のネットワークセグメントは上から
①外部セグメント
②DMZ
③内部ネットワーク
の順です。

▶**答え　ウ**

技術的セキュリティ対策〔セキュリティ製品・サービス〕

公開問題　情報セキュリティマネジメント　令和元年秋　午前　問14

WAFにおけるフォールスポジティブに該当するものはどれか。

ア HTMLの特殊文字 “<” を検出したときに通信を遮断するようにWAFを設定した場合、“<” などの数式を含んだ正当なHTTPリクエストが送信されたと

き、WAFが攻撃として検知し、遮断する。

イ HTTPリクエストのうち、RFCなどに仕様が明確に定義されておらず、Web
アプリケーションソフトウェアの開発者が独自の仕様で追加したフィールド
についてはWAFが検査しないという仕様を悪用して、攻撃の命令を埋め込
んだHTTPリクエストが送信されたとき、WAFが遮断しない。

ウ HTTPリクエストのパラメタとして許可する文字列以外を検出したときに通
信を遮断するようにWAFを設定した場合、許可しない文字列を含んだ不正
なHTTPリクエストが送信されたとき、WAFが攻撃として検知し、遮断す
る。

エ 悪意のある通信を正常な通信と見せかけ、HTTPリクエストを分割して送信
されたとき、WAFが遮断しない。

！ 解法

ア 正解です。正当なHTTPリクエストが攻撃として検知されているため、
フォールスポジティブ（擬陽性）に該当します。

イ 遮断して欲しかった攻撃であったにも関わらず、遮断できなかったため、
フォールスネガティブ（偽陰性）に該当します。

ウ 想定どおりの動作です。

エ 悪意のある通信を遮断しなかったため、フォールスネガティブ（偽陰性）に該
当します。

▶答え　ア

技術的セキュリティ対策〔セキュリティ製品・サービス〕
公開問題　情報セキュリティマネジメント 平成30年秋 午前 問30

WAF（Web Application Firewall）のブラックリスト又はホワイトリストの記述
のうち、適切なものはどれか。

ア ブラックリストは、脆弱性があるサイトのIPアドレスを登録したものであ
り、該当するIPアドレスからの通信を遮断する。

イ ブラックリストは、問題のある通信データパターンを定義したものであり、
該当する通信を遮断する。

ウ ホワイトリストは、暗号化された受信データをどのように復号するかを定義

したものであり、復号鍵が登録されていないデータを遮断する。

エ ホワイトリストは、脆弱性がないWebサイトのFQDNを登録したものであり、登録がないWebサイトへの通信を遮断する。

！ 解法

ア WAFで扱うブラックリストは脆弱性があるサイトのIPアドレスではなく、Webシステムへの通信データパターンを定義します。

イ 正解です。

ウ、エ ホワイトリストには許可する通信を登録します。

セキュリティ製品によってホワイトリスト、ブラックリストは何を判断材料として登録するかが異なります。一般的なファイアウォールではIPアドレスやポート番号など、WAFやIDS、IPSでは通信データのパターンなどが対象です。

▶答え　イ

技術的セキュリティ対策〔セキュリティ製品・サービス〕

公開問題　情報セキュリティマネジメント 平成28年秋 午前 問13

会社や団体が、自組織の従業員に貸与するスマートフォンに対して、セキュリティポリシに従った一元的な設定をしたり、業務アプリケーションを配信したりして、スマートフォンの利用状況などを一元管理する仕組みはどれか。

ア BYOD (Bring Your Own Device)

イ ECM (Enterprise Contents Management)

ウ LTE (Long Term Evolution)

エ MDM (Mobile Device Management)

！ 解法

ア BYODは、**従業員の私物PCやスマートフォンなどの端末を組織の管理に基**

づいて業務使用を許可する運用です。
イ　ECMは、企業のコンテンツ管理です。
ウ　LTEは、携帯電話で使用される無線通信の規格です。
エ　正解です。

類似問題対策として各選択肢がどのような技術か一緒に覚えておきましょう。

▶答え　エ

技術的セキュリティ対策〔セキュリティ製品・サービス〕
公開問題　情報セキュリティマネジメント 平成31年春 午前 問15

IPSの説明はどれか。

ア　Webサーバなどの負荷を軽減するために、暗号化や復号の処理を高速に行う
　　専用ハードウェア
イ　サーバやネットワークへの侵入を防ぐために、不正な通信を検知して遮断す
　　る装置
ウ　システムの脆弱性を見つけるために、疑似的に攻撃を行い侵入を試みるツー
　　ル
エ　認可されていない者による入室を防ぐために、指紋、虹彩などの生体情報を
　　用いて本人認証を行うシステム

！ 解法

ア　SSLアクセラレータの説明です。
イ　正解です。IPSは不正な通信を検知し、遮断します。
ウ　脆弱性診断ツールの説明です。
エ　バイオメトリクス認証（生体認証）の説明です。

▶答え　イ

物理的セキュリティ対策

▶ ブツリテキセキュリティタイサク

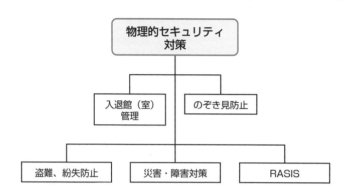

定義 物理的セキュリティ対策は、取り扱う機密情報や個人情報を物理的な方法によって適切に保護することです。

情報資産を保護するためには、人的セキュリティ対策、技術的セキュリティ対策に加え、物理的な情報漏えい対策や情報資産の消失・利用の妨げを防ぐための対策が必要です。適切な保護を計画する際には、次のような視点に基づきます。

❶入退館 (室) の管理
・情報の重要度や利用形態に応じ、いくつかのセキュリティ区画を設定
・業務時間帯、深夜時間帯等の時間帯別に、入室権限を管理
・施錠の管理

❷盗難、第三者からのぞき見等の防止
・クリアデスク (机の整理)・クリアスクリーン (PCの画面ロックなど) の徹底
・監視カメラによる執務の監視

❸機器・装置・情報媒体等の盗難や紛失防止
・セキュリティケーブル (PCなどの情報端末を施錠し盗難を防ぐ) の導入
・USBキー (PCの利用時にUSBキーが必要となる仕組み) の導入

❹災害・障害に備えた準備

・耐震耐火設備の導入
データセンターの利用、コンピュータルームの設置
・ストレージのミラーリングによるデータ喪失防止
システムのディスクにRAID技術を利用し、耐障害性を向上
・多重化技術の活用
フォールトトレラントシステム（システム構成を二重化し、障害発生時に即座に正常状態の機器に切り替えができる設計）の導入
・UPS（Uninterruptible Power Supply：無停電電源装置）の導入
周辺環境事情による電力瞬断の影響を回避しつつ、停電時におけるシステム正常停止のための時間的猶予を設ける装置
・遠隔バックアップの実施
通信回線や物流により、安全な遠隔地にデータを保存

●RASIS

RASISとは、システムが期待どおりに稼働しているか5つの特性（Reliability、Availability、Serviceability、Integrity、Security）で評価します。

・R（Reliability：信頼性）
障害や不具合による停止や性能低下の発生しにくさです。
MTBF（Mean Time Between Failures：平均故障間隔）などの指標で表します。
・A（Availability：可用性）
稼働している時間の割合の多さを稼働率などで表します。
・S（Serviceability：保守性）
障害復旧の速さやメンテナンスのしやすさを表します。
MTTR（Mean Time To Repair：平均修理時間）などの指標で表します。
・I（Integrity：完全性、保全性）
過負荷や障害、誤操作などによるデータの不整合、破壊、消失などの起こりにくさです。
・S（Security：機密性）
RASISでのSecurityは機密性を意味します。
攻撃者による不正侵入や遠隔操作、データの改ざんや機密情報の漏えいなどの起こりにくさを表します。

RAS技術とはRASISの要素のうち、Reliability（信頼性）、Availability（可用

性)、Serviceability(保守性)に対する技術です。

物理的セキュリティ対策
公開問題　情報セキュリティマネジメント　平成30年春　午前　問11

UPSの導入によって期待できる情報セキュリティ対策としての効果はどれか。

ア　PCが電力線通信(PLC)からマルウェアに感染することを防ぐ。
イ　サーバと端末間の通信における情報漏えいを防ぐ。
ウ　電源の瞬断に起因するデータの破損を防ぐ。
エ　電子メールの内容が改ざんされることを防ぐ。

⚠️ 解法

ア　UPSにはマルウェア対策の機能はありません。
イ　UPSには情報漏えい対策の機能はありません。
ウ　正解です。
エ　UPSには改ざん防止の機能はありません。

▶答え　ウ

物理的セキュリティ対策
公開問題　情報セキュリティマネジメント　平成28年春　午前　問2

情報セキュリティ対策のクリアデスクに該当するものはどれか。

ア　PCのデスクトップ上のフォルダなどを整理する。
イ　PCを使用中に離席した場合、一定時間経過すると、パスワードで画面ロックされたスクリーンセーバに切り替わる設定にしておく。
ウ　帰宅時、書類やノートPCを机の上に出したままにせず、施錠できる机の引出しなどに保管する。
エ　机の上に置いたノートPCを、セキュリティワイヤで机に固定する。

> **!解法** クリアデスクとは、常に机上を整理整頓することで、放置された書類の盗難や紛失を予防し、のぞき見による情報漏えいも防ぐ物理的セキュリティ対策です。

ア、イ 物理的な対策ではなく、クリアスクリーンの説明です。
ウ 正解です。
エ 機器の盗難防止のための施策です。

> クリアスクリーンとは、パソコンなどの情報機器から離れる場合に、ディスプレイに情報が表示されないようにして、他人が容易に操作できない処置を行うことです。
> ①システムからログオフする
> ②画面のロックを行う（パスワード付きスクリーンセーバなど）

▶**答え ウ**

物理的セキュリティ対策

公開問題 基本情報技術者 平成25年秋 午前 問13

フォールトトレラントシステムの実現方法の記述のうち、最も適切なものはどれか。

ア システムを1台のコンピュータではなく、複数台のコンピュータで多重化する。
イ システムをフェールソフト構造ではなく、フェールセーフ構造にする。
ウ 装置や機器を二重化するのではなく、重要な処理を稼働率が高い装置で処理する。
エ ハードウェアではなく、ソフトウェアによってフォールトトレラントを実現する。

> **!解法** フォールトトレラントシステムを実現するには、システム構成を二重化し障害発生時に即座に正常状態の機器に切り替えができる必要があります。

▶**答え ア**

セキュリティ
実装技術

セキュアプロトコル

▶ セキュアプロトコル

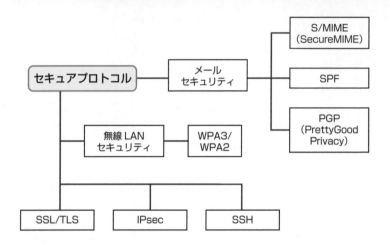

定義　セキュアプロトコルではTCP/IP上で行われる通信のセキュリティに配慮し、通信プロトコルに認証や暗号化などの機能を実現します。

TCP/IPネットワーク上で利用される代表的なセキュアプロトコルは次のとおりです。

●IPsec（Security Architecture for Internet Protocol）
IPsecは、暗号技術を利用し、通信の暗号化やメッセージ認証を実装したフレームワーク（枠組み）です。インターネットを介し拠点間を接続する、インターネットVPNなどの基礎技術として広く利用されています。
IPsecはフレームワークであるため、複数のプロトコルを利用して実現されています。利用されている代表的なプロトコルは次のとおりです。

● IKE（Internet Key Exchange protocol）
暗号化のための鍵を交換するためのプロトコルです。

- AH (Authentication Header)
  メッセージ認証を行うためのプロトコルです。

- ESP (Encapsulated Security Payload)
  メッセージ認証、**データの暗号化**を行うためのプロトコルです。

● SSL (Secure Socket Layer) /TLS (Transport Layer Security)
SSL/TLSとは、インターネットなどのIPネットワークの通信をセキュアに暗号化するプロトコルです。SSLはNetscape Communications社によって開発され、その後、SSLからTLSに標準化されました。そのため、SSLやTLS、SSL/TLSと呼ばれます。2022年現在、利用されているものはTLS 1.3です。TLSには、認証、暗号化、改ざん検知の機能があります。
認証にはサーバ証明書を利用します。クライアントはサーバと通信を行う際、サーバからのサーバ証明書を受け取り、サーバの正当性を確認します。正当性の確認後、証明書に含まれるサーバの公開鍵を使い、クライアント側が作成した共通鍵を暗号化してサーバ側に送ります。サーバは自分の秘密鍵で共通鍵を復号し、その後、共通鍵を利用してクライアントとの通信の暗号化を行います。
通信データはハッシュ値による改ざん検知を行っています。
HTTP over TLS (HTTPS) は、TLSを利用してWeb通信を暗号化できます。

● SSH
SSHとは、主にLinuxなどのUNIX系OSで利用される、ネットワーク経由で他のコンピュータを遠隔操作するためのプロトコルです。通信は暗号化され、認証は**パスワード認証方式**と**公開鍵による認証方式**の利用が可能です。

● WPA2 (Wi-Fi Protected Access 2) /WPA3 (Wi-Fi Protected Access 3)
WPA2およびWPA3とは、無線LAN (Wi-Fi) 上で通信を暗号化して保護するための技術規格です。業界団体のWi-Fi Allianceが管理しています。WPA3はWPA2のセキュリティを高めたものです。

● PGP (Pretty Good Privacy)
PGPとは、公開鍵暗号と共通鍵暗号を組み合わせ、メッセージを効率よく安全に暗号化するソフトウェアです。**メールやディスクの暗号化**を行います。

●S/MIME（Secure Multipurpose Internet Mail Extensions）
S/MIMEは、電子メールの内容を暗号化し、ディジタル署名を付加します。

●SPF（Sender Policy Framework）
SPFとは、電子メールの送信元ドメインの詐称を検知する技術です。
ドメイン名についての情報を公開するDNS（Domain Name System）の仕組みを利用し、送信元メールアドレスに記載されたドメインのメールサーバから送信されたメールであるかを調べます。

セキュアプロトコル
公開問題　情報セキュリティマネジメント 平成29年春 午前 問28

OSI基本参照モデルのネットワーク層で動作し、"認証ヘッダ（AH）"と"暗号ペイロード（ESP）"の二つのプロトコルを含むものはどれか。

ア　IPsec　　イ　S/MIME　　ウ　SSH　　エ　XML暗号

！解法

ア　正解です。IPsecはIPプロトコルを拡張したフレームワーク（骨組み）であり、認証、暗号化、鍵交換などの複数のプロトコルを組み合わせて実現します。AH（Authentication Header）はメッセージ認証、ESP（Encapsulated Security Payload）はメッセージ認証と暗号化を行うプロトコルです。

イ　S/MIMEは電子メールに認証、改ざん検出、暗号化などの機能を提供する規格です。

ウ　SSHは暗号化通信でリモートデバイスの管理操作ができるプロトコルです。

エ　XML暗号は、XML文書の一部を暗号化するための規格です。

似た略称と混同しないよう、各選択肢がどのような技術か一緒に覚えておきましょう。

▶答え　ア

セキュアプロトコル

公開問題 情報セキュリティマネジメント 平成31年春 午前 問29

利用者PC上のSSHクライアントからサーバに公開鍵認証方式でSSH接続する
とき、利用者のログイン認証時にサーバが使用する鍵とSSHクライアントが使用
する鍵の組みはどれか。

ア サーバに登録されたSSHクライアントの公開鍵と、利用者PC上のSSHク
ライアントの公開鍵

イ サーバに登録されたSSHクライアントの公開鍵と、利用者PC上のSSHク
ライアントの秘密鍵

ウ サーバに登録されたSSHクライアントの秘密鍵と、利用者PC上のSSHク
ライアントの公開鍵

エ サーバに登録されたSSHクライアントの秘密鍵と、利用者PC上のSSHク
ライアントの秘密鍵

！解法 SSHで公開鍵認証を使用する場合、鍵の作成 (公開鍵、秘密鍵) は
SSHクライアント側で行います。つくられた鍵のうち、公開鍵をサー
バに保存します。

▶答え イ

セキュアプロトコル

公開問題 情報セキュリティマネジメント 平成31年春 午前 問23

A氏からB氏に電子メールを送る際のS/MIMEの利用に関する記述のうち、適切
なものはどれか。

ア A氏はB氏の公開鍵を用いることなく、B氏だけが閲覧可能な暗号化電子
メールを送ることができる。

イ B氏は受信した電子メールに記載されている内容が事実であることを、公的
機関に問い合わせることによって確認できる。

ウ B氏は受信した電子メールに記載されている内容はA氏が署名したものであ
り、第三者による改ざんはないことを確認できる。

エ 万一、マルウェアに感染したファイルを添付して送信した場合にB氏が添付

ファイルを開いても、B氏のPCがマルウェアに感染することを防ぐことができる。

！ 解法

ア A氏はB氏の公開鍵を用いてB氏だけが閲覧可能な暗号化電子メールを送ることができます。

イ 記載されている「内容が事実」か、真偽を確認する方法はありません。

ウ 正解です。

エ S/MIMEにはマルウェア対策機能はありません。

類似問題対策として解答説明を確認し、S/MIMEの特徴を理解しておきましょう。

▶答え　ウ

セキュアプロトコル
公開問題　情報セキュリティマネジメント　令和元年秋　午前　問28

電子メールをドメインAの送信者がドメインBの宛先に送信するとき、送信者をドメインAのメールサーバで認証するためのものはどれか。

ア APOP　　イ POP3S　　ウ S/MIME　　エ SMTP-AUTH

！ 解法　SMTP-AUTHは、メール送信用プロトコルのSMTPに認証機能を追加したプロトコルです。

ア APOPはメール受信用プロトコルです。

イ POP3Sはメール受信用プロトコルです。

ウ S/MIMEにはメール送信サーバへの認証機能はありません。

エ 正解です。

▶答え　エ

セキュアプロトコル

公開問題　情報セキュリティマネジメント 令和元年秋 午前 問7

SPF（Sender Policy Framework）の仕組みはどれか。

ア　電子メールを受信するサーバが、電子メールに付与されているディジタル署名を使って、送信元ドメインの詐称がないことを確認する。

イ　電子メールを受信するサーバが、電子メールの送信元のドメイン情報と、電子メールを送信したサーバのIPアドレスから、ドメインの詐称がないことを確認する。

ウ　電子メールを送信するサーバが、電子メールの宛先のドメインや送信者のメールアドレスを問わず、全ての電子メールをアーカイブする。

エ　電子メールを送信するサーバが、電子メールの送信者の上司からの承認が得られるまで、一時的に電子メールの送信を保留する。

！ 解法

ア　DKIM（DomainKeys Identified Mail）の説明です。

イ　正解です。

ウ　メールをアーカイブするシステムの説明です。

エ　メール誤送信を防止するための承認機能つきメールシステムの説明です。

DKIMは、送信元がメールを送信する際に電子署名を行い、受信者がそれを検証することで送信者のなりすましやメールの改ざんを検知できるようにする仕組みです。

▶答え　イ

▶ ネットワークセキュリティ

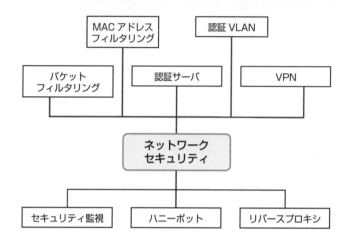

> **定義** ネットワークセキュリティでは、通信制御を確実に行い、セキュリ
> ティ監視を強化します。

ネットワークセキュリティに関する代表的な実装技術は次のとおりです。

●パケットフィルタリング
パケットフィルタリングとは、パケット（通信データの送受信の単位）のヘッダ部
分に含まれる送信元/宛先IPアドレス、送信元/宛先ポート番号、通信の方向など
の情報を基に通信装置を通過するパケットを検査し、あらかじめ設定したフィル
タリングのルールに従い、通過の許可/拒否を行う機能です。ルータやファイア
ウォールの機能として使用されています。

●MACアドレス（Media Access Control address）フィルタリング
MACアドレスフィルタリングとは、無線LANルータ（Wi-Fiルータ）などが備え
る機能の一つで、あらかじめMACアドレスを無線LANルータに登録し、MACア
ドレスと合致する無線LAN機器を制御（接続許可/接続拒否）する機能です。

●認証サーバ

認証サーバとは、接続元が正しいことを確認する**認証** (authentication) を行う
サーバです。認証情報としてはID、パスワードの他、電子証明書なども用いられ
ます。

●認証VLAN

認証VLANとは、VLAN(仮想LAN)の応用技術の1つです。
LAN接続時に端末の認証を行い、認証結果に基づいて端末を所属させるVLANを
選択します。

●VPN (Virtual Private Network：仮想私設ネットワーク)

VPNとは、通信事業者の公衆回線上に構築する仮想的な私設ネットワークです。
インターネットを通じて社外から社内ネットワークにセキュアに接続する場合
や、組織の拠点間をインターネットなどの公衆回線を通じてセキュアに接続する
ために利用します。

●セキュリティ監視

セキュリティ監視はネットワークに限定せず、総合的に行うことが効果的です。
ネットワーク型IDS/IPSをはじめとするネットワークセキュリティ製品や、ネッ
トワーク機器、認証機器、サーバ、クライアントなどのログも監視します。統合的
に監視するにはSIEMの導入も検討します。

●ハニーポット (honeypot)

ハニーポットとは、おとりとなるWebサーバやシステムなどを設置し、攻撃者を
引き付けることで、その活動や痕跡を収集するシステムです。収集した情報は、攻
撃者の攻撃手法を分析するために利用されます。

●リバースプロキシ (reverse proxy)

リバースプロキシとは、実サーバの代理として、実サーバへアクセスしようとす
るすべての接続を受けとり、必要に応じて実サーバへ中継するサーバです。
実サーバの負荷を軽減するため、SSL/TLSによるデータの暗号化や復号を実
サーバの代わりに処理するSSLアクセラレータ技術や、頻繁に要求される静的な
データをキャッシュ (保存) して実サーバに代わって応答するキャッシュサーバ
技術などに利用されます。

ネットワークセキュリティ

公開問題　情報セキュリティマネジメント 令和元年秋 午前 問29

ハニーポットの説明はどれか。

ア サーバやネットワークを実際の攻撃に近い手法で検査することによって、もし実際に攻撃があった場合の被害の範囲を予測する。

イ 社内ネットワークに接続しようとするPCを、事前に検査専用のネットワークに接続させ、セキュリティ状態を検査することによって、安全ではないPCの接続を防ぐ。

ウ 保護された領域で、検査対象のプログラムを動作させることによって、その挙動からマルウェアを検出して、隔離及び駆除を行う。

エ わざと侵入しやすいように設定した機器やシステムをインターネット上に配置することによって、攻撃手法やマルウェアの振る舞いなどの調査と研究に利用する。

！ 解法

ア ペネトレーションテストの説明です。

イ 検疫ネットワークの説明です。

ウ サンドボックスの説明です。

エ 正解です。

ハニーポットには、IDSやキーロガーなど、攻撃者の手口を記録する機能が含まれています。

▶答え　エ

データベースセキュリティ

▶ データベースセキュリティ

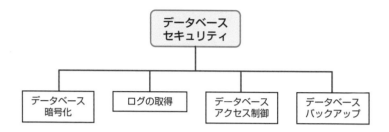

定義 データベースセキュリティでは、、データベース自体の保護だけでなく、関連するシステムや利用者からの利用方法（アクセス方法）や利用シーンでの脅威を想定した保護を行います。

データベースセキュリティに関する代表的な実装技術は次のとおりです。

●データベース暗号化
データベース上のデータ自体を暗号化する手法です。データベースファイルが漏洩してもデータの保護が可能です。

●データベースアクセス制御
データベースにアクセスする利用者、システムに対するアクセス制御を行います。最小権限の原則に基づき、必要な権限を設定して保護します。

●データベースバックアップ
データベースのバックアップを行い、万一のデータ消失時に備えます。
バックアップ計画を立て、バックアップのタイミングやセキュリティを考慮したバックアップの保存先を選びます。

●ログの取得
ログ取得を行い、データベースが想定どおりに利用されているかを監査できるようにします。

データベースセキュリティ

公開問題　基本情報技術者 平成27年春 午前 問39

データベースで管理されるデータの暗号化に用いることができ、かつ、暗号化と復号とで同じ鍵を使用する暗号化方式はどれか。

ア AES　　イ PKI　　ウ RSA　　エ SHA-256

！ 解法

ア　正解です。AESは共通鍵暗号方式のため、暗号化と復号に同じ鍵を使います。

イ　PKI（Public Key Infrastructure）は、公開鍵基盤のことです。

ウ　RSAは、公開鍵暗号方式のアルゴリズムです。

エ　SHA-256は、ハッシュアルゴリズムのことです。

▶答え　ア

データベースセキュリティ

公開問題　情報セキュリティマネジメント 平成29年秋 午前 問25

データベースのアカウントの種類とそれに付与する権限の組合せのうち、情報セキュリティ上、適切なものはどれか。

	アカウントの種類	レコードの更新権限	テーブルの作成・削除権限
ア	データ構造の定義用アカウント	有	無
イ	データ構造の定義用アカウント	無	有
ウ	データの入力・更新アカウント	有	有
エ	データの入力・更新アカウント	無	有

！ 解法　データ構造の定義用アカウントに必要な権限はテーブルの作成・削除権限だけ、データの入力・更新アカウントに必要な権限はレコードの更新権限だけです。

最小特権の原則に基づき、付与する権限を最小限に留めることが重要です。

▶答え　イ

アプリケーションセキュリティ 注目度 ★★★★

▶ アプリケーションセキュリティ

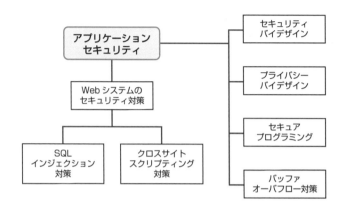

定義 アプリケーションセキュリティとは、アプリケーション上の様々なセキュリティ対策のことです。アプリケーションはシステムや利用者との連携に関わる部分であり、様々な種類があるため、セキュリティ対策もアプリケーションに合わせた対策が必要です。

アプリケーションセキュリティに関する代表的な実装技術は次のとおりです。

●Webシステムのセキュリティ対策

Webシステムはネットシステムの基盤となるWebサーバとWebサーバ上で稼働するWebアプリケーションで構成されます。Webアプリケーションはデータベースとの連携や他のシステムとの連携を必要とするものもあるため、万一、脆弱性があった場合、影響は広範になります。そのため、設計段階におけるセキュリティ対策が重要になります。

●セキュリティバイデザイン

セキュリティバイデザイン（Security by Design：SBD）とは、企画・設計の段階でセキュリティ対策を組み込むことで、セキュリティを確保するという考え方です。
そのためにはシステム調達担当者が、調達仕様書にセキュリティバイデザインを

適切に組み込める方法を確立することが必要とされています。

内閣サイバーセキュリティセンター（NISC）では**情報システムに係る政府調達におけるセキュリティ要件策定マニュアル（SBDマニュアル）**を公開し、一般企業にも利用を呼び掛けています。

●**情報システムに係る政府調達におけるセキュリティ要件策定マニュアル**
https://www.nisc.go.jp/policy/group/general/sbd_sakutei.html

●プライバシーバイデザイン
プライバシーバイデザインとは、企画、設計段階からあらかじめプライバシー保護の取り組みを検討し、組み込むことです。

●セキュアプログラミング
セキュアプログラミングとは、開発時に潜在的な脆弱性が生じにくい設計でプログラムを開発することです。

設計思想には様々なものがありますが、単純で小さな設計、不許可の状態から許可すべきものを許可、すべてのプログラム間のやりとりをチェック、情報公開、権限の分離、最小限の権限、共通メカニズムの最小化、権限の明確化、使いやすさといった点を配慮していきます。

●バッファオーバフロー対策
バッファオーバフロー攻撃に対する対策は、セキュアプログラミングを行い、プログラムに対し、**想定以上の長さのデータ入力があった場合、プログラム側で処理を受け付けない**ようにプログラミングすることです。

●クロスサイトスクリプティング対策
クロスサイトスクリプティング攻撃に対する対策は、セキュアプログラミングを行い、Webサーバ上のクロスサイトスクリプティングの脆弱性があるWebアプリケーションを修正することです。Webアプリケーションにスクリプトが入力された場合、処理を受け付けないようにプログラミングするようにします。

●SQLインジェクション対策
SQLインジェクション攻撃に対する対策は、セキュアプログラミングを行い、Webサーバ上のインジェクションの脆弱性があるWebアプリケーションを修正

することです。WebアプリケーションにSQL文が入力された場合、**処理を受け付けない**ようにプログラミングするようにします。

アプリケーションセキュリティ

公開問題　情報セキュリティマネジメント　平成30年春　午前　問14

セキュリティバイデザインの説明はどれか。

ア　開発済みのシステムに対して、第三者の情報セキュリティ専門家が、脆弱性診断を行い、システムの品質及びセキュリティを高めることである。

イ　開発済みのシステムに対して、リスクアセスメントを行い、リスクアセスメント結果に基づいてシステムを改修することである。

ウ　システムの運用において、第三者による監査結果を基にシステムを改修することである。

エ　システムの企画・設計段階からセキュリティを確保する方策のことである。

- -

！解法　セキュリティバイデザインは、情報セキュリティを企画・設計段階から確保するための方策です。

IPA（情報処理推進機構）では、セキュリティ・バイ・デザイン導入指南書を発行し、解説を行っています。

●セキュリティ・バイ・デザイン導入指南書
https://www.ipa.go.jp/icscoe/program/core_human_resource/
final_project/security-by-design.html

▶答え　エ

アプリケーションセキュリティ

公開問題　情報セキュリティスペシャリスト　平成27年秋　午前Ⅱ　問12

クロスサイトスクリプティングによる攻撃を防止する対策はどれか。

ア　WebサーバにSNMPエージェントを常駐稼働させ、Webサーバの負荷状態を監視する。

イ　WebサーバのOSのセキュリティパッチについて、常に最新のものを適用する。

ウ　Webサイトへのデータ入力について、許容範囲を超えた大きさのデータの書込みを禁止する。

エ　Webサイトへの入力データを表示するときに、HTMLで特別な意味をもつ文字のエスケープ処理を行う。

❗ 解法

ア　SNMP（Simple Network Management Protocol）エージェントにより、Webサーバの監視、制御ができますが、クロスサイトスクリプティングの攻撃防止はできません。

イ　OSのセキュリティパッチはOSの脆弱性に対する攻撃対策になりますが、クロスサイトスクリプティングはWebアプリケーション上の脆弱性のため、攻撃防止はできません。

ウ　データ入力に関して、許容範囲を超えた大きさのデータの書込みを禁止することはバッファオーバフローの脆弱性対策として用いられますが、クロスサイトスクリプティングの脆弱性対策とは異なります。

エ　正解です。

クロスサイトスクリプティングの脆弱性はWebサーバ上のWebアプリケーションに存在しますが、脆弱性を悪用した攻撃の被害を受けるのはWebアプリケーションの利用者です。

▶答え　エ

法規

知的財産権

▶ チテキザインサンケン

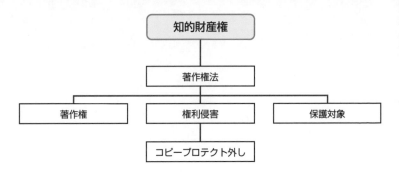

📝 **定義**　知的財産権とは、知的財産に関連する法令によって保護されている権利です。代表的な関連法令として著作権法があります。

知的財産権は情報資産を守るためにも、正しく理解しておく必要があります。中でも著作権は重要です。

著作権の**保護対象**は著作物で、権利発生のための申請や登録の手続きは不要です。著作物の例としては、小説、音楽、美術、映画、コンピュータプログラムなどが挙げられます。

著作権の**権利侵害**の例としてはWebコンテンツの盗用や、ディジタルコンテンツなどの**コピープロテクト外し**などがあります。

- ●令和4年度著作権テキスト（文化庁）
  https://www.bunka.go.jp/seisaku/chosakuken/seidokaisetsu/
  93726501.html

知的財産権

公開問題　情報セキュリティマネジメント　平成30年春　午前　問34

A社が著作権を保有しているプログラムで実現している機能と、B社のプログラムが同じ機能をもつとき、A社に対するB社の著作権侵害に関する記述のうち、適切なものはどれか。

ア A社のソースコードを無断で使用して、同じソースコードの記述で機能を実現しても、A社公表後1年未満にB社がプログラムを公表すれば、著作権侵害とならない。

イ A社のソースコードを無断で使用して、同じソースコードの記述で機能を実現しても、プログラム名称を別名称にすれば、著作権侵害とならない。

ウ A社のソースコードを無断で使用していると、著作権の存続期間内は、著作権侵害となる。

エ 同じ機能を実現しているのであれば、ソースコードの記述によらず、著作権侵害となる。

SECTION 7

法規

解法 プログラムのアルゴリズムやアイディアは対象外ですが、コンピュータプログラムは著作権の対象です。

ア、イ 著作権の侵害に当たります。

ウ 正解です。

エ コンピュータアルゴリズムは著作権の対象外です。

▶答え ウ

知的財産権

公開問題 情報セキュリティマネジメント 令和元年秋 午前 問34

A社は、B社と著作物の権利に関する特段の取決めをせず、A社の要求仕様に基づいて、販売管理システムのプログラム作成をB社に委託した。この場合のプログラム著作権の原始的帰属に関する記述のうち、適切なものはどれか。

ア A社とB社が話し合って決定する。

イ A社とB社の共有となる。

ウ A社に帰属する。

エ B社に帰属する。

解法 著作権法での保護対象は表現された著作物であるため、著作権は「著作物を創作した者」に帰属します。

▶答え エ

公開問題　情報セキュリティマネジメント　平成29年春　午前　問34

著作権法による保護の対象となるものはどれか。

ア　ソースプログラムそのもの
イ　データ通信のプロトコル
ウ　プログラムに組み込まれたアイディア
エ　プログラムのアルゴリズム

! 解法

ア　正解です。
イ、ウ、エ　は著作権法の保護の対象外です。

ソースプログラムは著作権法による保護対象です。

▶答え　ア

公開問題　情報セキュリティマネジメント　平成30年秋　午前　問34

Webページの著作権に関する記述のうち、適切なものはどれか。

ア　営利目的でなく趣味として、個人が開設し、公開しているWebページに他人の著作物を無断掲載しても、私的使用であるから著作権の侵害にならない。
イ　作成したプログラムをインターネット上でフリーウェアとして公開した場合、公開されたプログラムは、著作権法で保護されない。
ウ　試用期間中のシェアウェアを使用して作成したデータを、試用期間終了後もWebページに掲載することは、著作権の侵害になる。
エ　特定の分野ごとにWebページのURLを収集し、独自の解釈を付けたリンク集は、著作権法で保護され得る。

> **！解法** 編集物で素材の選択又は配列によって創作性を有するものは、「編集著作物」として保護されます。

ア 著作権保護違反の対象です。

イ フリーウェアとして公開したプログラムも著作権法で保護されます。

ウ 作成したデータの著作権は作成者本人に帰属します。

エ 正解です。

▶答え エ

知的財産権

公開問題 ITパスポート 平成21年春 問15

知的財産権のうち、権利の発生のために申請や登録の手続を必要としないものはどれか。

ア 意匠権　　**イ** 実用新案権　　**ウ** 著作権　　**エ** 特許権

> **！解法**

ア 意匠権は、**製品や商品、部品などの工業用デザインについて独占権を認める権利**です。

イ 実用新案権は、**自然法則を利用した技術的アイディアのうち、物品の形状、構造または組み合わせに関する考案を保護するための権利**です。

ウ 正解です。

エ 特許権は、**権利を受けた発明者がその発明を独占的に使用できる権利**です。

▶答え ウ

不当競争防止法

▶ フトウキョウソウボウシホウ

定義 不正競争防止法では、不正な手段による競争の防止や不正競争に関する損害賠償について定めています。

不正競争防止法は、経済産業省所管の公正な競争と国際約束の的確な実施を確保するための不正競争防止を目的とした法律です。

営業秘密の保護のため、営業秘密や営業上のノウハウの盗用等の不正行為を禁止していますが、営業秘密として取り扱う場合には以下の3つを満たす必要があります。

①秘密情報に有用性があること
②秘密管理性を有すること
③非公知性を有していること

情報セキュリティに関連し、不正行為として類型されているものに、不正にドメインを使用する行為があります。具体的には大手のサイトに類似する紛らわしいドメイン名の不正取得を行い、類似のサイトを開設して呼び込む行為などです。

不正競争防止法

公開問題　情報セキュリティマネジメント　平成28年春　午前　問35

不正競争防止法によって保護される対象として規定されているものはどれか。

ア　自然法則を利用した技術的思想の創作のうち高度なものであって、プログラム等を含む物と物を生産する方法

イ　著作物を翻訳し、編曲し、若しくは変形し、又は脚色し、映画化し、その他翻案することによって創作した著作物

ウ 秘密として管理されている事業活動に有用な技術上又は営業上の情報であって、公然と知られていないもの

エ 法人等の発意に基づきその法人等の業務に従事する者が職務上作成するプログラム著作物

！ 解法 不正競争防止法によって保護される秘密情報には、**有用性があること、秘密管理性を有すること、非公知性を有していること**の3要件が必要です。

▶答え　**ウ**

不正競争防止法

公開問題　情報セキュリティマネジメント　平成29年秋　午前　問34

不正の利益を得る目的で、他社の商標名と類似したドメイン名を登録するなどの行為を規制する法律はどれか。

ア 独占禁止法　　　　　**イ** 特定商取引法
ウ 不正アクセス禁止法　**エ** 不正競争防止法

！ 解法 不正競争防止法では**不正にドメインを使用する行為**を禁じています。

▶答え　**エ**

サイバーセキュリティ基本法

▶ サイバーセキュリティキホンホウ

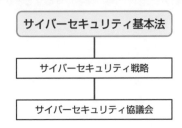

> **定義** サイバーセキュリティ基本法では、国民は、サイバーセキュリティの重要性に関する関心と理解を深め、その確保に必要な注意を払うよう努めるものとすると規定しています。

サイバーセキュリティ基本法は2014年11月に成立しました。

サイバーセキュリティに関する施策を総合的かつ効率的に推進するため、基本理念を定め、国の責務等を明らかにし、サイバーセキュリティ戦略の策定、その他施策の基本となる事項等を規定しています。

この法律を根拠とし**5つの原則**のもと、内閣に**サイバーセキュリティ戦略**本部が設置され、内閣官房には内閣サイバーセキュリティセンター（NISC）が設置されました。

5つの原則は次のとおりです。

①情報の自由な流通の確保
②法の支配
③開放性
④自律性
⑤多様な主体の連携

2019年4月には、サイバーセキュリティ基本法第17条に基づき情報共有体制としてサイバーセキュリティ協議会が発足されました。国の行政機関、重要社会インフラ事業者、サイバー関連事業者、教育研究機関など官民の多様な主体が相互に連携し、より早期の段階で対策情報等を迅速に共有しています。

サイバーセキュリティ基本法

公開問題　情報セキュリティマネジメント 平成30年春 午前 問31

サイバーセキュリティ基本法の説明はどれか。

ア 国民は、サイバーセキュリティの重要性に関する関心と理解を深め、その確保に必要な注意を払うよう努めるものとすると規定している。

イ サイバーセキュリティに関する国及び情報通信事業者の責務を定めたものであり、地方公共団体や教育研究機関についての言及はない。

ウ サイバーセキュリティに関する国及び地方公共団体の責務を定めたものであり、民間事業者が努力すべき事項についての規定はない。

エ 地方公共団体を重要社会基盤事業者と位置づけ、サイバーセキュリティ関連施策の立案・実施に責任を負う者であると規定している。

⚠️ 解法 サイバーセキュリティ基本法第9条には「国民は、基本理念にのっとり、サイバーセキュリティの重要性に関する関心と理解を深め、サイバーセキュリティの確保に必要な注意を払うよう努めるものとする」とあります。

ア 正解です。

イ 地方公共団体や教育研究機関についても言及されています。

ウ 民間事業者が努力すべき事項について言及しています。

エ サイバーセキュリティ関連施策の立案・実施は国が責任を負います。

▶**答え** ア

サイバーセキュリティ基本法

公開問題　情報セキュリティマネジメント 平成30年春 午前 問19

内閣は、2015年9月にサイバーセキュリティ戦略を定め、その目的達成のための施策の立案及び実施に当たって、五つの基本原則に従うべきとした。その基本原則に含まれるものはどれか。

ア サイバー空間が一部の主体に占有されることがあってはならず、常に参加を求める者に開かれたものでなければならない。

イ サイバー空間上の脅威は、国を挙げて対処すべき課題であり、サイバー空間における秩序維持は国家が全て代替することが適切である。

ウ サイバー空間においては、安全確保のために、発信された情報を全て検閲すべきである。

エ サイバー空間においては、情報の自由な流通を尊重し、法令を含むルールや規範を適用してはならない。

！ 解法 5つの原則では「**情報の自由な流通の確保**」、「**法の支配**」、「**開放性**」、「**自律性**」、「**多様な主体の連携**」を掲げています。

▶答え　ア

不正アクセス禁止法

▶ フセイアクセスキンシホウ

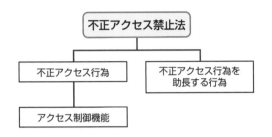

✎ **定義** 不正アクセス禁止法は、不正アクセスを規制する法律です。試験対策では法律としての不正アクセスの定義を理解しておくことが重要です。

不正アクセス禁止法（不正アクセス行為の禁止等に関する法律）はコンピュータネットワーク等での通信において、**不正アクセス行為**とその助長行為を規制する法律です。

法律では、ネットワークに接続されアクセス制御機能を持ったコンピュータへの不正アクセス（認証を利用した不正アクセス、脆弱性を利用した不正アクセスなど）が**不正アクセス行為**の対象になります。また助長行為の例として、他人の利用者IDやパスワードを、本人の許可なく、第三者に漏らすなどがあります。

不正アクセス禁止法

公開問題　情報セキュリティマネジメント　平成28年秋　午前　問35

不正アクセス禁止法による処罰の対象となる行為はどれか。

ア 推測が容易であるために、悪意のある攻撃者に侵入される原因となった、パスワードの実例を、情報セキュリティに関するセミナの資料に掲載した。

イ ネットサーフィンを行ったところ、意図せずに他人の利用者IDとパスワードをダウンロードしてしまい、PC上に保管してしまった。

ウ 標的とする人物の親族になりすまし、不正に現金を振り込ませる目的で、振込先の口座番号を指定した電子メールを送付した。

エ　不正アクセスを行う目的で他人の利用者ID、パスワードを取得したが、これまでに不正アクセスは行っていない。

！解法　第6条で不正アクセス目的で、他人の利用者ID・パスワードを取得することを禁止しています。

▶答え　エ

不正アクセス禁止法
公開問題　情報セキュリティマネジメント　平成30年秋　午前　問32

不正アクセス禁止法で規定されている、不正アクセス行為を助長する行為の禁止規定によって規制される行為はどれか。

ア　正当な理由なく他人の利用者IDとパスワードを第三者に提供する。
イ　他人の利用者IDとパスワードを不正に入手する目的でフィッシングサイトを開設する。
ウ　不正アクセスを目的とし、他人の利用者IDとパスワードを不正に入手する。
エ　不正アクセスを目的とし、不正に入手した他人の利用者IDとパスワードをPCに保管する。

！解法　業務やその他の正当な理由による場合を除いて、他人の利用者ID・パスワードを第三者に提供することは禁じられています。

▶答え　ア

個人情報保護法

▶ コジンジョウホウホゴホウ

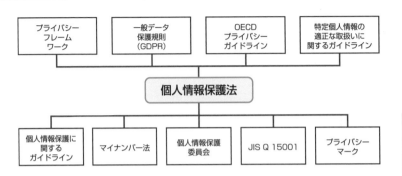

 定義 日本の個人情報保護法はOECDプライバシーガイドラインに基づき策定されています。

個人情報保護法では個人情報とは「生存する個人に関する情報であって、当該情報に含まれる氏名、生年月日その他の記述等により特定の個人を識別することができるもの」と規定されています。亡くなられた方（故人）、法人はこの法令の対象外です。

●法令・ガイドライン等｜個人情報保護委員会

https://www.ppc.go.jp/personalinfo/legal/

個人情報保護法に関連する施策、用語は次のとおりです。

個人情報保護に関するガイドライン	個人情報保護法に基づき、個人情報保護に関する具体的な指針として策定
個人情報取扱事業者	個人情報保護法に基づき、個人情報データベースなどを事業の用に供している者
安全管理措置	個人情報保護法に基づき、「個人情報取扱事業者は、その取り扱う個人データの漏えい、滅失又はき損の防止その他の個人データの安全管理のために必要かつ適切な措置を講じなければならない」と定められた処置

要配慮個人情報	個人情報保護法に基づき、本人に不当な差別や偏見などが生じないように特に配慮が必要な情報（人種、信条、社会的身分、病歴、犯罪により害を被った事実、身体障害、知的障害、精神障害（発達障害を含む）など）
特定個人情報の適正な取扱いに関するガイドライン	番号法（マイナンバー法）及び個人情報保護法に基づき、事業者が特定個人情報の適正な取扱いを確保するための具体的な指針を定めるもの
マイナンバー法（行政手続における特定の個人を識別するための番号の利用等に関する法律）	国民及び法人に個人番号、法人番号を割り当て、この利用等に関して必要な事項を規定した日本の法律
個人情報保護委員会	特定個人情報を含む個人情報の有用性に配慮しつつ、個人の権利利益を保護するため、個人情報の適正な取扱いの確保を図ることを任務とする機関
JIS Q 15001（個人情報保護マネジメントシステム―要求事項）	組織が業務上取り扱う個人情報を安全で適切に管理するための個人情報保護マネジメントシステムの要求事項をまとめた日本の規格
プライバシーマーク	事業者の個人情報の保護体制に対する第三者認証制度。Pマーク制度とも呼ばれている
OECDプライバシーガイドライン（プライバシー保護と個人データの国際流通についてのガイドラインに関する理事会勧告）	OECD（経済協力開発機構）によって示された、世界共通の個人情報保護の基本原則を定めた指針で次の8原則が定義されている。 ●収集制限の原則 個人情報は法律に従い、公正な手段で本人に通知、同意を得て収集する ●データ内容の原則 取得する個人情報は利用目的に合ったもので正確、完全、最新とする ●目的明確化の原則 収集目的を明確にし利用時には収集したときの目的に合致させる ●利用制限の原則 本人の同意、もしくは法律の規定がある場合を除き、目的外利用をしてはならない ●安全保護の原則 紛失や破壊、使用、改ざん、漏えいなどから保護する ●公開の原則 個人情報収集方針などを公開し、データの所在、利用目的、管理者などを明確に示す ●個人参加の原則 本人自身に関するデータの所在やその内容を確認できるとともに、自ら異議を申し立てることを保証する

	●責任の原則 個人データの管理者は、これらの諸原則を実施する上での責任を有する
プライバシー影響アセスメント (PIA：Privacy Impact Assessment)	個人情報を扱うシステムの企画、構築、改修にあたり、設計段階から情報提供者のプライバシーへの影響を事前に評価するプロセス
プライバシーフレームワーク	米国国立標準技術研究所 (NIST) が策定したプライバシー保護に関するフレームワーク (NIST PF)
EU一般データ保護規則 (GDPR：General Data Protection Regulation)	欧州議会・欧州理事会および欧州委員会が欧州連合 (EU) 内の全ての個人のためにデータ保護を強化し統合することを意図している規則。EU域外への個人情報の輸出も対象
オプトイン	事業者広告が利用者に広告宣伝メールを送信する前に予め許可を取ること。許可なしで送信される広告宣伝メールは、特定電子メール法の処罰対象になる
オプトアウト	利用者が広告宣伝メールの受信拒否の意思を示すこと
第三者提供	事業者が保有する個人データをその事業者以外の者に提供すること
匿名加工情報	特定の個人を識別することができないように個人情報を加工した情報。**匿名化手法**にサンプリング、k-匿名化などがある

SECTION 7

法規

個人情報保護法

公開問題　情報セキュリティマネジメント 平成28年春 午前 問32

個人情報に関する記述のうち、個人情報保護法に照らして適切なものはどれか。

ア　構成する文字列やドメイン名によって特定の個人を識別できるメールアドレスは、個人情報である。

イ　個人に対する業績評価は、特定の個人を識別できる情報が含まれていても、個人情報ではない。

ウ　新聞やインターネットなどで既に公表されている個人の氏名、性別及び生年月日は、個人情報ではない。

エ　法人の本店所在地、支店名、支店所在地、従業員数及び代表電話番号は、個人情報である。

! **解法**　アカウント名やドメイン名から特定の個人を識別することができる場合、そのメールアドレスは、それ自体が単独で個人情報に該当します。

▶**答え**　ア

個人情報保護法

公開問題　情報セキュリティマネジメント　平成29年秋　午前　問31

個人情報保護法が保護の対象としている個人情報に関する記述のうち、適切なものはどれか。

ア　企業が管理している顧客に関する情報に限られる。

イ　個人が秘密にしているプライバシに関する情報に限られる。

ウ　生存している個人に関する情報に限られる。

エ　日本国籍を有する個人に関する情報に限られる。

! **解法**　故人の情報は個人情報保護法の保護対象外です。

▶**答え**　ウ

個人情報保護法

公開問題　情報セキュリティマネジメント　平成31年春　午前　問34

個人情報保護委員会特定個人情報の適正な取扱いに関するガイドライン（事業者編）平成30年9月28日最終改正及びそのQ&Aによれば、事業者によるファイル作成が禁止されている場合はどれか。

なお、Q&Aとは「特定個人情報の適正な取扱いに関するガイドライン（事業者編）」及び「（別冊）金融業務における特定個人情報の適正な取扱いに関するガイドライン」に関するQ&A平成30年9月28日更新のことである。

ア　システム障害に備えた特定個人情報ファイルのバックアップファイルを作成する場合

イ　従業員の個人番号を利用して業務成績を管理するファイルを作成する場合

ウ　税務署に提出する資料間の整合性を確認するために個人番号を記載した明細表などチェック用ファイルを作成する場合

エ　保険契約者の死亡保険金支払に伴う支払調書ファイルを作成する場合

> **!解法** 個人番号（マイナンバー）の利用目的は、税、社会保障、災害対策の3分野に限定されており、それ以外の利用は禁止されています。

▶**答え　イ**

個人情報保護法

公開問題　情報セキュリティマネジメント　平成31年春　午前　問31

JIS Q 15001：2017（個人情報保護マネジメントシステム―要求事項）に関する記述のうち、適切なものはどれか。

ア 開示対象個人情報は、保有個人データとは別に定義されており、保有期間によらず全ての個人情報が該当すると定められている。

イ 規格文書の構成は、JIS Q 15001：2017と異なり、マネジメントシステム規格に共通的に用いられる章立てが採用されていない。

ウ 特定の機微な個人情報が定義されており、労働組合への加盟といった情報が例として挙げられている。

エ 本人から書面に記載された個人情報を直接取得する場合には、利用目的などをあらかじめ書面によって本人に明示し、同意を得なければならないと定められている。

> **!解法** 個人情報保護マネジメントシステムの要求事項に関する設問です。個人情報取得の際には利用目的を通知し、同意を得る必要があります。

▶**答え　エ**

個人情報保護法

公開問題　情報セキュリティマネジメント　平成28年春　午前　問31

OECDプライバシーガイドラインには8原則が定められている。その中の四つの原則についての説明のうち、適切なものはどれか。

SECTION 7

法規

	原則	説明
ア	安全保護の原則	個人データの収集には制限を設け、いかなる個人データも、適法かつ公正な手段によって、及び必要に応じてデータ主体に通知し、又は同意を得た上で収集すべきである。
イ	個人参加の原則	個人データの活用、取扱い、及びその方針については、公開された一般的な方針に基づかなければならない。
ウ	収集制限の原則	個人データの収集目的は収集時点よりも前に特定し、利用はその利用目的に矛盾しない方法で行い、利用目的を変更するに当たっては毎回その利用目的を特定すべきである。
エ	データ内容の原則	個人データは、利用目的に沿ったもので、かつ利用目的の達成に必要な範囲内で正確、完全、最新の内容に保つべきである。

！ 解法 8原則の内容を正しく押さえておきましょう。

▶答え エ

個人情報保護法

公開問題 情報セキュリティマネジメント 平成31年春 午前 問33

企業が、"特定電子メールの送信の適正化等に関する法律"における特定電子メールに該当する広告宣伝メールを送信する場合に関する記述のうち、適切なものはどれか。

ア SMSで送信する場合はオプトアウト方式を利用する。

イ オプトイン方式、オプトアウト方式のいずれかを選択する。

ウ 原則としてオプトアウト方式を利用する。

エ 原則としてオプトイン方式を利用する。

！ 解法 特定電子メールの送信の適正化等に関する法律では原則**オプトイン方式**の利用が定められています。

▶答え エ

刑法

▶ ケイホウ

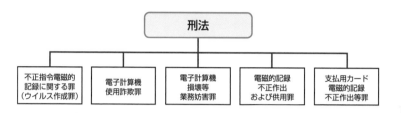

 定義 刑法によって処罰されるコンピュータ犯罪として、ウイルス作成罪などが定められています。

コンピュータ犯罪に関する刑法は次のとおりです。

●**不正指令電磁的記録に関する罪（ウイルス作成罪）**
コンピュータウイルスの作成、提供、供用、取得、保管行為を処罰する法律です。

●**電子計算機使用詐欺罪**
コンピュータやその電磁的な記録を不正操作するなどして詐欺を行う犯罪を処罰する法律です。不実の電磁的記録の作出（事務処理に使用するコンピュータに虚偽の情報若しくは不正な指令を与える）と、電磁的記録の供用（虚偽内容の電子データを他人のコンピュータで使用）に類型されます。

●**電子計算機損壊等業務妨害罪**
コンピュータの全部または一部の破壊、データの消去および改ざん、不正な動作などによって業務を妨害する犯罪です。

●**電磁的記録不正作出及び供用罪**
人の事務処理を誤らせる目的で、その事務処理に関連する不正な電磁的記録をつくる犯罪です。

●**支払用カード電磁的記録不正作出等罪**
人の財産上の事務処理を誤らせる目的で、クレジットカードやキャッシュカードなどの電磁的記録を不正につくる犯罪です。

刑法
公開問題 情報セキュリティマネジメント 平成30年春 午前 問32

記憶媒体を介して、企業で使用されているコンピュータにマルウェアを侵入させ、そのコンピュータの記憶内容を消去した者を処罰の対象とする法律はどれか。

ア 刑法　　　　　　　イ 製造物責任法
ウ 不正アクセス禁止法　エ プロバイダ責任制限法

！ 解法　不正指令電磁的記録に関する罪 (ウイルス作成罪) に該当します。

ア 正解です。
イ 製造物責任法とは、製造物の欠陥により人や財産に被害が生じた場合、製造業者に生じる責任を定めた法律です。
ウ 不正アクセス禁止法の不正アクセスの定義には該当しません。
エ プロバイダ責任制限法とは、インターネットプロバイダに対し、ネット上で被害を受けた被害者が、発信情報の開示を請求する権利について定めた法律です。

▶**答え** ア

刑法
公開問題 情報セキュリティマネジメント 平成28年春 午前 問33

刑法における電子計算機損壊等業務妨害に該当する行為はどれか。

ア 企業が運営するWebサイトに接続し、Webページを改ざんした。
イ 他社の商標に酷似したドメイン名を使用し、不正に利益を得た。
ウ 他人のWebサイトを無断で複製して、全く同じWebサイトを公開した。
エ 他人のキャッシュカードでATMを操作し、自分の口座に振り込んだ。

！ 解法　電子計算機損壊等業務妨害には、コンピュータの全部または一部の破壊、データの消去および改ざん、不正な動作などによって業務を妨害する行為が該当します。

▶**答え** ア

その他のセキュリティ関連法規

▶ ソノタノセキュリティカンレンホウキ

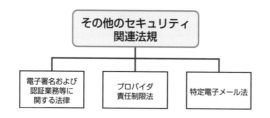

 定義 特定の事業者などに適用されるセキュリティ関連法規です。

その他のセキュリティ関連法規は次のとおりです。

●電子署名及び認証業務等に関する法律
電子商取引などで利用する電子署名を証明する電子証明書の有効性と、認証業務（電子署名を行った者を証明する業務）を行う認定認証事業者に信頼性の認定を与える制度などを規定しています。

●プロバイダ責任制限法（特定電気通信役務提供者の損害賠償責任の制限及び発信者情報の開示に関する法律）
インターネット等において権利の侵害があった場合に、その損害に対してインターネットサービスプロバイダ等が負う責任の範囲を制限する代わりに、被害者等にプロバイダ等が保有する発信者情報開示請求権利を定めた法律です。
2022年10月1日に改正され、既存の発信者情報開示請求権に係る手続きに加え、新たに「発信者情報開示命令に関する裁判手続」という柔軟かつ迅速な手続きが創設されています。

●特定電子メール法（迷惑メール防止法）
広告宣伝メールについて、「原則としてあらかじめ送信の同意を得た者以外の者への送信禁止」、「一定の事項に関する表示義務」、「送信者情報を偽った送信の禁止」、「送信を拒否した者への送信の禁止」などが定められています。

その他の法律

▶ ソノタノホウリツ

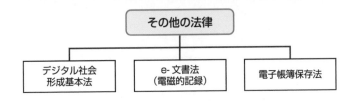

📝 **定義** デジタル社会の形成に関連した法律です。

その他の法律は次のとおりです。

●デジタル社会形成基本法
デジタル社会の形成に関し、国、地方公共団体および事業者の責務や施策の策定・施行などについて定めた法律で、デジタル改革関連6法の中のひとつです。
デジタル改革関連6法は次のとおりです。

> ・デジタル社会形成基本法
> ・デジタル庁設置法
> ・デジタル社会の形成を図るための関係法律の整備法
> ・公的給付の支給等の迅速かつ確実な実施のための預貯金口座の登録等に関する法律
> ・預貯金者の意思に基づく個人番号の利用による預貯金口座の管理等に関する法律
> ・地方公共団体情報システムの標準化に関する法律

●e-文書法 (電子文書法) (電磁的記録)
「民間事業者等が行う書面の保存等における情報通信の技術の利用に関する法律」及び「民間事業者等が行う書面の保存等における情報通信の技術の利用に関する法律の施行に伴う関係法律の整備等に関する法律」の総称です。商法 (及びその関連法令) や税法で保管が義務づけられている文書について、紙だけでなく電子化した文書ファイルでの保存が認められるようになりました。

●電子帳簿保存法 (電子計算機を使用して作成する国税関係帳簿書類の保存方法等の特例に関する法律)
コンピュータを使用して作成する国税関係帳簿書類の保存方法等について、一定の要件のもと電磁的記録等による保存を認める法律です。

●電子署名法 (電子署名及び認証業務に関する法律)
電子署名法では、本人による一定の要件を満たす電子署名が行われた電子文書等は、本人の意思に基づき作成されたものと推定されています。また、認証業務のうち一定の基準を満たすもの (特定認証業務) は国の認定を受けることができます。

刑法

公開問題　情報セキュリティマネジメント 平成30年秋 午前 問33

電子署名法に関する記述のうち、適切なものはどれか。

ア　電子署名には、電磁的記録ではなく、かつ、コンピュータで処理できないものも含まれる。

イ　電子署名には、民事訴訟法における押印と同様の効力が認められる。

ウ　電子署名の認証業務を行うことができるのは、政府が運営する認証局に限られる。

エ　電子署名は共通鍵暗号技術によるものに限られる。

SECTION 7　法規

!　**解法**

ア　電子署名には、電磁的記録ではなく、かつ、コンピュータで処理できないものは含まれません。

イ　正解です。

ウ　政府機関以外でも電子署名の認証業務を行うことが可能です。

エ　電子署名は共通暗号鍵技術によるものに限られません。

▶答え　イ

労働関連の法規

▶ ロウドウカンレンノホウキ

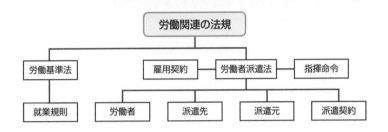

労働関連の法規

| 労働基準法 | | 雇用契約 | 労働者派遣法 | | 指揮命令 |

| 就業規則 | 労働者 | 派遣先 | 派遣元 | 派遣契約 |

定義 労働関連の法規として労働基準法と労働派遣法があります。

労働基準法および労働派遣法の正しい理解はセキュリティを確保していく上で重要です。

●労働基準法
労働基準法は国家公務員等の一部を除き、日本国内のすべての労働者に原則適用されます。労働基準法では、1日8時間、1週40時間を法定労働時間と定めています。(商業、映画・演劇業（映画製作の事業を除く）、保健衛生業及び接客娯楽業であって、常時使用する労働者が10人未満の事業場は、特例として週法定労働時間を44時間と定める。)
法定労働時間を超えて労働させる場合には使用者と労働者との間で労使協定を締結し、労働基準監督署に届け出た場合は、法定労働時間を超えて労働させることができます。これを「**時間外労働**」といいます。また、時間外労働には限度が定められており、原則として1か月45時間、1年360時間を超えないものとしなければなりません。
労働基準法第13条では、「この法律で定める基準に達しない労働条件を定める労働契約は、その部分については無効とする」と規定しており、就業規則より優先されます。

●労働者派遣法
労働者派遣法では**派遣元**と**派遣先**との間では派遣契約が結ばれ、**派遣労働者**と派遣元が雇用関係を、派遣労働者と派遣先が指揮命令関係を持ちます。

▼労働者派遣法

請負契約・業務委託契約の場合は次のような関係性となり、労働者は委託元とは直接の指揮命令関係にはなりません。

▼請負・業務委託契約

労働基準法

公開問題　情報セキュリティマネジメント　平成29年春　午前　問35

時間外労働に関する記述のうち、労働基準法に照らして適切なものはどれか。

ア　裁量労働制を導入している場合、法定労働時間外の労働は従業員の自己管理としてよい。

イ　事業場外労働が適用されている営業担当者には時間外手当の支払はない。

ウ　年俸制が適用される従業員には時間外手当の支払はない。

エ　法定労働時間外の労働を労使協定（36協定）なしで行わせるのは違法である。

⚠ **解法**　法定労働時間を超えて従業員に時間外や法定休日に労働させる場合には、労使間であらかじめ書面による協定を締結し、所轄の労働基準監督署長へ届出手続が必要です。

▶答え　エ

労働者派遣法

公開問題　情報セキュリティマネジメント　令和元年秋　午前　問35

A社は、A社で使うソフトウェアの開発作業をB社に実施させる契約を、B社と締結した。締結した契約が労働者派遣であるものはどれか。

ア　A社監督者が、B社の雇用する労働者に、業務遂行に関する指示を行い、A社の開発作業を行わせる。

イ　B社監督者が、B社の雇用する労働者に指示を行って成果物を完成させ、A社監督者が成果物の検収作業を行う。

ウ　B社の雇用する労働者が、A社の依頼に基づいて、B社指示の下でB社所有の機材・設備を使用し、開発作業を行う。

エ　B社の雇用する労働者が、B社監督者の業務遂行に関する指示の下、A社施設内で開発作業を行う。

！解法　労働者派遣では指揮命令関係は派遣先であるA社の監督者とB社の雇用する労働者との間にあります。

▶答え　ア

労働者派遣法

公開問題　情報セキュリティマネジメント　平成30年春　午前　問36

労働者派遣法に照らして、派遣先の対応として、適切なものはどれか。ここで、派遣労働者は期間制限の例外に当たらないものとする。

ア　業務に密接に関連した教育訓練を、同じ業務を行う派遣先の正社員と派遣労働者がいる職場で、正社員だけに実施した。

イ　工場で3年間働いていた派遣労働者を、今年から派遣を受け入れ始めた本社で正社員として受け入れた。

ウ　事業環境に特に変化がなかったので、特段の対応をせず、同一工場内において派遣労働者を4年間継続して受け入れた。

エ　ソフトウェア開発業務なので、派遣契約では特に期間制限を設けないルール

とした。

！ 解法 同一個人が同一派遣先に派遣される期間は原則3年が上限ですが、それ以降も継続して就業することを希望する者を派遣先が社員として雇用することが可能です。

▶答え　イ

労働者派遣法
公開問題　情報セキュリティマネジメント　平成31年春　午前　問36

図は、企業と労働者の関係を表している。企業Bと労働者Cの関係を表す記述のうち、適切なものはどれか。

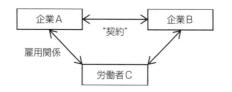

ア　"契約"が請負契約で、企業Aが受託者、企業Bが委託者であるとき、企業Bと労働者Cとの間には、指揮命令関係が生じる。

イ　"契約"が出向にかかわる契約で、企業Aが企業Bに労働者Cを出向させたとき、企業Bと労働者Cとの間には指揮命令関係が生じる。

ウ　"契約"が労働者派遣契約で、企業Aが派遣元、企業Bが派遣先であるとき、企業Bと労働者Cの間にも、雇用関係が生じる。

エ　"契約"が労働者派遣契約で、企業Aが派遣元、企業Bが派遣先であるとき、企業Bに労働者Cが出向しているといえる。

！ 解法 請負契約、出向、労働者派遣契約のそれぞれの雇用関係、指揮命令関係を正しく理解する必要があります。

ア　指揮命令関係が生じるのは企業Bと労働者Cとの間ではなく、受託者である企業Aと労働者Cの間です。

イ 正解です。
ウ 雇用関係が生じるのは派遣元である企業Aと労働者Cの間のみです。
エ 労働者Cは派遣契約に基づき企業Bに派遣されています。

▶答え　イ

労働者派遣法

公開問題　情報セキュリティマネジメント 令和元年秋 午前 問35

A社は、A社で使うソフトウェアの開発作業をB社に実施させる契約を、B社と締結した。締結した契約が労働者派遣であるものはどれか。

ア A社監督者が、B社の雇用する労働者に、業務遂行に関する指示を行い、A社の開発作業を行わせる。

イ B社監督者が、B社の雇用する労働者に指示を行って成果物を完成させ、A社監督者が成果物の検収作業を行う。

ウ B社の雇用する労働者が、A社の依頼に基づいて、B社指示の下でB社所有の機材・設備を使用し、開発作業を行う。

エ B社の雇用する労働者が、B社監督者の業務遂行に関する指示の下、A社施設内で開発作業を行う。

⚠ **解法**　労働者派遣での指揮命令関係は、派遣先であるA社の監督者とB社の雇用する労働者との間にあります。

▶答え　ア

企業間の取引にかかわる契約

▶ キギョウカンノトリヒキニカカワルケイヤク

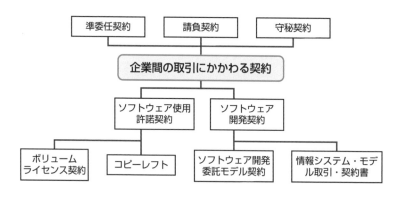

定義 企業間の取引にかかわる契約で、情報システムを業務委託する場合、一般的に準委任契約や請負契約が締結されます。

準委任契約では業務委託先が提供するのは役務のみであり、善管注意義務（一般的な注意義務）は存在しますが、業務の完成責任は業務委託元にあります。請負契約では委託された業務の責任は業務委託先が負います。業務委託では守秘契約を結び、委託された業務で知り得た内容については契約終了後も保護されます。

●ソフトウェア使用許諾契約
ソフトウェア利用のため、利用者がソフトウェアの提供者側と行う使用許諾の契約です。

代表的な契約は次のとおりです。

ボリュームライセンス契約	1つの契約で複数台での使用権を与える契約。一般的に1台分毎のライセンスよりも安価
コピーレフト (Copyleft)	著作権を保持したまま、二次的著作物も含めて、すべての利用者が著作物を利用・再配布・改変できなければならないという考え方
シュリンクラップ契約	ソフトウェアの外箱（パッケージ）に使用許諾条件が記載されており、包装を破ると契約に同意したとみなす契約

●ソフトウェア開発契約

ソフトウェア開発を業務委託する場合も**準委任契約**や**請負契約**を結ぶ場合があります。

契約に関する参考情報は次のとおりです。

ソフトウェア開発委託モデル契約	一般社団法人 情報サービス産業協会 (JISA) によるソフトウェア開発委託基本モデル契約書
システム・モデル取引・契約書	経済産業省による情報システム・モデル取引・契約書。IPAにより見直しが行われ、セキュリティ要件が強化された第二版が発行されている https://www.ipa.go.jp/ikc/reports/20201222.html

企業間の取引にかかわる契約

公開問題　情報セキュリティマネジメント 平成28年秋 午前 問36

準委任契約の説明はどれか。

ア　成果物の対価として報酬を得る契約
イ　成果物を完成させる義務を負う契約
ウ　善管注意義務を負って作業を受託する契約
エ　発注者の指揮命令下で作業を行う契約

！解法　準委任契約では、一般的な注意義務は存在しますが、業務の完成責任は業務委託元にあります。

▶答え　ウ

企業間の取引にかかわる契約

公開問題　情報セキュリティマネジメント 平成30年秋 午前 問35

ボリュームライセンス契約の説明はどれか。

ア　企業などソフトウェアの大量購入者向けに、インストールできる台数をあらかじめ取り決め、マスタが提供される契約
イ　使用場所を限定した契約であり、特定の施設の中であれば台数や人数に制限なく使用が許される契約

ウ　ソフトウェアをインターネットからダウンロードしたとき画面に表示される
　　契約内容に同意すると指定することで、使用が許される契約
エ　標準の使用許諾条件を定め、その範囲で一定量のパッケージの包装を解いた
　　ときに、権利者と購入者との間に使用許諾契約が自動的に成立したとみなす
　　契約

！ 解法

ア　正解です。
イ　サイトライセンスに関する説明です。
ウ　クリックラップ契約などに関する説明です。
エ　シュリンクラップ契約の説明です。

▶答え　ア

memo

SECTION 8

ガイドライン・標準化

ガイドライン・フレームワーク

▶ ガイドライン・フレームワーク

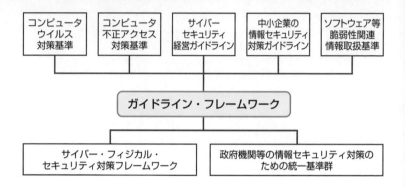

定義 ガイドライン・フレームワークはセキュリティを実装する際の指針として使用します。

情報セキュリティで参照される代表的なガイドライン・フレームワークは次のとおりです。

●コンピュータウイルス対策基準
コンピュータウイルス対策基準とは、経済産業省が、コンピュータウイルスに対する予防、発見、駆除、復旧等について実効性の高い対策をとりまとめたものです。

> ●コンピュータウイルス対策基準（経済産業省）
> https://www.meti.go.jp/policy/netsecurity/CvirusCMG.htm

●コンピュータ不正アクセス対策基準
コンピュータ不正アクセス対策基準とは、経済産業省が、コンピュータ不正アクセスによる被害の予防、発見及び復旧並びに拡大及び再発防止について、企業等の組織及び個人が実行すべき対策をとりまとめたものです。

●コンピュータ不正アクセス対策基準（経済産業省）

https://www.meti.go.jp/policy/netsecurity/UAaccessCMG.htm

この基準は、システムユーザ基準、システム管理者基準、ネットワークサービス事業者基準及びハードウェア・ソフトウェア供給者基準の4つから構成されています。

●システムユーザ基準

システムを利用する者が実施すべき対策についてまとめたものです。

●システム管理者基準

システムユーザの管理並びにシステム及びその構成要素の導入、維持、保守等の管理を行う者が実施すべき対策についてまとめたものです。

●ネットワーク事業者サービス基準

ネットワークを利用して情報サービス及びネットワーク接続サービスを提供する事業者が実施すべき対策についてまとめたものです。

●ハードウェア・ソフトウェア供給者基準

ハードウェア及びソフトウェア製品の開発、製造、販売等を行う者が実施すべき対策についてまとめたものです。

●ソフトウェア等脆弱性関連情報取扱基準

ソフトウェア等脆弱性関連情報取扱基準とは、経済産業省によって、ソフトウェア等に係る脆弱性関連情報等の取扱いについての推奨行為を定めることで、発見者、受付機関、調整機関、製品開発者、ウェブサイト運営者などの関係者が脆弱性情報を適切に取り扱うこと、およびその脆弱性によって引き起こされる被害を予防することを目的とした基準です。

●ソフトウェア等脆弱性関連情報取扱基準（経済産業省）

http://www.meti.go.jp/policy/netsecurity/vul_notification.pdf

●政府機関等の情報セキュリティ対策のための統一基準群

政府機関等の情報セキュリティ対策のための統一基準群とは、サイバーセキュリティ基本法に基づき決定された基準で、国の行政機関及び独立行政法人等の情報セキュリティ水準を向上させるための統一的な基準の枠組みです。

SECTION 8 ガイドライン・標準化

●**政府機関等のサイバーセキュリティ対策のための統一基準群（NISC）**
https://www.nisc.go.jp/policy/group/general/kijun.html

●サイバーセキュリティ経営ガイドライン2.0
サイバーセキュリティ経営ガイドラインとは、経済産業省、独立行政法人情報処理推進機構（IPA）によって、サイバー攻撃から企業を守る観点で、経営者が認識する必要のある「**3原則**」、および経営者が情報セキュリティ対策を実施する上での責任者となる担当幹部（CISO等）に指示すべき「**重要10項目**」をまとめたガイドラインです。

●3原則
　①経営者は、サイバーセキュリティリスクを認識し、リーダーシップによって対策を進めることが必要
　②自社は勿論のこと、ビジネスパートナーや委託先も含めたサプライチェーンに対するセキュリティ対策が必要
　③平時及び緊急時のいずれにおいても、サイバーセキュリティリスクや対策に係る情報開示など、関係者との適切なコミュニケーションが必要

●重要10項目
指示1：サイバーセキュリティリスクの認識、組織全体での対応方針の策定
指示2：サイバーセキュリティリスク管理体制の構築
指示3：サイバーセキュリティ対策のための資源（予算、人材等）確保
指示4：サイバーセキュリティリスクの把握とリスク対応に関する計画の策定
指示5：サイバーセキュリティリスクに対応するための仕組みの構築
指示6：サイバーセキュリティ対策におけるPDCAサイクルの実施
指示7：インシデント発生時の緊急対応体制の整備
指示8：インシデントによる被害に備えた復旧体制の整備
指示9：ビジネスパートナーや委託先等を含めたサプライチェーン全体の対策及び状況把握
指示10：情報共有活動への参加を通じた攻撃情報の入手とその有効活用及び提供

●**サイバーセキュリティ経営ガイドラインと支援ツール（経済産業省）**
https://www.meti.go.jp/policy/netsecurity/mng_guide.html

●中小企業の情報セキュリティ対策ガイドライン

中小企業の情報セキュリティ対策ガイドラインとは、独立行政法人情報処理推進機構 (IPA) によって、情報セキュリティ対策に取り組む際の、経営者が認識し実施すべき指針と社内において対策を実践する際の手順や手法をまとめたガイドラインです。

> ●中小企業の情報セキュリティ対策ガイドライン (IPA)
> https://www.ipa.go.jp/security/keihatsu/sme/guideline/

●コンシューマ向け IoT セキュリティガイド

コンシューマ向け IoT セキュリティガイドとは、日本ネットワークセキュリティ協会 (JNSA) によって、コンシューマ向け IoT 製品 (スマートテレビ、ウェアラブルデバイスなど) の開発者が考慮すべき事柄をまとめたガイドです。

> ●IoT セキュリティガイド標準／ガイドライン　ハンドブック (JNSA)
> https://www.jnsa.org/result/iot/2018.html

●IoT セキュリティガイドライン

IoT セキュリティガイドラインとは、総務省と経済産業省の「IoT 推進コンソーシアム IoT セキュリティワーキンググループ」によって定められたガイドラインです。

> ●IoT セキュリティガイドライン (IoT 推進コンソーシアム)
> https://www.soumu.go.jp/main_content/000428393.pdf

●サイバー・フィジカル・セキュリティ対策フレームワーク

サイバー・フィジカル・セキュリティ対策フレームワーク (CPSF：Cyber Physical Security Framework) とは、経済産業省によって策定されたフレームワークです。

サイバー空間 (仮想の空間) とフィジカル空間 (実生活を行う空間) を高度に融合させることにより実現される「Society5.0」と、様々なつながりによって新たな付加価値を創出する「Connected Industries」における新たなサプライチェーン (バリュークリエイションプロセス) 全体のサイバーセキュリティ確保を目的とし、産業に求められるセキュリティ対策の全体像を整理しています。

SECTION 8 ガイドライン・標準化

●**サイバー・フィジカル・セキュリティ対策フレームワーク**
https://www.meti.go.jp/press/2019/04/20190418002/2019
0418002.html

●**スマートフォン安全安心強化戦略**
スマートフォン安全安心強化戦略とは、総務省によって、利用者視点を踏まえた
ICTサービスに係る諸問題に関する研究会においてまとめられた戦略です。

●**スマートフォン安全安心強化戦略（総務省）**
https://www.soumu.go.jp/menu_news/s-news/01kiban08_
02000122.html

●**コンプライアンス**
企業の不正行為の発生を未然に防止するため、企業内のコンプライアンスの推進
体制を整備し運用します。コンプライアンスチェック、教育・研修、広報活動など
が含まれます。

●**情報倫理・技術者倫理**
情報倫理・技術者倫理とは、人がITを利用する上で必要となる社会規範です。
技術士倫理綱領では「技術士は、科学技術が社会や環境に重大な影響を与えるこ
とを十分に認識し、業務の履行を通して持続可能な社会の実現に貢献する。
技術士は、その使命を全うするため、技術士としての品位の向上に努め、技術の研
鑽に励み、国際的な視野に立ってこの倫理綱領を遵守し、公正・誠実に行動する」
と規定されています。

ガイドライン・フレームワーク

公開問題　情報セキュリティマネジメント 平成29年秋 午前 問1

経済産業省とIPAが策定した"サイバーセキュリティ経営ガイドライン
（Ver1.1）"に従った経営者の対応はどれか。

ア 緊急時における最高情報セキュリティ責任者（CISO）の独断専行を防ぐため
に、経営者レベルの権限をもたない者をCISOに任命する。

イ サイバー攻撃が模倣されることを防ぐために、自社に対して行われた攻撃に
ついての情報を外部に一切提供しないよう命じる。

ウ　サイバーセキュリティ人材を確保するために、適切な処遇の維持、改善や適切な予算の確保を指示する。

エ　ビジネスパートナとの契約に当たり、ビジネスパートナに対して自社が監査を実施することやビジネスパートナのサイバーセキュリティ対策状況を自社が把握することを禁止する。

！解法

ア　経営者レベルの権限を持つ者をCISOに任命する必要があります。

イ　攻撃に関する情報共有を行う必要があります。

ウ　正解です。

エ　ビジネスパートナへの監査やセキュリティ対策の把握をしておく必要があります。

▶答え　ウ

ガイドライン・フレームワーク

公開問題　情報セキュリティマネジメント　平成30年秋　午前　問4

安全・安心なIT社会を実現するために創設された制度であり、IPA"中小企業の情報セキュリティ対策ガイドライン"に沿った情報セキュリティ対策に取り組むことを中小企業が自己宣言するものはどれか。

ア　ISMS適合性評価制度　　イ　ITセキュリティ評価及び認証制度
ウ　MyJVN　　　　　　　　エ　SECURITY ACTION

！解法

ア　ISMS適合性評価制度は、構築した情報セキュリティマネジメントシステムの適合性を評価する認証制度です。自己宣言ではありません。

イ　ITセキュリティ評価及び認証制度（JISEC）は、IT関連製品のセキュリティ機能の適切性・確実性を評価機関が評価する認証制度です。自己宣言ではありません。

ウ　MyJVNは脆弱性対策情報を効率的に収集したり、利用者のPC上にインストールされたソフトウェア製品のバージョンを容易にチェックする等の機能

を提供する仕組みです。自己宣言ではありません。

エ 正解です。

類似問題対策として各選択肢がどのような制度の説明をしているのか一緒に覚えておきましょう。

▶答え　エ

ガイドライン・フレームワーク
公開問題　情報処理安全確保支援士　令和2年秋　午前Ⅱ　問7

経済産業省が"サイバー・フィジカル・セキュリティ対策フレームワーク(Version1.0)"を策定した主な目的の一つはどれか。

ア ICTを活用し、場所や時間を有効に活用できる柔軟な働き方（テレワーク）の形態を示し、テレワークの形態に応じた情報セキュリティ対策の考え方を示すこと

イ 新たな産業社会において付加価値を創造する活動が直面するリスクを適切に捉えるためのモデルを構築し、求められるセキュリティ対策の全体像を整理すること

ウ クラウドサービスの利用者と提供者が、セキュリティ管理策の実施について容易に連携できるように、実施の手引を利用者向けと提供者向けの対で記述すること

エ データセンタの利用者と事業者に対して"データセンタの適切なセキュリティ"とは何かを考え、共有すべき知見を提供すること

！解法 新たな産業社会において付加価値を創造する活動が直面するリスクに対応するためのモデルです。

▶答え　イ

標準・規格と標準化団体

▶ ヒョウジュン・キカクトヒョウカダンタイ

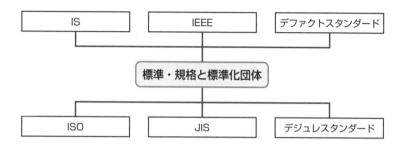

📝 **定義** 様々な標準・規格があり、団体や目的により適用範囲や効力も異なります。WTO政府調達協定の加盟国では、政府調達は国際標準の仕様に従って行われます。

情報セキュリティで参照される代表的な標準・規格・関連団体は次のとおりです。

●JIS (Japanese Industrial Standards：日本産業規格)
JISとは、産業標準化法に基づき制定される、日本の鉱工業品、データ、サービス等に関する国家規格です。平成17年度の工業標準化法改正により、国による認定から民間の第三者機関（登録認証機関）による認証へと変わりました。また、JISマーク表示制度は国際的な適合性評価制度の基準ISO／IECガイドに整合化されています。

●IS (International Standards：国際規格)
ISとは、国際標準化団体が策定した国際標準です。

●ISO (International Organization for Standardization：国際標準化機構)
ISOとは、各国の国家標準化団体で構成される非政府組織です。ISを策定しています。

●IEEE(Institute of Electrical and Electronics Engineers：米国電気電子学会)

IEEEとは、電気・情報工学分野の学術研究団体/技術標準化機関です。アメリカ合衆国に本部があります。

●デジュレスタンダード (de jure standard)

デジュレスタンダードとは、標準化団体などの公的機関によって規定された公的規格の総称です。ISOやIEEEなどが該当します。

●デファクトスタンダード (de facto standard)

デファクトスタンダードとは、市場占有などから結果として事実上標準化した基準を指します。そのため、地域によってデファクトスタンダードとなっているものが異なります。

標準・規格と標準化団体

公開問題　情報セキュリティマネジメント　平成28年秋　午前　問30

情報技術セキュリティ評価のための国際標準であり、コモンクライテリア (CC) と呼ばれるものはどれか。

ア　ISO 9001　　　　イ　ISO 14004
ウ　ISO/IEC 15408　エ　ISO/IEC 27005

❗ 解法

ア　ISO 9001とは、「品質マネジメントシステムに対する要求事項」に関する国際規格のことです。

イ　ISO 14004とは、「環境マネジメントシステムの実施についての一般指針」に関する国際規格のことです。

ウ　正解です。

エ　ISO/IEC 27005とは、「情報セキュリティリスクマネジメントの指針」に関する国際規格のことです。

▶答え　ウ

SECTION 9

コンピュータ
システム

システムの処理形態・利用形態

▶ システムノショリケイタイ・リヨウケイタイ

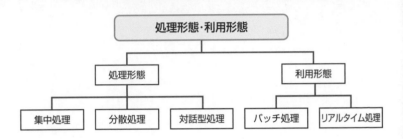

> **定義** コンピュータシステムの処理形態と利用形態は、業務の目的に合わせ、最適なものを選定します。処理形態・利用形態の特徴を理解し、適切なセキュリティ対策を講じることが求められます。

コンピュータシステムの代表的な処理形態は次のとおりです。

●集中処理
集中処理とは、特定のコンピュータが集中して処理を行う形態です。

●分散処理
分散処理とは、複数のコンピュータが分散して処理を行う形態です。
クライアントサーバシステム（インターネット上でクライアントPC上のブラウザを利用し、ウェブシステム上の機能を利用する形態など）、ピアトゥピア（P2P：Peer to Peer）などが該当します。

●対話型処理
対話型処理とは、利用者からの要求に応じ、コンピュータが処理を実行する方式を指します。

コンピュータシステムの代表的な利用形態は次のとおりです。

●バッチ処理
バッチ処理とは、データを一定期間ためて、まとめて処理を行う形態です。

●リアルタイム処理
リアルタイム処理とは、データベースの更新などに利用されるオンライントランザクション処理や、制御系のシステムなどに利用されるリアルタイム制御処理などを指します。

処理形態

公開問題　情報セキュリティマネジメント 平成31年春 午前 問44

クライアントサーバシステムの特徴として、適切なものはどれか。

ア クライアントとサーバが協調して、目的の処理を遂行する分散処理形態であり、サービスという概念で機能を分割し、サーバがサービスを提供する。
イ クライアントとサーバが協調しながら共通のデータ資源にアクセスするために、システム構成として密結合システムを採用している。
ウ クライアントは、多くのサーバからの要求に対して、互いに協調しながら同時にサービスを提供し、サーバからのクライアント資源へのアクセスを制御する。
エ サービスを提供するクライアント内に設置するデータベースも、規模に対応して柔軟に拡大することができる。

- -

！解法 クライアントサーバシステムは分散処理形態の1つです。

ア 正解です。
イ クライアントサーバシステムは独立して処理をおこなうため、密結合システムではなく、疎結合システムです。
ウ サービスの要求を行うのはサーバからではなくクライアントからです。
エ サービスを提供するのはクライアントではなくサーバです。

▶**答え** ア

SECTION 9 コンピュータシステム

処理形態

公開問題　情報セキュリティマネジメント 平成28年秋 午前 問45

クライアントサーバシステムを構築する。Webブラウザによってクライアント処理を行う場合、専用のアプリケーションによって行う場合と比較して、最も軽減される作業はどれか。

ア　クライアント環境の保守　　**イ**　データベースの構築
ウ　サーバが故障したときの復旧　**エ**　ログインアカウントの作成と削除

！解法　クライアント側専用のアプリケーションを利用する場合、アプリケーションの開発からはじまり、クライアント側にそのアプリケーションをインストールした後にメンテナンスの必要が生じる場合もあります。Webブラウザは、汎用的なアプリケーションであるため、特別な開発、インストール、メンテナンスが軽減され、保守が楽になります。

▶**答え**　ア

利用形態

公開問題　ITパスポート 平成30年秋 問94

バッチ処理の説明として、適切なものはどれか。

ア　一定期間又は一定量のデータを集め、一括して処理する方式
イ　データの処理要求があれば即座に処理を実行して、制限時間内に処理結果を返す方式
ウ　複数のコンピュータやプロセッサに処理を分散して、実行時間を短縮する方式
エ　利用者からの処理要求に応じて、あたかも対話をするように、コンピュータが処理を実行する方式

！解法　バッチ処理は蓄積された一定量のデータをまとめて処理します。

▶**答え**　ア

システム構成

▶ システムコウセイ

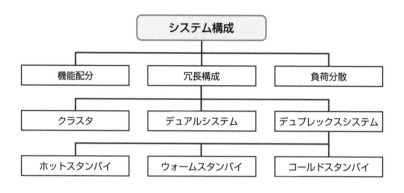

定義 システム構成には機能配分、冗長構成、負荷分散といった要素があります。

複数のシステムを効率よく、安全に構成する上で様々な工夫が必要です。
そのためには複数のシステムの機能配分や冗長構成の検討、負荷分散への配慮が重要です。

システム構成における代表的な用語と概要は次のとおりです。

●機能配分
機能配分とは、複数のシステムに対してどのように機能を配分するかを検討することです。

●冗長構成
冗長構成とは、障害が発生してもシステムの停止時間を短くする目的で採用する構成です。情報セキュリティの可用性を向上させます。

●負荷分散
負荷分散とは、システム負荷が上昇してもシステムの処理への影響を軽減する目的で採用する構成です。情報セキュリティの可用性を向上させます。

SECTION 9 コンピュータシステム

●クラスタシステム
クラスタシステムとは、複数のコンピュータを連携させ、全体を1台のコンピュータであるかのように動作させる技術です。情報セキュリティの**可用性**を向上させます。

●デュアルシステム
デュアルシステムとは、システムを2つ用意し、同じ処理を並列に走らせ、処理結果を比較して**信頼性**を高めるシステムです。

●デュプレックスシステム
デュプレックスシステムとは、システムを2台用意し、1台を稼働、もう一台を待機させておく形態です。稼働側のシステムを主系（現用系）、待機側のシステムを従系（待機系）と呼び、障害発生時に主系から従系に切り替えることで稼働継続させます。次のような構成があります。

●ホットスタンバイ
ホットスタンバイとは、主系とともに従系を常時稼働させておく構成です。

●ウォームスタンバイ
ウォームスタンバイとは、主系からの切り替えが発生するまでは従系の一部の機能のみ稼働させて待機しておく構成です。

●コールドスタンバイ
コールドスタンバイとは、主系からの切り替えが発生するまでは従系を停止しておく構成です。

多様なシステム構成

▶ タヨウナシステムコウセイ

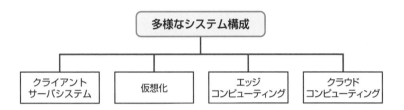

定義 利用形態が多様化するにつれ、システム構成の多様化も進んでいます。用語として覚えておけば加点につながるのでしっかり押さえておきましょう。

多様なシステム構成における代表的な用語と概要は次のとおりです。

●シンクライアント
シンクライアントとは、クライアント端末の機能は最小限 (ユーザインタフェースのみ) で、ほとんどの処理 (アプリケーションソフトウェアの実行やファイルなどの資源の管理など) をサーバ側で行う形態です。

●仮想化
仮想化とは、ソフトウェア技術でコンピュータのハードウェア資源 (中央演算プロセッサ (CPU)、メモリ、ディスクなど) 柔軟に分割・統合する技術です。

●VM (Virtual Machine：仮想マシン)
VMとは、仮想化技術で1つのハードウェア上に複数のコンピュータ (仮想マシン) を構成、提供する技術です。

●VDI (Virtual Desktop Infrastructure：デスクトップ仮想化)
VDIとは、VM技術を利用し、サーバ内にクライアントごとの仮想マシンを用意して仮想デスクトップ環境を構築する技術です。クライアントPCにはサーバからの操作結果画面のみが転送されます。

SECTION 9 コンピュータシステム

●ピアツーピア (P2P：Peer to Peer)

ピアツーピアとは、サーバ、クライアントの区別なく、コンピュータが対等な関係で直接やりとりを行う技術です。

多様なシステム構成

公開問題　情報セキュリティマネジメント　令和元年秋　午前　問8

A社では現在、インターネット上のWebサイトを内部ネットワークのPC上のWebブラウザから参照している。新たなシステムを導入し、DMZ上に用意したVDI（Virtual Desktop Infrastructure）サーバにPCからログインし、インターネット上のWebサイトをVDIサーバ上の仮想デスクトップのWebブラウザから参照するように変更する。この変更によって期待できるセキュリティ上の効果はどれか。

ア　インターネット上のWebサイトから、内部ネットワークのPCへのマルウェアのダウンロードを防ぐ。

イ　インターネット上のWebサイト利用時に、MITB攻撃による送信データの改ざんを防ぐ。

ウ　内部ネットワークのPC及び仮想デスクトップのOSがボットに感染しなくなり、C＆Cサーバにコントロールされることを防ぐ。

エ　内部ネットワークのPCにマルウェアが侵入したとしても、他のPCに感染するのを防ぐ。

！ 解法

ア　正解です。

イ　VDIには、改ざんを防ぐ機能はありません。

ウ　VDIには、ボット感染を防ぐ機能はありません。

エ　VDIには、感染したPCからの感染拡大を防ぐ機能はありません。

▶答え　ア

クラウドコンピューティング

▶ クラウドコンピューティング

> **定義** クラウドコンピューティングのサービスモデルとして、IaaS、PaaS、SaaSなどがあります。

クラウドコンピューティングとは、共用の構成可能なコンピューティングリソース（ネットワーク、サーバ、ストレージ、アプリケーション、サービスなど）に、どこからでも必要に応じて、容易にネットワーク経由でアクセスすることを可能とするモデルです。

クラウドコンピューティングにおける代表的な用語と概要は次のとおりです。

●SaaS (Software as a Service)
SaaSとは、ソフトウェアをリモートで提供するクラウドのサービスモデルです。**ASP (Application Service Provider)** と呼ぶ場合もあります。

●PaaS (Platform as a Service)
PaaSとは、プラットフォーム（ソフトウェアなどを実行するための環境）をサービスとして提供するクラウドのサービスモデルです。

●IaaS (Infrastructure as a Service)
IaaSとは、情報システムの稼動に必要なインフラ（コンピュータ、ネットワークなどの基盤）をサービスとして提供するクラウドのサービスモデルです。

●エッジコンピューティング
エッジコンピューティングとは、処理装置をクライアントPC、IoT機器などに近い場所に分散配置し、ネットワークのエッジ（端点）で処理を行い、通信の遅延や負荷を低減する構成です。

クラウドコンピューティング
公開問題 ITパスポート 令和3年春 問86

店内に設置した多数のネットワークカメラから得たデータを、インターネットを介してIoTサーバに送信し、顧客の行動を分析するシステムを構築する。このとき、IoTゲートウェイを店舗内に配置し、映像解析処理を実行して映像から人物の座標データだけを抽出することによって、データ量を減らしてから送信するシステム形態をとった。このようなシステム形態を何と呼ぶか。

ア MDM　　　　　　　　　　　　　**イ** SDN
ウ エッジコンピューティング　　**エ** デュプレックスシステム

⚠ 解法

ア MDM（Mobile Device Management）は、組織などで従業員に支給するスマートフォンなどの携帯情報端末のシステム設定などを統合的に管理するシステムです。

イ SDN（Software Defined Networking）は、ソフトウェア制御によって、物理的な接続形態に制限されない動的で柔軟なネットワークを作り上げる技術全般を表します。

ウ 正解です。

エ デュプレックスシステムは、主系と待機系からなる2系列の処理システム構成で、主系に障害が発生した場合に、主系で行っていた処理を待機系に引き継いで処理を継続する方式です。

▶**答え**　ウ

ストレージの構成

注目度
★★★

▶ ストレージノコウセイ

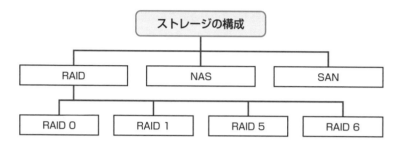

📝 **定義** ストレージはデータを記録、保存するための装置です。目的に合わせ、機密性・可用性・完全性に配慮した構成や管理が必要になります。

ストレージの構成における代表的な用語と概要は次のとおりです。

●RAID（Redundant Arrays of Independent Disks）
RAIDとは、複数台のディスクを仮想的な1台のハードディスクとして構成する技術です。代表的なRAIDの種類は次のとおりです。

- ●RAID0
  複数台の磁気ディスクにデータを分散して書き込むストライピング技術を実装しています。磁気ディスクのいずれか1台が故障すると全データを復旧することができなくなります。

- ●RAID1
  複数台の磁気ディスクに同じデータを書き込むミラーリング技術を実装しています。全磁気ディスクのいずれか1つが故障しても影響しません。

- ●RAID5
  データを複数のハードディスクに分散し格納します。さらに耐障害性を高める目的で、パリティデータ（誤り訂正補正）の書き込みを行っています。構成には**3台以上の磁気ディスクが必要**です。全磁気ディスクのいずれか1台の磁気ディスクが故障しても全データを復旧することができます。

●RAID6

データを複数のハードディスクに分散し格納します。さらに耐障害性を高める目的で、パリティデータ（誤り訂正補正）を二重で書き込みます。

構成には**4台以上の磁気ディスクが必要**です。全磁気ディスクのいずれか2台の磁気ディスクが故障しても全データを復旧することができます。

●NAS（Network Attached Storage）

NASとは、LANに直接接続して使用するファイルサーバ専用機です。

●SAN（Storage Area Network）

SANとは、専用のファイバーチャネルネットワークを使用するディスク管理ソリューションです。ストレージを集中管理することができます。

ストレージの構成

公開問題　情報セキュリティマネジメント　平成30年春　午前　問44

磁気ディスクの耐障害性に関する説明のうち、RAID5に該当するものはどれか。

ア　最低でも3台の磁気ディスクが必要となるが、いずれか1台の磁気ディスクが故障しても全データを復旧することができる。

イ　最低でも4台の磁気ディスクが必要となるが、いずれか2台の磁気ディスクが故障しても全データを復旧することができる。

ウ　複数台の磁気ディスクに同じデータを書き込むので、いずれか1台の磁気ディスクが故障しても影響しない。

エ　複数台の磁気ディスクにデータを分散して書き込むので、磁気ディスクのいずれか1台が故障すると全データを復旧できない。

- -

！解法　RAID（Redundant Arrays of Independent Disks）は、複数の磁気ディスクを組み合わせ、耐障害性、アクセスの高速化、大容量化を実現します。

ア　正解です。

イ　RAID6の説明です。

ウ　RAID1の説明です。

エ RAID0 (ストライピング) の説明です。

▶答え ア

ストレージの構成
公開問題　ITパスポート 平成24年春 問74

LANに直接接続して使用するファイルサーバ専用機を何と呼ぶか。

ア ATA　　イ NAS　　ウ RAID　　エ SCSI

⚠ 解法

ア ATA (Advanced Technology Attachment) は、コンピュータとディスク等を接続するための規格です。

イ 正解です。

ウ RAID (Redundant Arrays of Inexpensive Disks) は、複数台のディスクを仮想的な1台のハードディスクとして構成し、冗長性を向上させる技術です。

エ SCSI (Small Computer System Interface) は、コンピュータとディスク等を接続するための規格です。

▶答え イ

273

信頼性設計

▶ シンライセイセッケイ

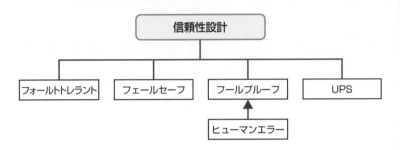

> **定義** 信頼性設計はシステムの信頼性を考慮した設計手法のことです。

システムの信頼性の確保は避けて通れない課題ですが、様々な設計の考え方があります。
信頼性設計における代表的な用語と概要は次のとおりです。

●ヒューマンエラー (human error)
ヒューマンエラーとは、人間が原因となるミスのことです。JIS Z 8115:2000では、「意図しない結果を生じる人間の行為」と規定されています。

●フォールトトレラント (Fault tolerant system)
フォールトトレラントとは、冗長構成を組み入れてシステムや機器の一部が故障・停止しても従系に切り替えるなどして機能を保ち、正常に稼働させ続ける仕組みのことです。

●フェールセーフ (Fail safe)
フェールセーフとは、安全を最優先にした設計のことです。障害発生時の影響範囲を最小限にとどめるため制御を行います。

●フールプルーフ (fool proof) /エラープルーフ (error proof)
フールプルーフ/エラープルーフとは、ヒューマンエラーを防ぐための設計のことです。人間が誤った操作をしないような構造や仕組みを設計します。

●UPS（Uninterruptible Power Supply）

信頼性を確保するために、UPSを使用します（200ページ参照）。

信頼性設計

公開問題　ITパスポート　平成27年春　問64

システムや機器の信頼性に関する記述のうち、適切なものはどれか。

ア　機器などに故障が発生した際に、被害を最小限にとどめるように、システムを安全な状態に制御することをフールプルーフという。

イ　高品質・高信頼性の部品や素子を使用することで、機器などの故障が発生する確率を下げていくことをフェールセーフという。

ウ　故障などでシステムに障害が発生した際に、システムの処理を続行できるようにすることをフォールトトレランスという。

エ　人間がシステムの操作を誤らないように、又は、誤っても故障や障害が発生しないように設計段階で対策しておくことをフェールソフトという。

⚠️ 解法

ア　フェールセーフの説明です。

イ　フォールトアボイダンス（アボイダンスは回避の意味）の説明です。

ウ　正解です。

エ　フールプルーフの説明です。

▶答え　ウ

信頼性設計

公開問題　情報セキュリティマネジメント　平成30年秋　午前　問44

信頼性設計に関する記述のうち、フェールセーフの説明はどれか。

ア　故障が発生した場合、一部のサービスレベルを低下させても、システムを縮退して運転を継続する設計のこと

イ　システムに冗長な構成を組み入れ、故障が発生した場合、自動的に待機系に切り替えて運転を継続する設計のこと

ウ システムの一部が故障しても、危険が生じないような構造や仕組みを導入する設計のこと

エ 人間が誤った操作や取扱いができないような構造や仕組みを、システムに対して考慮する設計のこと

! 解法

ア フェールソフトの説明です。

イ フォールトトレランスの説明です。

ウ 正解です。

エ フールプルーフの説明です。

▶答え　ウ

信頼性設計

公開問題　情報セキュリティマネジメント 令和元年秋 午前 問42

ヒューマンエラーに起因する障害を発生しにくくする方法に、エラープルーフ化がある。運用作業におけるエラープルーフ化の例として、最も適切なものはどれか。

ア 画面上の複数のウィンドウを同時に使用する作業では、ウィンドウを間違えないようにウィンドウの背景色をそれぞれ異なる色にする。

イ 長時間に及ぶシステム監視作業では、疲労が蓄積しないように、2時間おきに交代で休憩を取得する体制にする。

ウ ミスが発生しやすい作業について、過去に発生したヒヤリハット情報を共有して同じミスを起こさないようにする。

エ 臨時の作業を行う際にも落ち着いて作業ができるように、臨時の作業の教育や訓練を定期的に行う。

! 解法　ヒューマンエラーを防ぐためのシステム側の設計を選びます。

▶答え　ア

システムの評価指標

 注目度
★★★

▶ システムノヒョウカイシヒョウ

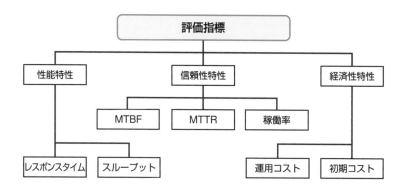

📝 **定義** システムの評価指標では性能特性、信頼性特性、経済性特性を評価します。

性能指標に関する代表的な用語と概要は次のとおりです。

●レスポンスタイム（応答時間）
レスポンスタイムとは、利用者が端末からコンピュータに対し要求を入力した時点から、端末に最初の応答が表示されるまでに要する時間のことです。

●スループット
スループットとは、コンピュータの単位時間あたりの処理能力のことです。

信頼性特性に関する代表的な用語と概要は次のとおりです。

●MTBF（Mean Time Between Failure：平均故障間隔）
MTBFとは、信頼性（Reliability）をあらわす指標で、故障から次の故障までの平均的な間隔のことです。

●MTTR（Mean Time To Recovery：平均修復時間）
MTTRとは、故障してから修復が完了するまでの時間の平均値のことです。

●稼働率

稼働率は、次の計算式で表します。**稼働率＝** $MTBF / (MTBF + MTTR)$

経済性特性に関する代表的な用語と概要は次のとおりです。

●初期コスト（イニシャルコスト）

初期コストとは、新たに何かはじめる際に必要となる費用のことです。

●運用コスト（ランニングコスト）

運用コストとは、継続するために必要な費用のことです。

システムの評価指標

公開問題　情報セキュリティマネジメント　令和元年秋　午前　問45

Webシステムの性能指標のうち、応答時間の説明はどれか。

- **ア** Webブラウザに表示された問合せボタンが押されてから、Webブラウザが結果を表示し始めるまでの時間
- **イ** Webブラウザを起動してから、最初に表示するようにあらかじめ設定したWebページの全てのデータ表示が完了するまでの時間
- **ウ** サーバ側のトランザクション処理が完了してから、Webブラウザが結果を表示し始めるまでの時間
- **エ** ダウンロードを要求してから、ダウンロードが完了するまでの時間

⚠ 解法 　利用者が端末からコンピュータに対し要求を入力した時点から、端末に最初の応答が表示されるまでに要した時間のことです。

▶**答え　ア**

システムの評価指標

公開問題　情報セキュリティマネジメント　平成29年秋　午前　問45

システムの信頼性指標に関する記述として、適切なものはどれか。

- **ア** MTBFは、システムの稼働率を示している。

イ MTBFをMTTRで割ると、システムの稼働時間の平均値を示している。

ウ MTTRの逆数は、システムの故障発生率を示している。

エ MTTRは、システムの修復に費やす平均時間を示している。

！解法 MTTRは平均修復時間、MTBFは平均故障間隔の意味です。稼働率は MTBF/（MTBF＋MTTR）で算出されます。

▶答え　**エ**

システムの評価指標

公開問題　情報セキュリティマネジメント　平成29年秋　午前　問42

サービス提供者と顧客との間で、新サービスの可用性に関するサービスレベルの目標を定めたい。次に示すサービスの条件で合意するとき、このサービスの稼働率の目標値はどれか。ここで、1週間のうち5日間を営業日とし、保守のための計画停止はサービス提供時間帯には行わないものとする。

（サービスの条件）

サービス提供時間帯	営業日の9時から19時まで
1週間当たりのサービス停止の許容限度	・2回以下 ・合計1時間以内

ア 96.0%以上　**イ** 97.8%以上　**ウ** 98.0%以上　**エ** 99.8%以上

！解法 1日当たりのサービス提供時間は10時間、営業日は5日であることから、1週間の稼働時間は10×5＝50（時間）です。また、1週間当たりのサービス停止の許容限度は1時間です。これを達成するためには1週間に49時間以上の稼働が求められます。したがって目標となる稼働率は、49÷50＝0.98＝98.0%です。

▶答え　**ウ**

システムの評価指標

システムの経済性の評価において、TCOの概念が重要視されるようになった理由として、最も適切なものはどれか。

ア システムの総コストにおいて、運用費に比べて初期費用の割合が増大した。
イ システムの総コストにおいて、初期費用に比べて運用費の割合が増大した。
ウ システムの総コストにおいて、初期費用に占めるソフトウェア費用の割合が増大した。
エ システムの総コストにおいて、初期費用に占めるハードウェア費用の割合が増大した。

！解法 TCO（Total Cost of Ownership）とは、初期費用、運用費の総額を指します。以前は、初期費用がシステムの総コストにおいての割合が多かったのですが、最近は環境が複雑化したことにより維持や管理にかかる運用費が増え、TCOが重要視されています。

▶答え　イ

データベース

▶ データベース

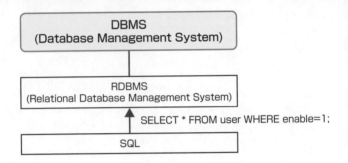

> **定義** データベースとは、データを集め利用しやすい状態にしたものです。
> データベースには色々な種類がありますが、現在の主流は関係データ

ベース (リレーショナルデータベース：Relational DataBase) です。

データベースの代表的な用語や概念は次のとおりです。

●関係データベース (Relational DataBase：リレーショナルデータベース)
関係データベースは、表形式のデータ構造に喩えて理解することもできます。
関係データベースの要素や概念は次のとおりです。

●テーブル
表のことです。

●レコード
表中の行 (縦軸) のことです。

●フィールド
表中の列 (横軸) のことです。

●主キー
表中の1行を特定するための「列」または「列の組み合わせ」のことです。

●外部キー
　　他の表の「主キー」となる列のことです。

●RDBMS（Relational DataBase Management System）
関係データベースを管理するシステム（DBMS：DataBase Management System）です。
RDBMSは保全機能、データ機密保護機能等の様々なセキュリティ機能に加え、次の機能を実現します。

●データ操作
　　SQL（関係データベースのデータ操作や定義を行うためのデータベース言語）の提供をします。

●トランザクション処理
　　同時実行を制御するための排他制御や障害回復機能の提供（バックアップなど）をします。

●排他制御
　　複数のトランザクション処理が同一データベースを同時に更新する際に、**論理的な矛盾を生じさせないために行う排他処理**です。

※データベースの種類として、関係データベース以外に、階層型データベース、ネットワーク型データベース、オブジェクト指向データベース等があります。

●正規化
関係データベースの表を、**無駄や矛盾が生じない構造**にします。

SECTION 10 データベース

データベース

データベースの種類と特徴

レコードの関連付けに関する説明のうち、関係データベースとして適切なものは
どれか。

ア　複数の表のレコードは、各表の先頭行から数えた同じ行位置で関連付けられる。
イ　複数の表のレコードは、対応するフィールドの値を介して関連付けられる。
ウ　レコードとレコードは、親子関係を表すポインタで関連付けられる。
エ　レコードとレコードは、ハッシュ関数で関連付けられる。

!解法　関係データベースにおける複数の表のレコードは対応するフィールド
の値を介し、関連付けられます。

ア　行位置の関連付けは関係データベースにはありません。
イ　正解です。
ウ　階層型データベースの関連付けに関する説明です。
エ　ハッシュ関数の関連付けは関係データベースにはありません。

▶答え　イ

データベースの種類と特徴

DBMSにおいて、複数のトランザクション処理プログラムが同一データベースを
同時に更新する場合、論理的な矛盾を生じさせないために用いる技法はどれか。

ア　再編成　　イ　正規化　　ウ　整合性制約　　エ　排他制御

!解法　同一データベースに対し、複数から同時に更新する際に、矛盾が生じ
ないように**排他制御**を行います。

▶答え　エ

バックアップ

▶ バックアップ

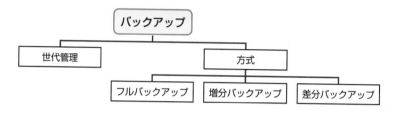

📝 **定義** バックアップ方式にはフルバックアップ、増分バックアップ、差分バックアップなどがあり、要件に合わせて最適なものを選択します。

緊急時対応計画（コンティンジェンシ計画）には普段からのバックアップ計画が復旧計画に含まれる場合があります。データベースは頻繁に更新・参照されるため、バックアップの目的、バックアップ時間、復旧時間を考慮し、戦略的なバックアップを検討する必要があります。
バックアップに関連する用語と概要は次のとおりです。

●世代管理
世代管理では、最新のバックアップだけではなく、複数の世代のバックアップを保存・管理します。過去のバックアップが必要な場合に有効です。

●フルバックアップ
フルバックアップでは、バックアップ対象となる全てのデータを取得します。

●差分バックアップ
差分バックアップでは、前回のフルバックアップからの差分のデータを取得します。

●増分バックアップ
増分バックアップでは、前回のフルバックアップに加えて、変更分のデータ（増分バックアップを行った回数分のデータ）を取得します。
例えば、差分バックアップで最新バックアップデータに当たるのは、「フルバックアップ+最新の差分バックアップ」であるのに対し、増分バックアップでは「フルバックアップ+最新までの増分バックアップ群」が対象になります。

▼フルバックアップ・差分バックアップ・増分バックアップ

初回	フルバックアップ		初回	フルバックアップ		初回	フルバックアップ	
2回目	フルバックアップ		2回目	フルバックアップ	差分	2回目	フルバックアップ	増分
3回目	フルバックアップ		3回目	フルバックアップ	差分	3回目	フルバックアップ	増分

バックアップ

公開問題　ITパスポート　平成24年春　問81

A社は業務で使用しているサーバのデータをサーバのハードウェア障害に備えてバックアップをしたいと考えている。次のバックアップ要件を満たす計画のうち、A社のバックアップ計画として適切なものはどれか。

〔バックアップ要件〕

サーバ障害時には障害が発生した前日の業務終了後の状態に復旧したい。
業務で日々更新するデータは全体に比べてごく少量だが、保有しているデータ量が多く、フルバックアップには時間が掛かるので、月曜日～土曜日にはフルバックアップを取ることができない。

	バックアップ方法	バックアップファイル保存場所
ア	月曜日～土曜日にはバックアップを取得せず、日曜日にフルバックアップを取得する。	外部のメディアへ出力して所定の場所で、それを保管する。
イ	月曜日～土曜日にはバックアップを取得せず、日曜日にフルバックアップを取得する。	障害時にすばやく復旧させるためにサーバ内部のフォルダへ置く。
ウ	日曜日にフルバックアップを取得し、月曜日～土曜日には、フルバックアップ以降に更新や追加、削除された部分のデータを差分バックアップとして取得する。	外部のメディアへ出力して所定の場所で、それを保管する。
エ	日曜日にフルバックアップを取得し、月曜日～土曜日には、フルバックアップ以降に更新や追加、削除された部分のデータを差分バックアップとして取得する。	障害時にすばやく復旧させるためにサーバ内部のフォルダへ置く。

- - - - - -

! 解法　フルバックアップを取得できるのは日曜日のみであるため、日曜日以外は差分バックアップか、増分バックアップを行う必要があります。またサーバ障害発生に対するバックアップが目的なので、バックアップデータの保管場所はサーバの外部が適切です。　　　　　　　　　　▶答え　ウ

データベースの応用技術

▶ データベースノオウヨウギジュツ

📝 **定義** システムの性能向上によって大容量のデータ処理が容易になりました。その結果、様々なデータを包括的に扱うデータベースの応用技術が注目されています。

データベースの応用技術に関連する用語と概要は次のとおりです。

●データウェアハウス
データウェアハウスとは、「情報 (Data) の倉庫 (Warehouse)」のとおり、企業活動で得られたデータ活用のため、企業の複数の基幹系システムなどからデータを収集し、蓄積するデータベースです。

●メタデータ
メタデータとは、文書の著者情報、表題、発表年月日などのデータの定義情報のことです。

●ビックデータ
ビックデータとは、巨大で大量、多様なデータ (テキストや音声、画像、動画などの様々なデータ) の集まりのことです。多種多様なデータが含まれるため、分析には高性能なHW基盤と複雑な処理が必要でした。近年は、クラウド基盤と機械学習を用いた分析が可能になったため、実現のハードルが低下し、注目が集まっています。

応用技術

公開問題　情報セキュリティマネジメント 平成29年秋 午前 問46

コンピュータの能力の向上によって、限られたデータ量を分析する時代から、Volume（量）、Variety（多様性）、Velocity（速度）の三つのVの特徴をもつビッグデータを分析する時代となった。この時代の変化によって生じたデータ処理の変化について記述しているものはどれか。

ア　コストとスピードを犠牲にしても、原因と結果の関係に力を注ぐようになった。

イ　ビッグデータ中から対象データを無作為抽出することによって予測精度を高めるようになった。

ウ　分析対象のデータの精度を高めるクレンジングに力を注ぐようになった。

エ　膨大なデータを処理することで、パターンを発見することに力を注ぐようになった。

！ 解法

ア　コンピュータ能力の向上により、コストとスピードの負担が減りました。

イ　無作為抽出で予測精度を高めることは困難です。

ウ　データのクレンジングはビックデータを分析する目的ではありません。

エ　正解です。

▶答え　エ

ネットワーク

ネットワークの種類と特徴

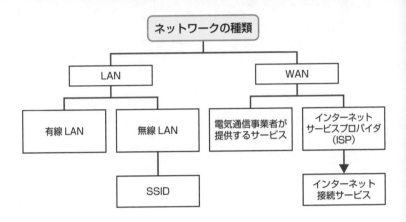

定義 ネットワークの種類は大きくLANとWANに分類されます。

今日、**ネットワーク社会**や**情報社会**と呼ばれるように、通信ネットワークは我々の生活に欠かせないとても重要なインフラになりました。これには**ICT (Information and Communication Technology：情報通信技術)** の発展が大きく寄与しています。
通信ネットワークを安全に利用するには情報セキュリティの確保が重要です。そのためには通信ネットワークがどのように動作しているのか正しく理解する必要があります。

ネットワークの種類に関連する代表的な用語と概要は次のとおりです。

●LAN (Local Area Network)
LANとは、オフィスや工場、学校、家庭など限定された環境で使用されるコンピュータネットワークのことです。

●有線LAN
有線LANとは、ケーブル線 (銅線、光ファイバーなど) で構成するLANのことです。

●無線LAN
無線LANとは、Wi-Fi等の無線装置で構成するLANのことです。

●SSID (Service Set IDentifer)
SSIDとは、無線LANのアクセスポイントに設定されるネットワーク識別子のことです。
同一の無線LANネットワークに複数のアクセスポイントがある場合、同一のSSIDによって運用することが可能です。半角英数字で最大32文字 (32オクテット) の値が設定可能です。

●BSSID (Basic Service Set Identifier)
BSSIDとは、無線LANのアクセスポイントの機器別のネットワーク識別子のことです。
通常はアクセスポイントのMACアドレス (48ビット) を利用します。

●WAN (Wide Area Network)
WANとは、電気通信事業者が提供するサービスで構成されるネットワークです。**拠点間を接続するVPNサービス**や、**インターネットサービスプロバイダ (ISP：インターネット接続サービスを提供する事業者)** によって提供されるサービス（**インターネット接続サービス**など) が含まれます。

ネットワークの種類と特徴

公開問題　情報セキュリティスペシャリスト 平成28年春 問18

無線LANで用いられるSSIDの説明として、適切なものはどれか。

ア　48ビットのネットワーク識別子であり、アクセスポイントのMACアドレスと一致する。

イ　48ビットのホスト識別子であり、有線LANのMACアドレスと同様の働きをする。

ウ　最長32オクテットのネットワーク識別子であり、接続するアクセスポイントの選択に用いられる。

エ　最長32オクテットのホスト識別子であり、ネットワーク上で一意である。

! **解法**　最長32文字のネットワーク識別子です。

ア　BSSID (Basic Service Set Identifier) の説明です。
イ　SSIDは最長32文字のネットワーク識別子です。
ウ　正解です。
エ　SSIDはネットワーク識別子です。

▶**答え　ウ**

インターネット技術

▶ インターネットギジュツ

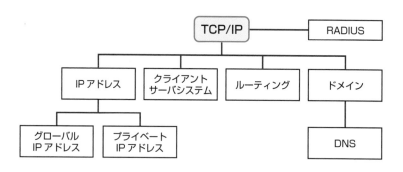

📝 **定義** TCP/IPとは、インターネットや、社内LANなどで利用される標準通信プロトコル（通信の手順を定めた規格）のことです。TCP（Transmission Control Protocol）とIP（Internet Protocol）の2つのプロトコルを指します。

TCP/IP技術はインターネットの発展に大きく寄与しました。
TCP/IPに関連する代表的な用語と概要は次のとおりです。

●ルーティング

ルーティングとは、TCP/IPで利用されるIPアドレスに基づき、通信の経路を定め、中継を行うことを指します。ネットワーク機器のルータはルーティングを行うための機器です。

●グローバルIPアドレス

グローバルIPアドレスとは、インターネット上で利用するIPアドレスです。ICANN（The Internet Corporation for Assigned Names and Numbers）という団体によって管理され、インターネット接続事業者（ISP）との契約で使用可能なグローバルIPアドレスが払い出されます。

●プライベートIPアドレス

プライベートIPアドレスとは、社内LANなどの閉じたネットワークで利用するIPアドレスです。プライベートIPアドレス用に定められた範囲のIPアドレスの

中から自由に設定することができます。

●ドメイン
ドメインとは、人がコンピュータの識別、接続先の指定を行いやすいように、IPアドレスの代わりに使用される文字列です。

●DNS (Domain Name System)
DNSとは、ホスト名、ドメイン名をIPアドレスと対応させて管理するシステムです。

●RADIUS (Remote Authentication Dial In User Service)
RADIUSとは、ネットワーク利用者を認証するサービスです。

インターネット技術

公開問題　ITパスポート 平成29年秋 問84

インターネットにサーバを接続するときに設定するIPアドレスに関する記述のうち、適切なものはどれか。ここで、設定するIPアドレスはグローバルIPアドレスである。

ア　IPアドレスは一度設定すると変更することができない。

イ　IPアドレスは他で使用されていなければ、許可を得ることなく自由に設定し、使用することができる。

ウ　現在使用しているサーバと同じIPアドレスを他のサーバにも設定して、2台同時に使用することができる。

エ　サーバが故障して使用できなくなった場合、そのサーバで、使用していたIPアドレスを、新しく購入したサーバに設定して利用することができる。

！ 解法

ア　IPアドレスは変更できます。

イ　グローバルIPアドレスは、ISPから貸与されたものを使用します。

ウ　同じグローバルIPアドレスを同時に使用することはできません。

エ　正解です。

▶答え　エ

インターネット技術
公開問題　IT パスポート 令和3年春 問98

インターネットで用いるドメイン名に関する記述のうち、適切なものはどれか。

ア ドメイン名には、アルファベット、数字、ハイフンを使うことができるが、漢字、平仮名を使うことはできない。

イ ドメイン名は、Web サーバを指定するときの URL で使用されるものであり、電子メールアドレスには使用できない。

ウ ドメイン名は、個人で取得することはできず、企業や団体だけが取得できる。

エ ドメイン名は、接続先を人が識別しやすい文字列で表したものであり、IP アドレスの代わりに用いる。

！ 解法

ア 現在は、漢字や平仮名を使ったドメイン名を使うことが可能です。

イ ドメイン名はメールアドレスでも使用します。

ウ ドメイン名は個人で取得することができます。

エ 正解です。

▶答え　エ

伝送方式と回線

注目度
★

▶ デンソウホウシキトカイセン

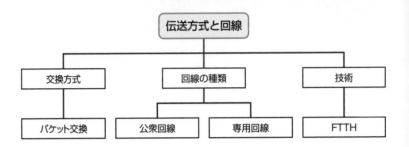

```
                    伝送方式と回線
        ┌──────────────┼──────────────┐
     交換方式         回線の種類          技術
        │          ┌─────┴─────┐        │
    パケット交換      公衆回線      専用回線       FTTH
```

定義　WANで利用される代表的な伝送方式はパケット交換方式です。

伝送方式と回線に関連する代表的な用語と概要は次のとおりです。

●パケット交換
パケット交換とは、通信データをパケットと呼ばれるデータの単位に区切り、パケットごとに宛先情報やエラー訂正情報などを付加して、相手に送信する方式です。
常時、回線を占有したまま利用する回線交換方式と比べ、回線の利用効率が高いのが特徴です。

●公衆回線
公衆回線とは、複数の利用者に提供される通信回線のことです。

●専用線
専用線とは、特定の利用者向けに専用で提供される通信回線のことです。

●FTTH (Fiber To The Home)
FTTHとは、光ファイバを伝送路として利用する家庭向けの通信サービスのことです。

ネットワーク接続

▶ ネットワークセツゾク

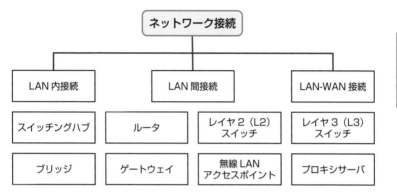

📝 **定義** OSI基本参照モデルはネットワーク接続の構成を理解する上で重要な概念です。

ネットワーク接続に関連する代表的な用語と概要は次のとおりです。

●OSI（Open Systems Interconnection）基本参照モデル
OSI基本参照モデルとは、国際標準化機構（ISO）により策定された、コンピュータネットワーク通信を7階層構造に分割したモデルで、それぞれの階層で行われる通信を定義しています。

階層	層名称	TCP/IPプロトコルでの役割
第7層 （レイヤー7）	アプリケーション層	利用するアプリケーションの通信サービスのやりとり方法を定義する
第6層 （レイヤー6）	プレゼンテーション層	利用するアプリケーション間でやりとりを行う動画や画像などのデータフォーマットを規定する
第5層 （レイヤー5）	セッション層	利用するアプリケーション間でセッションのやりとりを実施する
第4層 （レイヤー4）	トランスポート層	データをTCPなどのデータとしてやりとりを行う。TCP/UDP情報を参照する

階層	層名称	TCP/IPプロトコルでの役割
第3層 (レイヤー3)	ネットワーク層	データをパケットとしてやりとりを行う。IPア ドレスなどを参照する
第2層 (レイヤー2)	データリンク層	データをフレームとしてやりとりを行う。MAC アドレスなどを参照する
第1層 (レイヤー1)	物理層	データを電気信号としてやりとりを行う

●接続形態

●LAN内接続

スイッチングハブなどを利用し、複数のコンピュータを単一LAN内で接続する構成です。

●LAN間接続

複数のLANを接続する構成です。

●LAN-WAN接続

LANとWANを接続する構成です。

●接続機器

●スイッチングハブ

スイッチングハブとは、ネットワーク接続機器の1つで、接続された機器から受信したデータのOSI基本参照モデルの第2層(データリンク層)の制御情報(MACアドレスなど)を参照し、、他に接続されている宛先の機器のみに送信する機能を持ったものです。そのため、**レイヤ2(L2)スイッチ**ともいえます。

> 以前はリピータハブと呼ばれるものが使われていましたが、制御情報の確認を行わず、受診したデータは電気信号としてすべての接続先機器に送られるため、ネットワークの利用効率が悪く、セキュリティ上の問題もあり、現在は使う機会が減りました。

●ルータ

ルータとは、ネットワークの中継・転送機器の一つで、データの転送経路を選択・制御する機能を持ち、複数の異なるネットワーク間の接続・中継に用いられます。ルータはOSI基本参照モデルの第3層(ネットワーク層)の制御

情報を見て、データ転送の可否や転送先の判断を行います。ルータの主要機能であるルーティングでは、パケットの宛先IPアドレスを見て、最適な転送経路を選択し、データ送信します。

● レイヤ3 (L3) スイッチ
レイヤ3スイッチとは、前述のL2スイッチの機能とルータのルーティング機能を兼ね備えた機器です。

● ブリッジ
ブリッジとは、複数のネットワークを結ぶ中継機器で、OSI基本参照モデルの第2層 (データリンク層) の制御情報 (MACアドレスなど) を見て、中継の可否を判断します。

● ゲートウェイ
ゲートウェイとは、異なる通信手順 (プロトコル) 同士の通信を仲介するシステムです

● 無線LANアクセスポイント
無線LANアクセスポイントとは、Wi-Fiネットワークに接続するための接続先となる機器です。

ネットワーク接続

公開問題　情報セキュリティマネジメント 平成28年春 午前 問46

社内ネットワークからインターネットへのアクセスを中継し、Webコンテンツをキャッシュすることによってアクセスを高速にする仕組みで、セキュリティの確保にも利用されるものはどれか。

ア DMZ　　　　　　　**イ** IPマスカレード (NAPT)
ウ ファイアウォール　**エ** プロキシ

! 解法　プロキシとは代理の意味です。

▶答え　エ

プロトコルとインターフェース
（ネットワーク層、トランスポート層）

▶ プロトコルトインターフェース

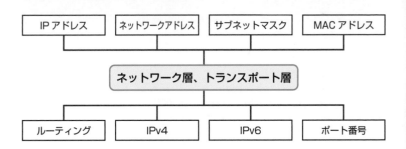

📎 **定義** TCP/IPはネットワーク層、トランスポート層に位置づけられています。

ネットワーク層、トランスポート層に関連する代表的な用語と概要は次のとおりです。

●IPアドレス (Internet Protocol Address)
IPアドレスとは、TCP/IPネットワークに接続されたコンピュータや通信機器に一台ごとに割り当てられた識別番号です。IPv4では32ビット、IPv6では128ビットで設定されます。

●IPv4 (Internet Protocol version 4)/IPv6 (Internet Protocol version 6)
IPv4とは、IP (Internet Protocol) の第4版のことです。1990年代後半から現在まで利用され続けています。IPv4の後継にあたる**IPv6**は利用できるアドレス範囲が拡張され、セキュリティ機能 (IPsecの標準実装など) が強化されました。

●サブネットマスク (subnet mask)
サブネットマスクとは、IPv4で利用される、IPアドレスの先頭から何ビットをネットワークアドレスに使用するかを定義する32ビットの情報です。

サブネットマスクを利用すると、ネットワークを複数の小さなネットワークに分割して管理する場合に、IPアドレスの上位ビットをネットワークの所在を示すネットワークアドレス、下位ビットをサブネット内で個別のホストを表すホストアドレスとして分割することができます。

●MACアドレス（Media Access Control Address）
MACアドレスとは、ネットワーク機器に物理的に割り当てられた、48ビットの識別番号です。

●ルーティング
ルーティングとは、ネットワーク上でデータを送信・転送する際に、宛先アドレスの情報を元に最適な転送経路を選定することです。**ルータ**はルーティングを行う機能を持ちます。

●ポート番号
ポート番号とは、TCP/IPネットワーク上の単一システムで動作する複数のアプリケーションに対する通信先を指定するための番号です。喩えとしてIPアドレスは住所、ポート番号は集合住宅（アパートやマンション）の部屋番号に相当します。

プロトコルとインタフェース（ネットワーク層、トランスポート層）

公開問題　情報セキュリティマネジメント 平成30年秋 午前 問46

TCP/IPネットワークのトランスポート層におけるポート番号の説明として、適切なものはどれか。

ア　LANにおいてNIC（ネットワークインタフェースカード）を識別する情報
イ　TCP/IPネットワークにおいてホストを識別する情報
ウ　TCPやUDPにおいてアプリケーションを識別する情報
エ　レイヤ2スイッチのポートを識別する情報

- -

！ 解法

ア　MACアドレスについての説明です。

イ IPアドレスについての説明です。
ウ 正解です。
エ スイッチの物理ポートなどについての説明です。

▶答え **ウ**

プロトコルとインタフェース（ネットワーク層、トランスポート層）

公開問題　情報セキュリティマネジメント　令和元年秋　午前　問28

電子メールをドメインAの送信者がドメインBの宛先に送信するとき、送信者をドメインAのメールサーバで認証するためのものはどれか。

ア APOP　**イ** POP3S　**ウ** S/MIME　**エ** SMTP-AUTH

- -

⚠ 解法　SMTPは送信用プロトコルです。

ア APOP（Authenticated POP）は、メール受信用のプロトコルPOPに、チャレンジレスポンス方式の認証を加えたプロトコルです。
イ POP3S（POP3 over TLS）は、TLSのセキュアな通信路上でメールソフトからメールサーバ間のPOP通信を行うプロトコルです。
ウ S/MIME（Secure MIME）は認証、暗号化、改ざん検出などの機能を電子メールソフト上に提供するものです。
エ 正解です。

▶答え **エ**

プロトコルとインターフェース （アプリケーション層）

注目度 ★

▶ プロトコルとインターフェース

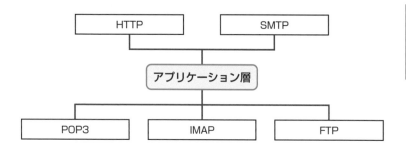

 定義 Webやメールはアプリケーション層に位置づけられています。

アプリケーション層に関連する代表的な用語と概要は次のとおりです。

●HTTP（HyperText Transfer Protocol）
HTTPとは、WebサーバとWebクライアントの間でデータの送受信を行うために用いられるプロトコルのことです。

●SMTP（Simple Mail Transfer Protocol）
SMTPとは、電子メールの配送用プロトコルのことです。

●POP3（Post Office Protocol3）
POP3とは、電子メールの受信用プロトコルのことです。

●IMAP4（Internet Message Access Protocol 4）
IMAP4とは、電子メールの受信用プロトコルのことです。
利用者はメールをダウンロードすることなく、メール受信サーバ上で確認できます。

●FTP（File Transfer Protocol）
FTPとは、ファイル転送用のプロトコルです。

プロトコルとインタフェース（アプリケーション層）

公開問題　情報セキュリティマネジメント　平成31年春　午前　問46

PCを使って電子メールの送受信を行う際に、電子メールの送信とメールサーバからの電子メールの受信に使用するプロトコルの組合せとして、適切なものはどれか。

	送信プロトコル	受信プロトコル
ア	IMAP4	POP3
イ	IMAP4	SMTP
ウ	POP3	IMAP4
エ	SMTP	IMAP4

- -

!　**解法**　メール送信プロトコルはSMTP（Simple Mail Transfer Protocol）、メール受信プロトコルはPOP3（Post Office Protocol version 3）、IMAP（Internet Message Access Protocol）です。

▶答え　エ

プロトコルとインタフェース（アプリケーション層）

公開問題　情報セキュリティマネジメント　平成30年秋　午前　問18

インターネットと社内サーバの間にファイアウォールが設置されている環境で、時刻同期の通信プロトコルを用いて社内サーバの時刻をインターネット上の時刻サーバの正確な時刻に同期させる。このとき、ファイアウォールで許可すべき時刻サーバとの間の通信プロトコルはどれか。

- ア　FTP（TCP、ポート番号21）
- イ　NTP（UDP、ポート番号123）
- ウ　SMTP（TCP、ポート番号25）
- エ　SNMP（TCP及びUDP、ポート番号161及び162）

⚠ 解法

ア FTP (File Transfer Protocol) とは、ファイル転送用の通信プロトコルのことです。

イ 正解です。

ウ SMTP (Simple Mail Transfer Protocol) とは、メール送信用プロトコルのことです。

エ SNMP (Simple Network Management Protocol) とは、ネットワーク上の機器情報を収集し、監視や制御を行うためのプロトコルのことです。

▶答え イ

SECTION 11 ネットワーク

ネットワーク運用管理 (障害管理)

▶ ネットワークウンヨウカンリ

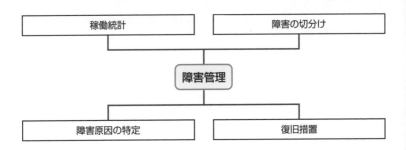

💎 **定義** ネットワーク運用管理では、運用中に発生した障害の切り分け、障害原因の特定、復旧処置といった一連の対応を管理します。また、障害時に損なわれる可用性を稼働統計で確認し、運用改善を行います。

ネットワーク障害の切り分け、原因の特定は通信プロトコルを正しく理解しておくことが重要です。

ネットワーク運用管理 (障害管理)

公開問題　ITパスポート　平成30年春　問80

稼働率0.9の装置を2台直列に接続したシステムに、同じ装置をもう1台追加して3台直列のシステムにしたとき、システム全体の稼働率は2台直列のときを基準にすると、どのようになるか。

ア 10%上がる。　　**イ** 変わらない。
ウ 10%下がる。　　**エ** 30%下がる。

- -

❗ **解法** 直列に接続されている装置の全体の稼働率は**それぞれの装置の稼働率を掛け合わせた値**です。

設問では3台目に接続した装置の稼働率も0.9であるため、3台目接続により稼

働率は以前より10%低下します。

▶答え　ウ

ネットワーク運用管理（障害管理）

公開問題　情報セキュリティマネジメント　平成29年春　午前　問39

システム障害管理の監査で判明した状況のうち、監査人が監査報告書で報告すべき指摘事項はどれか。

ア システム障害対応マニュアルが作成され、オペレータへの周知が図られている。

イ システム障害によってデータベースが被害を受けた場合を想定して、規程に従って、データのバックアップをとっている。

ウ システム障害の種類や発生箇所、影響度合いに関係なく、共通の連絡・報告ルートが定められている。

エ 全てのシステム障害について、障害記録を残し、責任者の承認を得ることが定められている。

！解法　障害の種類や発生個所、影響度合いに基づいた分類がされていないと、緊急時の高い障害の連絡が手遅れになる可能性があります。

ア、イ、エ　適切な管理策のため、監査の指摘事項に当たりません。
ウ　正解です。

▶答え　ウ

▶ インターネット（デンシメール、ファイルテンソウ）

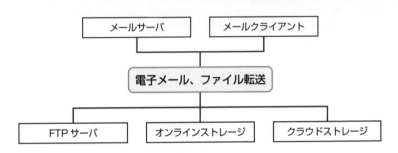

定義
電子メールやファイル転送はコミュニケーションや情報共有で利用されるツールです。

電子メール、ファイル転送の概要は次のとおりです。

●電子メール

電子メールを利用するためには、利用者は**メールクライアント（メールソフト）**を用意し、**メールサーバ**と接続します。メールの送受信はメールサーバに向けて行われます。受信されるメールはメールサーバの**メールボックス**に保存されます。

異なる組織に向けてのメールの配送は複数のメールサーバを**リレー方式**で中継し、送信されます。

メールは単一の相手に送信する以外に、同時に多数の相手に送る**同報メール**や、あらかじめ登録したメールアドレスのリストに従って配信される**メーリングリスト**といったサービスの利用も可能です。

メールの送信宛先はToに記載し、関係者にも送信する場合には、Cc（Carbon Copy）を利用します。Bccを利用すると、宛先メールアドレス情報が他のメール受信者（ToやCcのアドレス）からは参照できない状態になります。

メールの拡張技術としてMIME（Multipurpose Internet Mail Extensions）があります。

MIMEとは、本来はASCII文字しか送信できなかったSMTPを、2バイト文字（日本語など）や画像データなどの多様なデータを送信できるように拡張した規格

です。**HTML形式のメール**で利用される**MHTML（MIME Encapsulation of Aggregate HTML）**は、複数のファイルで構成されるHTML形式のメールを一つのファイルに格納するファイル形式です。

●FTP（File Transfer Protocol）

FTPとは、TCP/IPネットワーク上でファイル転送を行うプロトコルです。
FTPではFTPサーバとFTPクライアントの間でファイル転送を行い、FTPクライアントからFTPサーバへファイルを送信することをアップロード、FTPサーバからファイルを受信することをダウンロードといいます。

●オンラインストレージ

インターネット上でファイルを共有する**オンラインストレージ**としては、クラウドストレージが普及しています。

インターネット（電子メール）

公開問題　情報セキュリティマネジメント　平成30年春　午前　問47

電子メールのヘッダフィールドのうち、SMTPでメッセージが転送される過程で削除されるものはどれか。

ア　Bcc　　イ　Date　　ウ　Received　　エ　X-Mailer

！ 解法

ア　正解です。

イ　Dateには、メール送信が行われた日付が入り、削除はされません。

ウ　Receivedには、経由したメールサーバのアドレスが記録され、削除はされません。

エ　X-Mailerには、送信者が利用したメールソフトの情報が記録され、削除はされません。

▶答え　ア

309

インターネット（Web）

▶ インターネット（ウェブ）

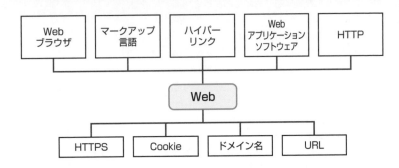

📝 **定義** WebはHTTPだけでなく、様々な技術要素によって構成された仕組みです。

Webに関連する代表的な用語と概要は次のとおりです。

●Webブラウザ
Webブラウザとは、利用者がWebシステムにアクセスするために使用するアプリケーションのことです。Webブラウザの、**URL（Uniform Resource Locator）**入力欄に、アクセスしたいWebサイトのドメイン名を入力し接続要求することで、目的のサイトの情報を参照することができます。

●マークアップ言語（HTML、XML）
マークアップ言語とは、コンピュータで処理される言語の一つで、データ上に特定の記号で囲まれたタグ（tag）と呼ばれる表記を用いて、表示方法を記述します。HTML（HyperText Markup Language）、XML（eXtensible Markup Language）などがあります。

●ハイパーリンク
ハイパーリンクとは、データの中に埋め込まれた他のデータに対する参照先情報です。

●Webアプリケーションソフトウェア

Webアプリケーションソフトウェアとは、Webで利用される、**HTTP (HyperText Transfer Protocol)** 上で動作するアプリケーションです。HTTP ではWebページを構成するHTMLファイルや、画像、音声、動画などのファイル を、やり取りすることができますが、Webアプリケーションソフトウェアを利用 することで、機能拡張を行うことが可能です。

●HTTP over TLS（HTTPS）

HTTPSとは、Webで利用されるHTTPを、TLS（Transport Layer Security） によってセキュリティ強化した方式です。

●Cookie

Cookieとは、Webサイトが利用者を識別するために発行し、利用者のWebブラ ウザに一時的に保管される情報です。

インターネット（Web）

公開問題 情報セキュリティマネジメント 平成31年春 午前 問24

XML署名を利用することによってできることはどれか。

ア TLSにおいて、HTTP通信の暗号化及び署名の付与に利用することによっ て、通信経路上でのXMLファイルの盗聴を防止する。

イ XMLとJavaScriptがもつ非同期のHTTP通信機能を使い、Webページの 内容を動的に書き換えた上で署名を付与することによって、対話型のWeb ページを作成する。

ウ XML文書全体に対する単一の署名だけではなく、文書の一部に対して署名を 付与する部分署名や多重署名などの複雑な要件に対応する。

エ 隠したい署名データを画像データの中に埋め込むことによって、署名の存在 自体を外から判別できなくする。

！ 解法

ア XMLファイルの盗聴防止はTLSによって実現されます。

イ Ajaxに関する説明です。

（右側縦書き）SECTION 11 ネットワーク

ウ 正解です。

エ ステガノグラフィに関する説明です。

▶答え　ウ

インターネット (Web)

公開問題　ITパスポート 平成29年秋 問91

クロスサイトスクリプティングなどの攻撃でCookieが漏えいすることによって
受ける被害の例はどれか。

ア PCがウイルスに感染する。

イ PC内のファイルを外部に送信される。

ウ Webサービスのアカウントを乗っ取られる。

エ 無線LANを介してネットワークに侵入される。

- -

！ 解法 Cookieでは、利用者の識別やログイン状態の維持に利用されるセッ
ション情報が含まれている場合があります。セッション情報が含まれ
るCookieが漏えいし、悪用されるとアカウントを乗っ取られる恐れがあります。

▶答え　ウ

イントラネット・エクストラネット

▶ イントラネット・エクストラネット

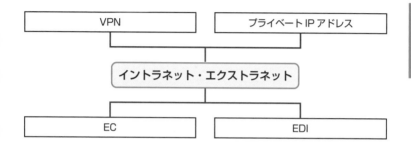

> 📝 **定義** インターネット技術を活用し、社内に構築したネットワークを、イントラネット、エクストラネットと呼びます。

イントラネット・エクストラネットに関連する代表的な用語と概要は次のとおりです。

●イントラネット
イントラネットとは、社内ネットワークのことです。TCP/IP技術を利用しますが、インターネットのような公共性のあるネットワークとは異なり、社外からのアクセスは基本的に許可しません。また、利用するIPアドレスはインターネット上では利用しない**プライベートIPアドレス**と呼ばれるIPアドレスを利用します。インターネットを経由してイントラネットに接続するために、**VPN**を設置する場合もあります。

●エクストラネット
エクストラネットとは、複数のイントラネットを相互接続したネットワークのことです。

●EC (Electronic Commerce：電子商取引)
ECとは、電子的な手段を利用して行う商取引全般のことです。例としてオンラインショップなどがあります。

●EDI (Electronic Data Interchange：電子データ交換)

EDIとは、企業間の商取引 (受発注、見積もり、決済など) に関する電子的なデータ交換に関する仕組みです。

イントラネット・エクストラネット

公開問題 ITパスポート 令和2年秋 問27

企業間で商取引の情報の書式や通信手順を統一し、電子的に情報交換を行う仕組みはどれか。

ア EDI **イ** EIP **ウ** ERP **エ** ETC

⚠ 解法

ア 正解です。

イ EIP (Enterprise Information Portal) とは、企業内の様々なシステムやデータベースにアクセスするポータル (入口) を提供するシステムです。

ウ ERP (Enterprise Resource Planning) とは、企業の経営資源を有効かつ総合的に計画・管理する手法です。

エ ETC (Electronic Toll Collection) とは、高速道路などの有料道路の利用時に料金所の通過時に自動的に料金を精算するシステムです。

▶答え ア

通信サービス

▶ ツウシンサービス

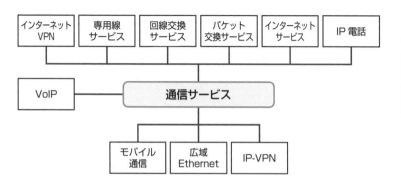

 定義 通信事業者によって提供されるサービスです。

通信サービスに関連する代表的な用語と概要は次のとおりです。

●専用線サービス
専用線サービスとは、通信事業者が企業などの拠点間接続などのために提供する、専用通信回線(網)のことです。
様々な顧客が共用する公衆回線・公衆網と異なり、借り受けた企業などが自社の通信のために回線を独占的に使用することができます。

●回線交換サービス
回線交換サービスとは、回線利用時に回線を占有する回線交換方式を利用したサービスです。
例としてアナログ電話などがあります。

●パケット交換サービス
パケット交換サービスとは、伝送するデータをパケットと呼ばれる単位に分割し、送受信するパケット交換方式を利用したサービスです。
例としてインターネットを構成するデータ交換網などがあります。

●IP電話

IP電話とは、インターネットなどのTCP/IPネットワーク上で提供される電話サービスです。
IP電話で利用される技術が、VoIP（Voice over Internet Protocol）です。

●モバイル通信

モバイル通信とは、移動体用の通信回線を利用して通信を行うことです。用いられる**移動体通信規格**には**LTE**、**5G**などがあります。スマートフォンなどのモバイル機器のモバイル回線を他の情報端末につないで利用することを**テザリング**と呼びます。

●広域Ethernet

広域Ethernetとは、通信事業者が提供する、離れた拠点間のLANをEthernet技術を応用して相互接続するためのサービスです。

●IP-VPN

IP-VPNとは、通信事業者が提供するIPベースの閉域網を利用し、離れたLAN同士を接続するVPNサービスです。

●インターネットVPN

インターネットVPNとは、インターネット回線を利用し、離れたLAN同士を接続するVPNサービスです。

●ベストエフォート

ベストエフォートとは、最大限の努力は約束するが、保証や損害補填などはしないというサービス品質契約のことです。

プロジェクト
マネジメント

プロジェクトマネジメント

▶ プロジェクトマネジメント

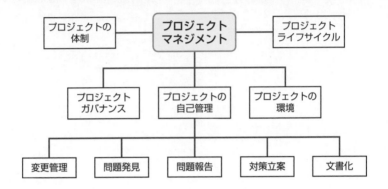

定義 プロジェクトマネジメントは、プロジェクトを成功に導くための管理手法です。

プロジェクトとは、達成される目標に「独自性」があり、定められた期間内におこなう「有期性」があるものです。**プロジェクトの環境**は大規模なものから小規模なものまで千差万別です。例えば情報セキュリティマネジメントの試験勉強もプロジェクトの1つといえます。

プロジェクトマネジメントに関連する代表的な用語と概要は次のとおりです。

●プロジェクトマネジメント（プロジェクト管理）

プロジェクトマネジメントとは、**プロジェクトが目標どおり成功するための管理手法**です。プロジェクト統合マネジメント、プロジェクトステークホルダマネジメント、プロジェクトコストマネジメント、プロジェクトコミュニケーションマネジメント、プロジェクト資源マネジメント、プロジェクトスケジュールマネジメントなどが含まれます。

●プロジェクトガバナンス

プロジェクトを指揮・管理・監視するための枠組みで、プロジェクトごとに取り組む内容は変わります。

●プロジェクトライフサイクル

プロジェクト開始から完了するまでの各フェーズをまとめたものです。

フェーズの例として「立上げ」、「計画」、「実行」、「監視」、「終結」があります。

一般的には**「実行」時に要員が増え、「立ち上げ」時や「終結」時には少ない傾向**があります。

●**プロジェクトの体制**

プロジェクトマネージャがプロジェクトの責任を担います。要員（メンバ）の役割、責任、スキルを特定し、プロジェクト体制、責任分担を決めます。

●**プロジェクトの自己管理**

プロジェクトマネジメントの対象として「変更管理」、「問題発見」、「問題報告」、「対策立案」などがあり、これらを「文書化」します。

プロジェクトマネジメント

公開問題　情報セキュリティマネジメント 平成31年春 午前 問43

組織が実施する作業を、プロジェクトと定常業務の二つに類別するとき、プロジェクトに該当するものはどれか。

ア　企業の経理部門が行っている、月次・半期・年次の決算処理

イ　金融機関の各支店が行っている、個人顧客向けの住宅ローンの貸付け

ウ　精密機器の製造販売企業が行っている、製品の取扱方法に関する問合せへの対応

エ　地方公共団体が行っている、庁舎の建替え

！解法　選択肢から**独自性**、**有期性**のあるものを選びます。庁舎の立替えは独自性も、有期性も兼ね備えています。

▶**答え　エ**

プロジェクトマネジメント

公開問題　情報セキュリティマネジメント　令和元年秋　午前　問43

プロジェクトライフサイクルの一般的な特性はどれか。

ア　開発要員数は、プロジェクト開始時が最多であり、プロジェクトが進むにつれて減少し、完了に近づくと再度増加する。

イ　ステークホルダがコストを変えずにプロジェクトの成果物に対して及ぼすことができる影響の度合いは、プロジェクト完了直前が最も大きくなる。

ウ　プロジェクトが完了に近づくほど、変更やエラーの修正がプロジェクトに影響する度合いは小さくなる。

エ　リスクは、プロジェクトが完了に近づくにつれて減少する。

！解法　一般的にプロジェクトが完了に近づくにつれ、リスク（不確実性）は減少します。

ア　一般的にプロジェクト開始時の要員数は少なく、プロジェクト実施中は増え、完了に近づくと減少します。

イ　ステークホルダがプロジェクト完了直前での関与することはコストやスケジュールへの影響が大きくなります。

ウ　プロジェクトが完了に近づくほど、変更やエラーの修正は影響が大きくなります。

エ　正解です。

▶答え　エ

プロジェクト総合マネジメント 注目度 ★

▶ プロジェクトソウゴウマネジメント

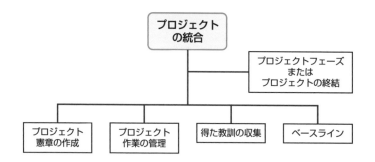

> 📝 **定義** プロジェクトの統合ではプロジェクトマネジメント活動を管理し、調整します。

プロジェクトの統合に関連する代表的な用語と概要は次のとおりです。

●プロジェクト憲章の作成
プロジェクト憲章はプロジェクトのいわば企画書にあたるものです。プロジェクトのステークホルダ（利害関係者）のニーズを文書化し合意を取ります。

●**プロジェクト作業の管理**
計画変更が発生した場合、競合する目標や代替案間のトレードオフを検討するなど、プロジェクト全体の最適化を図ります。

●**プロジェクトフェーズまたはプロジェクトの終結**
プロジェクトのフェーズが完了した時やプロジェクトが終結した時には残課題がないか確認します。また、振り返りを行い、得た教訓の収集を行い、次回に活かします。

●ベースライン
プロジェクトの進捗状況を測定し比較するためのベースとなるものです。
実績とベースラインとを比較することで、進捗が計画どおりであるかを評価するために用います。

プロジェクトのステークホルダ

▶ プロジェクトノステークホルダ

定義 プロジェクトの**ステークホルダ**（利害関係者）はプロジェクトに関与、またはプロジェクトによって影響を受ける組織内外の個人や組織です。

ステークホルダとの良好な関係性はプロジェクトの成功につながります。
プロジェクトを円滑に進めるためには、**ステークホルダの特定**を行い、**ステークホルダのマネジメント**を行います。

プロジェクトのステークホルダ

公開問題　情報セキュリティマネジメント　平成28年秋　午前　問44

プロジェクトに関わるステークホルダの説明のうち、適切なものはどれか。

ア　組織の外部にいることはなく、組織の内部に属している。

イ　プロジェクトの成果が、自らの利益になる者と不利益になる者がいる。

ウ　プロジェクトへの関与が間接的なものにとどまることはなく、プロジェクトには直接参加する。

エ　プロジェクトマネージャのように、個人として特定できることが必要である。

- -

解法 ステークホルダは組織内外に存在し、プロジェクトに直接関係している個人や組織だけに限りません。

▶答え　イ

プロジェクトのスコープ

注目度
★

▶ プロジェクトノスコープ

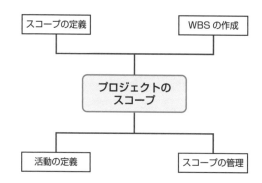

> **定義** プロジェクトのスコープとはプロジェクトの範囲です。
> プロジェクトのスコープにはステークホルダの要件を反映します。

プロジェクトスコープマネジメントではプロジェクトが生み出す製品やサービスなどの成果物と、それらを完成するために必要な作業を定義し管理します。

●スコープの定義
プロジェクトの作業範囲、要件、計画などを明確に定義します。

●WBS (Work Breakdown Structure) の作成
スコープの定義を基にWBSを作成します。WBSとはプロジェクトに必要なタスク (作業) を階層的に詳細化して、管理可能な大きさに細分化した**活動の定義**を行うためのフレームワークです。

●スコープの管理
各スコープが機能しているか、想定どおりのパフォーマンスかどうかを要件と比較し、必要なリソースの確保や変更の意思決定などの参考にします。
言葉で説明するとシンプルな管理のように思えますが、実際はプロジェクトスコープがその後の採算性などを左右するため、プロジェクトマネジメントでは極めて重要な管理です。

プロジェクトのスコープ

公開問題　セキュリティマネジメント 平成30年秋 午前 問43

ソフトウェア開発プロジェクトにおいてWBS (Work Breakdown Structure) を使用する目的として、適切なものはどれか。

ア　開発の期間と費用がトレードオフの関係にある場合に、総費用の最適化を図る。

イ　作業の順序関係を明確にして、重点管理すべきクリティカルパスを把握する。

ウ　作業の日程を横棒 (バー) で表して、作業の開始や終了時点、現時点の進捗を明確にする。

エ　作業を階層的に詳細化して、管理可能な大きさに細分化する。

⚠ **解法**　WBSを利用する目的は、用語のとおり、作業 (Work) を、詳細化 (Breakdown) し、構造 (Structure) に落とし込むことです。

▶答え　エ

プロジェクトのスコープ

公開問題　ITパスポート 平成28年春 問47

プロジェクトスコープマネジメントに関する記述として、適切なものはどれか。

ア　プロジェクトが生み出す製品やサービスなどの成果物と、それらを完成するために必要な作業を定義し管理する。

イ　プロジェクト全体を通じて、最も長い所要期間を要する作業経路を管理する。

ウ　プロジェクトの結果に利害を及ぼす可能性がある事象を管理する。

エ　プロジェクトの実施とその結果によって利害を被る関係者を調整する。

⚠ **解法**　プロジェクトスコープとはプロジェクトの範囲の意味です。

▶答え　ア

プロジェクトの資源、時間

注目度 ★★★

▶ プロジェクトノシゲン、ジカン

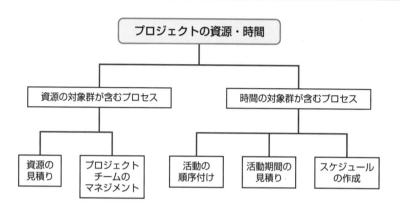

```
                プロジェクトの資源・時間

    資源の対象群が含むプロセス          時間の対象群が含むプロセス

  資源の      プロジェクト       活動の      活動期間の     スケジュール
  見積り      チームの         順序付け     見積り        の作成
            マネジメント
```

📝 **定義**　プロジェクトの資源マネジメントでは主に人的資源のコントロール、時間マネジメントでは主にスケジュール管理を行います。

プロジェクトの資源、時間の概要は次のとおりです。

●プロジェクトの資源

プロジェクトで必要となる資源は主に人的資源ですが、物的資源も含まれます。
プロジェクト資源マネジメントでは、計画、**資源の見積り**、獲得、チームの育成、**チームのマネジメント**、資源のコントロールが行われます。

●プロジェクトの時間

時間を管理し期限までにプロジェクトを完了するために、**活動の順序付け**、**活動期間の見積り**、**スケジュールの作成**などを行います。
WBSで作成したワークを管理しやすく小さくしたものを活動（アクティビティ）と呼び、活動を網羅したものを**活動リスト（アクティビティリスト）**と呼びます。
活動の前後関係はアローダイアグラム（PERT）で表します。
ガントチャートは作業予定と実績を併記するため、進捗管理に向いています。

▼ガントチャートのイメージ

	2023年											
	3月	4月	5月	6月	7月	8月	9月	10月	11月	12月	1月	2月
作業A	予定 実績											
作業B			予定 実績									
作業C					予定 実績							
作業D								予定 実績				

プロジェクトの資源、時間

公開問題　情報セキュリティマネジメント　平成30年春　午前　問43

図のアローダイアグラムにおいて、プロジェクト全体の期間を短縮するために、作業A〜Eの幾つかを1日ずつ短縮する。プロジェクト全体を2日短縮できる作業の組みはどれか。

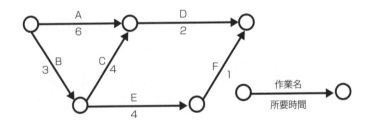

ア A、C、E　**イ** A、D　**ウ** B、C、E　**エ** B、D

> **⚠ 解法**　始点から終点までの作業日数を計算して

A→D：6+2=8日
B→C→D：3+4+2=9日
B→E→F：3+4+1=8日

この結果、**クリティカルパス**（完了までに最長の日数を要する経路）は「B→C→D」となりプロジェクト全体の最短完了日数は「9日」とわかります。

B、Dを1日短縮すると

A→D：6＋1＝7日

B→C→D：2＋4＋1＝7日

B→E→F：2＋4＋1＝7日

となり、クリティカルパスが2日短縮され、他の経路もクリティカルパスと同じ日数に短縮されます。

アローダイアグラムはPERT図とも呼ばれます。

▶答え　エ

プロジェクトの資源、時間

公開問題　情報セキュリティマネジメント 平成29年秋 午前 問44

工程管理図表に関する記述のうち、ガントチャートの特徴はどれか。

ア　工程管理上の重要ポイントを期日として示しておき、意思決定しなければならない期日が管理できる。

イ　個々の作業の順序関係、所要日数、余裕日数などが把握できる。

ウ　作業開始と作業終了の予定と実績や、作業中の項目などが把握できる。

エ　作業の出来高の時間的な推移を表現するのに適しており、費用管理と進捗管理が同時に行える。

！解法　ガントチャートは予定と実績が併記されます。

▶答え　ウ

▶ プロジェクトノコスト

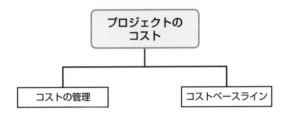

 定義　プロジェクトコストマネジメントでは主に予算の管理を行います。

プロジェクトコストマネジメントではコストに注目し、プロジェクトにかかるコストの見積もり、予算などを管理します。決められた予算（コストベースライン）に収まるようにコストの管理を行い、プロジェクトが健全に行われるための重要な活動です。

プロジェクトのリスク

▶ プロジェクトノリスク

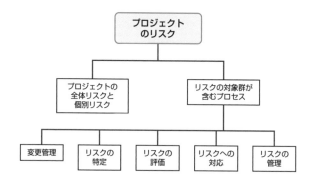

定義 リスクとは目的に対する不確かさの影響を指します。
情報セキュリティにおけるリスクは発生することでマイナスに向く事象を指しますが、プロジェクトではプラスに向くものも含まれます（スケジュールが前倒しになるなど）。

プロジェクトリスクマネジメントではリスクの特定、リスクの評価（リスクの分析）、リスクへの対応（リスクのコントロール）が行われます（スケジュールが前倒しになるなど）。
リスクの特定後、そのリスクはプロジェクト全体に関わるものか、個別のリスクかなどを評価し、必要な対応を行い、変更管理へ反映します。

COLUMN

リスクの特定手法

リスクを特定する手法として、意見を自由に出しあうブレーンストーミングや、アンケートを利用するデルファイ法などがあります。

プロジェクトの品質

▶ プロジェクトノヒンシツ

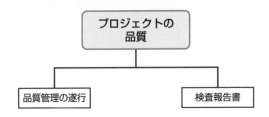

> **定義** プロジェクト品質マネジメントはプロジェクトのニーズを満足させるための活動です。

品質マネジメントでは、品質マネジメント計画、品質保証、**品質管理**が行われます。

品質管理ではパフォーマンスを監視し、記録を残していくことで必要な変更を検討、提案していきます。また、**検査報告書**などのエビデンス（証拠）を残します。

システム開発のプロジェクト品質マネジメントでは、成果物の品質を定量的に分析するための活動として、テストで摘出する不良件数の実績値と目標値の比較などを行います。

プロジェクトの調達

▶ プロジェクトノチョウタツ

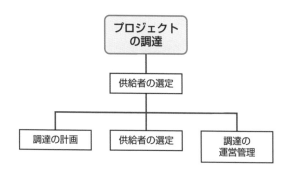

定義 プロジェクトに必要な資源やサービスを外部から調達することをプロジェクトの調達といいます。

プロジェクトの調達では、調達先の選定だけでなく、選定後の管理も重要です。プロジェクト調達マネジメントではプロジェクトに必要な資源やサービスを利用するための調達の計画、供給者の選定、調達の運営管理などを行います。

プロジェクトの調達

公開問題 情報セキュリティマネジメント 平成28年秋 午前 問48

BPOを説明したものはどれか。

ア 災害や事故で被害を受けても、重要事業を中断させない、又は可能な限り中断期間を短くする仕組みを構築すること

イ 社内業務のうちコアビジネスでない事業に関わる業務の一部又は全部を、外部の専門的な企業に委託すること

ウ 製品を生産しようとするときに必要となる部品の数量や、調達する資材の所要量、時期を計算する生産管理手法のこと

エ プロジェクトを、戦略との適合性や費用対効果、リスクといった観点から評価を行い、情報化投資のバランスを管理し、最適化を図ること

> **！解法** BPOはBusiness Process Outsourcingの略で業務プロセスをアウトソーシングすることです。アは似た略語のBCPの説明です。
>
> ▶**答え** イ

プロジェクトの調達
公開問題　ITパスポート 平成27年秋 問31

プロジェクトマネジメントの知識エリアには、プロジェクトコストマネジメント、プロジェクト人的資源マネジメント、プロジェクトタイムマネジメント、プロジェクト調達マネジメントなどがある。あるシステム開発プロジェクトにおいて、テスト用の機器を購入するときのプロジェクト調達マネジメントの活動として、適切なものはどれか。

ア　購入する機器を用いたテストを機器の納入後に開始するように、スケジュールを作成する。

イ　購入する機器を用いてテストを行う担当者に対して、機器操作のトレーニングを行う。

ウ　テスト用の機器の購入費用をプロジェクトの予算に計上し、総費用の予実績を管理する。

エ　テスト用の機器の仕様を複数の購入先候補に提示し、回答内容を評価して適切な購入先を決定する。

> **！解法** 購入先候補の選定はプロジェクト調達マネジメントの要素です。
>
> ▶**答え** エ

プロジェクトの コミュニケーション

▶ プロジェクトノコミュニケーション

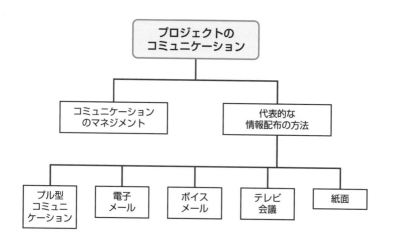

定義 プロジェクトのコミュニケーションは、ステークホルダへの情報提供を行う活動です。

プロジェクトコミュニケーションマネジメントはステークホルダとの情報提供の仕組みを構築します。

プロジェクトで利用される情報提供の方法は、プロジェクトの特性にあったものを利用します。インタラクティブに行うことが可能な**双方向コミュニケーション**、発信者側のタイミングで行われる**プッシュ型コミュニケーション**、受信者のタイミングによって受け取る**プル型コミュニケーション**、**電子メール**、**ボイスメール**、**テレビ会議**、**紙**など、様々なものを利用、もしくは併用します。

プロジェクトの初期段階でコミュニケーション方法を決め、随時見直していくことで円滑にプロジェクトを進められます。

333

memo

サービス
マネジメント

サービスレベル合意書 (SLA)、サービスの計画

▶ サービスレベルゴウイショ

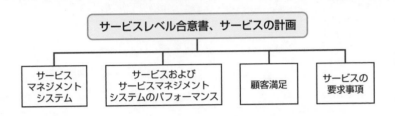

定義 サービスレベル合意書はサービス提供者の責任範囲を明確にします。

サービスレベル合意書とサービスの計画の概要と用語は次のとおりです。

●サービスレベル合意書 (SLA：Service Level Agreement)
サービスレベル合意書とは、サービス提供事業者が契約者に対して、保証する
サービス品質を定義し、守れなかった場合のペナルティ (費用の減額など) を記載
したものです。過剰な契約者からの要求を避け、顧客満足をコントロールする場
合にも有効です。サービスレベルは客観的な方法で測定できるよう、**サービス時
間**、**応答時間**などを計測します。

●サービスマネジメントシステム (SMS)
サービスマネジメントシステムとは、高品質なサービスを顧客に提供するため、
技術的な面と**顧客満足**の面に対応するためにサービスを管理するシステムです。

●**ITサービス提供者が構築するサービスマネジメントシステム (JIS Q 20000)**
ITサービスマネジメントの規格文書です。

●**サービスの計画**
サービスの計画では、既存のサービス、新規サービス及びサービス変更に対する
サービスの要求事項を決定します。
サービスの要求事項の策定に際し、ステークホルダのニーズに基づき、重要な

サービスの決定を行い、サービス間の依存関係及び重複を判断して管理します。サービスとサービスマネジメントの方針、サービスマネジメントの目的及びサービスの要求事項と整合させることが必要になった場合には、適切な変更を提案します。また、事業のニーズ及びサービスマネジメントの目的と整合させるために、利用可能な資源を考慮して、変更要求、及び新規サービス又はサービス変更の提案の優先度付けを行う必要があります。

サービスレベル合意書 (SLA)、サービスの計画
公開問題　情報セキュリティマネジメント 平成28年春 午前 問40

SLAに記載する内容として、適切なものはどれか。

ア　サービス及びサービス目標を特定した、サービス提供者と顧客との間の合意事項
イ　サービス提供者が提供する全てのサービスの特徴、構成要素、料金
ウ　サービスデスクなどの内部グループとサービス提供者との間の合意事項
エ　利用者から出されたITサービスに対する業務要件

！ 解法　SLAには対象となるサービスとサービス目標が記載されます。

▶**答え**　ア

サービスレベル合意書 (SLA)、サービスの計画
公開問題　情報セキュリティマネジメント 平成30年秋 午前 問41

ITサービスマネジメントにおいて、SMS（サービスマネジメントシステム）の効果的な計画立案、運用及び管理を確実にするために、SLAやサービスカタログを文書化し、維持しなければならないのは誰か。

ア　経営者　　イ　顧客　　ウ　サービス提供者　　エ　利用者

！ 解法　SLAやサービスカタログはサービス提供者によって文書化、維持されます。

▶**答え**　ウ

SECTION 13 サービスマネジメント

サービスカタログ管理

▶ サービスカタログカンリ

サービスカタログ管理 ── サービスカタログ

📘 **定義** サービスカタログとは、サービス提供者側がITサービスを利用する側向けに、利用可能なITサービスをリストにまとめたものです。

サービスカタログには、提供中のサービス一覧と今後提供予定のサービス一覧が含まれます。
利用者はサービスカタログを確認することで、提供されるサービスの中から、希望するサービスを選ぶことができるようになります。

サービスカタログ管理

公開問題 ITパスポート 平成24年秋 問47

機能が随時追加されるWebポータルシステムのサービス提供者が、提供中のITサービスを一覧できる利用者向けのカタログを作成した。カタログの内容に関する記述として、適切なものはどれか。

ア ITに詳しくない利用者にもサービス内容が理解できるようにする。
イ 維持管理のコストが掛からないように更新は年1回にまとめて実施すべきである。
ウ 記述の厳密性を高めるために利用者に分かりにくくなっても専門用語を多用する。
エ サービス提供者が説明しやすい形式でITサービスのカタログを作成する。

- -

⚠ 解法

ア 正解です。
イ 年1回の更新では、反映が適切にできない可能性があります。
ウ、エ 利用者に分かりやすい記述にする必要があります。

▶答え ア

資産管理、構成管理

▶ シサンカンリ、コウセイカンリ

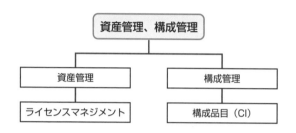

📝 **定義** 資産管理、構成管理は、システムの維持ではなく、サービスマネジメントを維持するための活動です。

資産管理では使用するソフトウェアのライセンスが適切に管理されているかライセンスマネジメントを、構成管理では、あらかじめ定義されたIT資産の構成品目 (CI : Configuration Item) をリストアップし、管理します。

資産管理、構成管理

公開問題 ITパスポート 平成21年秋 問53

サービスサポートにおける構成管理の役割はどれか。

ア あらかじめ定義されたIT資産の情報を管理する。
イ インシデントの発生から解決までを管理する。
ウ サービスサポートの要員を管理する。
エ 変更が承認されたシステムに関する変更を実際に行い、記録する。

- -

❗ **解法**

ア 正解です。
イ インシデント管理の役割です。
ウ サービスデスクの役割です。
エ リリース管理の役割です。

▶答え ア

事業関係管理、サービスレベル管理、供給者管理

▶ ジギョウカンレンカンリ、サービスレベルカンリ、キョウキュウシャカンリ

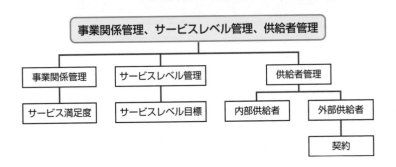

定義 事業関係管理では、顧客との関係確立維持、サービスレベル管理では、SLAの維持、供給者管理で委託先の管理を行います。

事業関係管理、サービスレベル管理、供給者管理に関連する代表的な用語と概要は次のとおりです。

●事業関係管理
事業関係管理とは、顧客のニーズに応えるサービスが提供できるように、顧客との関係を確立し維持していくことです。サービス満足度の測定などを行います。

●サービスレベル管理
サービスレベル管理では、顧客と締結したSLAを維持するための活動を行います。SLAでサービスレベル目標を設定し、PDCAマネジメントサイクルによってサービスの維持、及び向上を図ります。想定されるPDCAでの活動の概要は次のとおりです。

●Plan（計画）
サービスを設計し、提供するために必要となる方針、目的、計画及びプロセスを含むSMSを確立し、文書化し、それに合意します。

- ● Do（実行）

  SMSを導入し、運用します。

- ● Check（点検）

  SMS及びサービスを監視、測定及びレビューします。また、それらの結果を報告します。

- ● Act（処置）

  SMSのパフォーマンスを継続的に改善するための処置を実施します。

● 供給者管理

供給者管理とは、サービス提供者がサービス提供時に運用を委託する場合に、委託先の**内部供給者**、**外部供給者**を管理することです。内部供給者に運用を委託する場合には、運用レベルを保証するためにOLA（Operation Level Agreement：運用レベル合意書）でサービス及びサービス目標を定義、作成し、**契約**を行います。

OLAは、サービス提供者と内部供給者との間で取り交わした合意文書で、サービス及びサービス目標を定義しています。

外部供給者に運用を委託する場合には、UC（Underpinning Contract：基盤契約）を定義、作成し、契約を行います。OLAもUCも顧客とのSLAの根拠であるため、重要です。

▼ OLA、UC、SLAの関係イメージ

事業関係管理、サービスレベル管理、供給者管理

公開問題　情報セキュリティマネジメント　平成29年秋　午前　問41

サービスマネジメントシステムにPDCA方法論を適用するとき、Actに該当するものはどれか。

ア サービスの設計、移行、提供及び改善のためにサービスマネジメントシステムを導入し、運用する。

イ サービスマネジメントシステム及びサービスのパフォーマンスを継続的に改善するための処置を実施する。

ウ サービスマネジメントシステムを確立し、文書化し、合意する。

エ 方針、目的、計画及びサービスの要求事項について、サービスマネジメントシステム及びサービスを監視、測定及びレビューし、それらの結果を報告する。

！ 解法

ア Do（実行）に関する説明です。

イ 正解です。

ウ Plan（計画）に関する説明です。

エ Check（点検）に関する質問です。

▶答え　イ

事業関係管理、サービスレベル管理、供給者管理

公開問題　情報セキュリティマネジメント　平成29年春　午前　問41

ITサービスマネジメントにおける運用レベル合意書（OLA）の説明はどれか。

ア サービス提供者と供給者との間で取り交わした合意文書であり、サービス及びサービス目標を定義した文書である。

イ サービス提供者と顧客との間で取り交わした合意文書であり、サービス及びサービス目標を定義した文書である。

ウ サービス提供者と内部グループとの間で取り交わした合意文書であり、サービス及びサービス目標を定義した文書である。

エ サービス内容を顧客に提示するための文書であり、提供する全てのサービスの種類や構成を定義した文書である。

！解法

ア UC（Underpinning Contract：基盤契約）に関する説明です。

イ SLAに関する説明です。

ウ 正解です。

エ サービスカタログに関する説明です。

▶答え　ウ

事業関係管理、サービスレベル管理、供給者管理
公開問題　ITパスポート令和3年春 問53

ITサービスにおけるSLMに関する説明のうち、適切なものはどれか。

ア SLMでは、SLAで合意したサービスレベルを維持することが最優先課題となるので、サービスの品質の改善は補助的な活動となる。

イ SLMでは、SLAで合意した定量的な目標の達成状況を確認するために、サービスの提供状況のモニタリングやレビューを行う。

ウ SLMの目的は、顧客とサービスの内容、要求水準などの共通認識を得ることであり、SLAの作成が活動の最終目的である。

エ SLMを効果的な活動にするために、SLAで合意するサービスレベルを容易に達成できるレベルにしておくことが重要である。

！解法 SLMはサービスレベル管理（Service Level Management）のことです。

ア SLMでは、サービスの品質の改善も行います。

イ 正解です。

ウ SLMはSLAを維持するために行います。

エ SLMはSLAを基に策定されます。

▶答え　イ

需要管理、容量・能力管理

▶ ジョウヨカンリ、ヨウリョウ・ノウリョクカンリ

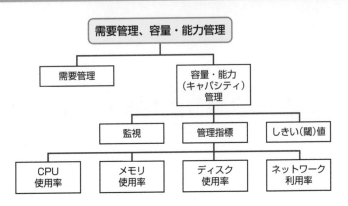

定義 需要管理、容量・能力管理は、継続的にサービスの提供が可能かを予測、管理する活動です。

需要管理、容量・能力管理に関連する代表的な用語と概要は次のとおりです。

●需要管理
需要管理とは、サービスに対する顧客の需要を総合的に把握、予測し、管理するプロセスのことです。

●容量・能力（キャパシティ）管理
容量・能力管理とは、システムが備えるべき能力を管理します。
具体的には、サービスの監視指標（**CPU使用率**、**メモリ使用率**、**ディスク使用率**、**ネットワーク使用率**など）の**しきい値**を設定・**監視**し、キャパシティ拡張の判断を行います。

変更管理、サービスの設計、移行、リリース、および展開管理

▶ ヘンコウカンリ、サービスノセッケイイコウ、リリース、オヨビテンカイカンリ

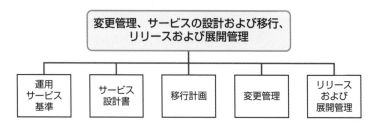

📝 **定義** 変更管理、サービスの設計及び移行、リリース及び展開管理は、変更やリリース、展開によるサービスの影響を考慮し、適切な管理を行う活動です。

変更管理、サービスの設計及び移行、リリース及び展開管理に関連する代表的な用語と概要は次のとおりです。

●変更管理
変更管理は、サービスや構成要素、文書の変更を管理することです。
事業部やIT部門などからのRFC（Request for Change：変更要求）を受け取り、対応を行います。変更管理では変更を安全かつ効率的に行うことが求められます。そのため、**変更によるサービスへの影響**を正しく把握しておくことが重要です。

●サービスの設計及び移行
サービスの設計及び移行では、サービスで計画した**非機能要件**（性能、信頼性、拡張性、セキュリティなどの業務要件を実現するために**システムに求められる機能要件以外の要件**）や**運用サービス基準**などをサービス設計書として作成します。この設計書を基に移行を計画します。

●リリース及び展開管理
リリース及び展開管理とは、変更管理プロセスで承認された変更内容を、ITサー

ビスの本番環境に正しく反映させる作業（リリース作業）のことです。

変更管理、サービスの設計、移行、リリース、および展開管理

公開問題　情報セキュリティマネジメント　平成29年春　午前　問40

システムの利用部門の利用者と情報システム部門の運用者が合同で、システムの運用テストを実施する。利用者が優先して確認すべき事項はどれか。

ア　オンライン処理、バッチ処理などが、運用手順どおりに稼働すること
イ　決められた業務手順どおりに、システムが稼働すること
ウ　全てのアプリケーションプログラムが仕様書どおりに機能すること
エ　目標とする性能要件を満たしていること

！ 解法　利用者が運用テスト上で優先して確認すべき事項は、業務手順どおりにシステムが動作し、業務を行えるかという点です。

▶**答え　イ**

変更管理、サービスの設計、移行、リリース、および展開管理

公開問題　情報セキュリティマネジメント　平成28年秋　午前　問41

システムの移行テストを実施する主要な目的はどれか。

ア　確実性や効率性の観点で、既存システムから新システムへの切替え手順や切替えに伴う問題点を確認する。
イ　既存システムのデータベースのコピーを利用して、新システムでも十分な性能が得られることを確認する。
ウ　既存のプログラムと新たに開発したプログラムとのインタフェースの整合性を確認する。
エ　新システムが要求されたすべての機能を満たしていることを確認する。

！ 解法

ア　正解です。システムの移行に伴うシステムの切り替えテストです。

イ　性能テストについての説明です。

ウ　結合テストについての説明です。

エ　機能テストについての説明です。

▶答え　ア

変更管理、サービスの設計、移行、リリース、および展開管理
公開問題　情報セキュリティマネジメント 平成29年春 午前 問49

受注管理システムにおける要件のうち、非機能要件に該当するものはどれか。

ア　顧客から注文を受け付けるとき、与信残金額を計算し、結果がマイナスになった場合は、入力画面に警告メッセージを表示すること

イ　受注管理システムの稼働率を決められた水準に維持するために、障害発生時は半日以内に回復できること

ウ　受注を処理するとき、在庫切れの商品であることが分かるように担当者に警告メッセージを出力すること

エ　出荷できる商品は、顧客から受注した情報を受注担当者がシステムに入力し、営業管理者が受注承認入力を行ったものに限ること

！解法

ア　入力画面に警告メッセージを表示することは業務を実現するために必要な要求のため、機能要件に該当します。

イ　正解です。稼働率の維持は業務を実現するために必要な要求ではないため、非機能要件に該当します。

ウ　在庫切れの警告メッセージを出力することは業務を実現するために必要な要求のため、機能要件に該当します。

エ　処理のフローに受注承認入力を行うことは業務を実現するために必要な要求のため、機能要件に該当します。

▶答え　イ

変更管理、サービスの設計、移行、リリース、および展開管理
公開問題　情報セキュリティマネジメント　平成30年春　午前　問48

ITアウトソーシングの活用に当たって、委託先決定までの計画工程、委託先決定からサービス利用開始までの準備工程、委託先が提供するサービスを発注者が利用する活用工程の三つに分けたとき、発注者が活用工程で行うことはどれか。

ア 移行計画やサービス利用におけるコミュニケーションプランを委託先と決定する。

イ 移行ツールのテストやサービス利用テストなど、一連のテストを委託先と行う。

ウ 稼働状況を基にした実績報告や利用者評価を基に、改善案を委託先と取りまとめる。

エ 提案依頼書を作成、提示して委託候補先から提案を受ける。

⚠ 解法

ア、イ 委-託先が決まり、サービス利用開始前の調整と読み取れるため、準備工程に該当します。

ウ 正解です。サービス利用開始後の調整と読み取れます。

エ 委託先確定前の検討と読み取れるため、計画工程に該当します。

▶**答え　ウ**

サービスの問題・課題への管理

▶ サービスノモンダイ・カダイヘノカンリ

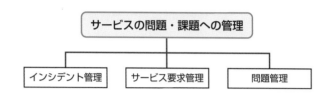

📝 **定義** インシデント管理、サービス要求管理、問題管理は、サービスの問題や課題に対応するための活動です。

インシデント管理、サービス要求管理、問段管理に関連する代表的な用語と概要は次のとおりです。

●インシデント管理
サービスマネジメントでは、インシデントをサービスに対する計画外の中断、サービスの品質の低下、将来顧客へのサービスに**影響**が出る可能性のある事象と定義します。インシデント管理は、こうしたインシデントによる影響を最小限に抑えることです。
完全な解決策がまだ存在しないインシデントに対しては、影響を低減または排除するために回避策（ワークアラウンド）を策定し、業務への悪影響を最小限に抑えます。

●エスカレーション（段階的取扱い）
エスカレーションとは、インシデントを受け付けた担当者が処理しきれない難易度の高いインシデントや**重大なインシデント**を、より対処能力に優れた専門組織や、権限を持つ上位組織などに解決を依頼することです。

●ヒヤリハット
ヒヤリハットとは、重大な災害や事故に直結してもおかしくないような事例のことです。

●サービス要求管理
サービス要求管理とは、**サービス要求**の記録、分類、優先順位付け、実行、完了を管理することです。

●問題管理
問題管理とは、インシデントの**根本原因**を特定し、**問題（1つ以上の根本原因）**の影響を最小化又は回避することです。インシデントの**根本原因**と潜在的な**予防処置**を特定、問題解決のための変更要求を提起、**傾向分析**などを行い、サービスへの影響を低減又は除去するための処置を特定、**既知の誤り（根本原因が特定済であったり、回避策によってサービスへの影響を低減、除去する方法がある問題）**を記録する活動を行います。

サービスの問題・課題への管理

公開問題 情報セキュリティマネジメント 令和元年秋 午前 問41

ITサービスマネジメントにおいて、"サービスに対する計画外の中断"、"サービスの品質の低下"、又は"顧客へのサービスにまだ影響していない事象"を何というか。

ア インシデント　イ 既知の誤り　ウ 変更要求　エ 問題

！ 解法

ア　正解です。

イ、ウ、エ　"サービスに対する計画外の中断"、"サービスの品質の低下"、又は"顧客へのサービスにまだ影響していない事象"の説明には該当しません。

▶答え　ア

サービスの問題・課題への管理

公開問題 情報セキュリティマネジメント 平成29年春 午前 問42

ITサービスマネジメントにおける問題管理プロセスの目的はどれか。

ア インシデントの解決を、合意したサービス目標及び時間枠内に達成することを確実にする。

イ インシデントの未知の根本原因を特定し、恒久的な解決策を提案したり、インシデントの発生を事前予防的に防止したりする。

ウ 合意した目標の中で、合意したサービス継続及び可用性のコミットメントを果たすことを確実にする。

エ 全ての変更を制御された方法でアセスメントし、承認し、実施し、レビューすることを確実にする。

！ 解法

ア サービスレベル管理プロセスに関する説明です。

イ 正解です。

ウ サービス継続及び可用性管理プロセスに関する説明です。

エ 変更管理プロセスに関する説明です。

▶答え イ

サービス可用性管理、サービス継続管理

▶ サービスカヨウセイカンリ、サービスケイゾクカンリ

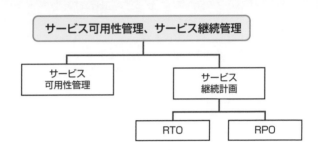

> **定義** サービス可用性管理は可用性の確保、サービス継続管理はサービス継続の確保を目的とした活動です。

サービス可用性管理、サービス継続管理に関連する代表的な用語と概要は次のとおりです。

●サービス可用性管理
サービス可用性管理は、顧客と合意したSLAを守るため、サービス障害、災害の予防、サービス復旧、SLA達成のための十分なサービスの可用性を確保するために行います。

●サービス継続管理
サービス継続管理では、あらかじめ計画した方法で**障害復旧**や**災害復旧**の目的で、待機系への切替えやデータ復旧などを行います。また、BCP（事業継続計画）を策定し、RTO（Recovery Time Objective：目標復旧時間）、RPO（Recovery Point Objective：目標復旧時点）を定義します。

●RTO（Recovery Time Objective：目標復旧時間）
RTOとは、障害などで業務が中断した後、業務を再開させるまでの目標時間です。

●RPO (Recovery Point Objective：目標復旧時点)

RPOとは、障害などで業務が中断した後、障害発生前のどの時点までの状態に戻すのかの目標値です。

●ホットスタンバイ

ホットスタンバイとは、主系 (現用系) のシステムとともに従系 (待機系) システムを常時稼働させておく構成です。

●コールドスタンバイ

コールドスタンバイとは、主系 (現用系) のシステムからの切り替えが発生するまでは従系 (待機系) のシステムを停止しておく構成です。

●信頼性

信頼性とは、顧客と合意した機能を中断することなく実行する能力のことです。

●保守性

保守性とは、障害発生後、速やかに通常の稼働状態に戻す能力のことです。

サービス可用性管理、サービス継続管理

公開問題　情報セキュリティマネジメント 平成29年春 午前 問4

ディザスタリカバリを計画する際の検討項目の一つであるRPO (Recovery Point Objective) はどれか。

ア　業務の継続性を維持するために必要な人員計画と交代要員の要求スキルを示す指標

イ　災害発生時からどのくらいの時間以内にシステムを再稼働しなければならないかを示す指標

ウ　災害発生時に業務を代替する遠隔地のシステム環境と、通常稼働しているシステム環境との設備投資の比率を示す指標

エ　システムが再稼働したときに、災害発生前のどの時点の状態までデータを復旧しなければならないかを示す指標

！ 解法 RPOとは、障害などで業務が中断した後、障害発生前のどの時点までの状態に戻すのかの目標値です。

▶**答え エ**

サービス可用性管理、サービス継続管理

公開問題 情報セキュリティマネジメント 平成30年秋 午前 問40

合意されたサービス提供時間が7:00～19:00であるシステムにおいて、ある日の16:00にシステム障害が発生し、サービスが停止した。修理は21:00まで掛かり、当日中にサービスは再開できなかった。当日のサービスは予定どおり7:00から開始され、サービス提供の時間帯にサービスの計画停止は行っていない。この日の可用性は何%か。ここで、可用性は小数点以下を切り捨てるものとする。

ア 25 **イ** 60 **ウ** 64 **エ** 75

！ 解法 サービスの可用性（稼働率）は、合意されたサービス提供時間における稼働時間の実績の割合から算出されます。

合意されたサービス提供時間＝12時間
障害発生による停止時間＝3時間
サービス提供時間の実績＝9時間
稼働率＝9時間÷12時間＝0.75＝75%

▶**答え エ**

パフォーマンス評価

▶ パフォーマンスヒョウカ

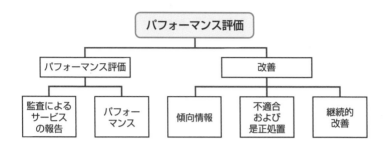

📝 **定義** パフォーマンス評価は、サービスレベル目標を満たすために監視、測定、分析、評価などを行う活動です。

パフォーマンス評価及び改善に関連する代表的な用語と概要は次のとおりです。

●パフォーマンス評価

パフォーマンス評価とは、サービスマネジメントが**(サービスレベル目標に対する)パフォーマンス**を満たしているかを評価するため、目的に合わせて作成したサービスの要求事項と照らし、監視、測定、分析、評価を行うことです。
内部監査やマネジメントレビューといった手法を用いて、設定した監査項目に従い評価、報告を行います。

●**不適合及び是正処置、継続的改善**

パフォーマンス評価で不適合が発生した場合には、**不適合を是正する**必要があります。
パフォーマンスの改善は、継続的に改善を行なっていくことが重要です。
パフォーマンスの**傾向情報**などから評価基準を設定しておくことにより、改善活動の管理が可能となります。

SECTION 13 サービスマネジメント

355

サービスの運用

▶ サービスノウンヨウ

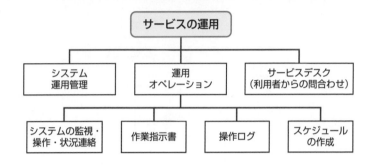

> **定義** サービスの運用は、システム運用管理、運用オペレーション、サービスデスクなどの活動です。

サービスの運用に関連する代表的な用語と概要は次のとおりです。

●システム運用管理
システム運用管理では、運用要件を満たしているかどうかを評価します。
システム運用管理の代表的な評価項目としては、機能性評価指標（要求機能の実現度に関する指標）、使用性評価指標（特定の利用の実現度に関する指標）、性能指標（応答時間、処理時間に関する指標）、資源の利用状況に関する指標（資源の利用状況に関する指標）、信頼性評価指標（システム故障の頻度、障害件数、回復時間、稼働率に関する指標）などがあります。

●運用オペレーション
運用オペレーションとは、日々の運用業務をルール化、手順化して実施することです。
代表的なものとして**システムの監視・操作・状況連絡**、**作業指示書**、**操作ログ**、**スケジュールの作成**などがあります。

●サービスデスク（利用者からの問合せ）
サービスデスクでは、インシデントの連絡の受付、対応及び解決に向けた問い合わせ対応を行います。次のような種類や用語があります。

● ローカルサービスデスク

利用者のオフィス、もしくは地理的に近い場所に設置されたサービスデスクのことです。

● 中央サービスデスク

サービスデスクの機能を一カ所の拠点にまとめ、問い合わせ対応する体制のサービスデスクです。

● バーチャルサービスデスク

物理的には分散していますが、実際には複数の拠点に分散しており、疑似的に1つの組織としてサービスを提供するサービスデスクです。

● フォロー・ザ・サン

複数の異なる拠点（国）に配置され、中央での統括管理されるサービスデスクです。異なるタイムゾーンの国に拠点を構えることで、時差を活用し、24時間365日のサービスを提供することが可能になります。

サービスの運用
公開問題　情報セキュリティマネジメント 平成31年春 午前 問42

システム運用におけるデータの取扱いに関する記述のうち、最も適切なものはどれか。

ア エラーデータの修正は、データの発生元で行うものと、システムの運用者が所属する運用部門で行うものに分けて実施する。

イ 原始データの信ぴょう性のチェック及び原始データの受渡しの管理は、システムの運用者が所属する運用部門が担当するのが良い。

ウ データの発生元でエラーデータを修正すると時間が掛かるので、エラーデータの修正はできるだけシステムの運用者が所属する運用部門に任せる方が良い。

エ 入力データのエラー検出は、データを処理する段階で行うよりも、入力段階で行った方が検出及び修正の作業効率が良い

！ 解法

ア 運用規定に従う必要がありますが、一般的にデータの修正はデータ発生元の責任で行う必要があります。

イ 運用規定に従う必要がありますが、原始データの信ぴょう性のチェック及び原始データの受渡しの管理はデータ発生元の責任で行う必要があります。

ウ 運用規定に従う必要がありますが、一般的にデータの修正はデータ発生元の責任で行う必要があります。

エ 正解です。

▶答え　エ

サービスの運用

公開問題　情報セキュリティマネジメント　平成30年春　午前 問42

サービスデスク組織の構造とその特徴のうち、ローカルサービスデスクのものはどれか。

ア サービスデスクを1拠点又は少数の場所に集中することによって、サービス要員を効率的に配置したり、大量のコールに対応したりすることができる。

イ サービスデスクを利用者の近くに配置することによって、言語や文化の異なる利用者への対応、専用要員によるVIP対応などができる。

ウ サービス要員が複数の地域や部門に分散していても、通信技術を利用によって単一のサービスデスクであるかのようにサービスが提供できる。

エ 分散拠点のサービス要員を含めた全員を中央で統括して管理することによって、統制の取れたサービスが提供できる。

！ 解法

ア 中央サービスデスクに関する説明です。

イ 正解です。

ウ バーチャルサービスデスクに関する説明です。

エ フォロー・ザ・サンに関する説明です。

▶答え　イ

ファシリティマネジメント

▶ ファシリティマネジメント

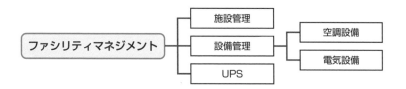

📝 **定義** ファシリティマネジメントは、施設や設備の維持や保全を行う活動です。

施設管理として火災、地震などの災害への対策、**設備管理**として電気設備（落雷、停電、瞬断への対応として**UPS**を導入など）や空調設備を管理します。

ファシリティマネジメント

公開問題　ITパスポート　令和4年春　問46

a～dのうち、ファシリティマネジメントに関する実施事項として、適切なものだけを全て挙げたものはどれか。

a．コンピュータを設置した建物への入退館の管理
b．社内のPCへのマルウェア対策ソフトの導入と更新管理
c．情報システムを構成するソフトウェアのライセンス管理
d．停電時のデータ消失防止のための無停電電源装置の設置

ア a、c　　**イ** a、d　　**ウ** b、d　　**エ** c、d

⚠ 解法

a．ファシリティマネジメントに関する施策です。
b．情報セキュリティに関する施策です。
c．IT資産管理に関する施策です。
d．ファシリティマネジメントに関する施策です。　　　　　　　　▶**答え　イ**

memo

システム監査

システム監査の目的と手順

注目度 ★★★★

▶ システムカンサノモクテキトテジュン

システム監査の目的と手順

- システム監査の体制整備
- システム監査人の独立性・客観性・慎重な姿勢
- システム監査計画策定
- システム監査実施
- システム監査報告とフォローアップ
- 情報システムの総合的な点検・評価・検証

定義 システム監査とは、独立性と慎重な姿勢とともに専門性と客観性を備えたシステム監査人が、一定の基準に基づき、情報システムの総合的な点検・評価・検証をして、監査報告の利用者に情報システムのガバナンス、マネジメント、コントロールの適切性等に対する保証を与える、又は改善のための助言を行う監査の1つです。

システム監査を受けた組織体は結果を基に情報システムの**安全性**、**信頼性**、**準拠性**、**戦略性**、**効率性**、**有効性**の向上を図ります。
システム監査の目的と手順に関連する代表的な用語と概要は次のとおりです。

●システム監査の体制整備
システム監査結果の適正性を確保できるよう、システム監査の体制整備を行います。
システム監査を円滑にすすめるために監査人の権限を明確にしておきます。
ログ取得や処理手順が確立され、監査人が業務処理の正当性や内部統制を効果的に監査、レビューできるように情報システムが設計・運用されている必要があります。

●システム監査人の独立性・客観性・慎重な姿勢
経済産業省のシステム監査基準では、システム監査人の**独立性**について外観上の独立性（監査対象からの独立）と精神上の独立性（慎重、公平かつ客観的な監査）を定めています。

●システム監査計画策定

システム監査を効率的かつ効果的に実施するためには、システム監査計画を適切に策定する必要があります。そのためには事前に監査対象となる情報システムの構成や組織、人員体制、管理方法などについて十分な情報を入手して、その目的、対象範囲、システム監査人の権限や責任を明確に定めます。

●システム監査実施 (監査証拠の入手と評価ほか)

システム監査計画の策定後、システム監査は、予備調査 (監査目標設定、質問票作成、被監査部門への質問票送付及び回答分析、規程類等の分析、予備調査結果の総括、監査手続書作成など)、本調査 (準拠性テスト、実証性テスト、監査の結論の総括、監査調書の作成など)、評価・結論 (コントロールの整備状況・運用状況の評価、監査実施の結論のとりまとめ) を行います。

●システム監査報告とフォローアップ

システム監査報告書は、監査終了後、システム監査人が監査結果に基づいて作成した監査依頼者向けの報告書です。
監査の概要とともに、監査の結論や指摘事項に対する改善提案などが記載されます。

フォローアップとは、被監査部門が行う主体的な改善活動を支援するため、システム監査報告書に記載された改善勧告について適切な措置が講じられているかどうかを、システム監査人が、改善計画およびその実施状況に関する情報を収集し、改善状況を確認することです。

●システム監査技法

●ウォークスルー法

データの生成から入力、処理、出力、活用までのプロセス、及び組み込まれているコントロールを、書面上で、又は実際に追跡する技法です。

●監査モジュール法

システムに組み込まれた監査用モジュールによって、一定の条件のデータが発生するたびにこれを監査用ファイルに記録します。記録されたものを後日確認します。

●ペネトレーションテスト法

実際に監査対象のシステムへ侵入を試み、問題がないかを確認する技法です。

システム監査の目的と手順

公開問題　情報セキュリティマネジメント　平成29年秋　午前　問39

システム監査基準（平成16年）における、組織体がシステム監査を実施する目的はどれか。

ア　自社の強み・弱み、自社を取り巻く機会・脅威を整理し、新たな経営戦略・事業分野を設定する。

イ　システム運用部門によるテストによって、社内ネットワーク環境の脆弱性を知り、ネットワーク環境を整備する。

ウ　情報システムにまつわるリスクに対するコントロールの整備・運用状況を評価し、改善につなげることによって、ITガバナンスの実現に寄与する。

エ　ソフトウェア開発の生産性のレベルを客観的に知り、開発組織の能力を向上させるために、より高い生産性レベルを目指して取り組む。

！ 解法

ア　SWOT（Strength（強み）、Weakness（弱み）、Opportunity（機会）、Threat（脅威））分析に関する説明です。

イ　脆弱性診断テストに関する説明です。

ウ　正解です。

エ　CMMI（Capability Maturity Model Integration：能力成熟度モデル統合）に関する説明です。

● **システム監査基準**
https://www.saaj.or.jp/kijun/system_kansa.pdf

▶答え　ウ

システム監査の目的と手順

公開問題　情報セキュリティマネジメント　平成31年春　午前　問39

システム監査報告書に記載する指摘事項に関する説明のうち、適切なものはどれか。

- **ア**　監査証拠による裏付けの有無にかかわらず、監査人が指摘事項とする必要があると判断した事項を記載する。
- **イ**　監査人が指摘事項とする必要があると判断した事項のうち、監査対象部門の責任者が承認した事項を記載する。
- **ウ**　調査結果に事実誤認がないことを監査対象部門に確認した上で、監査人が指摘事項とする必要があると判断した事項を記載する。
- **エ**　不備の内容や重要性は考慮せず、全てを漏れなく指摘事項として記載する。

！ 解法

- **ア**　監査証拠による裏付けは必要です。
- **イ**　監査対象部門の責任者の承認は不要です。
- **ウ**　正解です。
- **エ**　発見した不備は、内容や重要性によって監査報告書の指摘事項とすべきかどうか判断します。

▶**答え　ウ**

SECTION 14 システム監査

▶ ジョウホウセキュリティカンサ

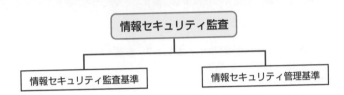

> ![定義] 情報セキュリティ監査の目的は情報セキュリティに係るリスクのマネジメントが効果的に実施されるようにすることです。

情報セキュリティ監査は、リスクアセスメントに基づく適切なコントロールの整備、運用状況を、情報セキュリティ監査人が独立かつ専門的な立場から検証又は評価して、もって保証を与えあるいは助言を行います。
情報セキュリティ監査の監査対象は、情報資産です。
情報セキュリティ監査に関連する代表的な用語と概要は次のとおりです。

● 情報セキュリティ監査基準
情報セキュリティ監査基準とは、監査人の行為規範です。情報セキュリティ監査業務の品質を確保し、有効かつ効率的に監査を実施することを目的とします。

一般基準	監査人としての適格性及び監査業務上の遵守事項を規定
実施基準	監査計画の立案及び監査手続の適用方法を中心に監査実施上の枠組みを規定
報告基準	監査報告に係る留意事項と監査報告書の記載方式を規定

> ● 情報セキュリティ監査制度 (METI/経済産業省)
> https://www.meti.go.jp/policy/netsecurity/is-kansa/

● 情報セキュリティ管理基準
情報セキュリティ管理基準とは、情報セキュリティ監査の判断基準です。
次の基準により構成されています。

マネジメント基準	情報セキュリティマネジメントの計画、実行、点検、処置に必要な実施事項を定める
管理策基準	組織における情報セキュリティマネジメントの確立段階において、リスク対応方針に従って管理策を選択する際の選択肢を与える

情報セキュリティ監査

公開問題　情報セキュリティマネジメント 平成28年秋 午前 問40

"情報セキュリティ監査基準"に関する記述のうち、最も適切なものはどれか。

ア　"情報セキュリティ監査基準"は情報セキュリティマネジメントシステムの国際規格と同一の内容で策定され、更新されている。

イ　情報セキュリティ監査人は、他の専門家の支援を受けてはならないとしている。

ウ　情報セキュリティ監査の判断の尺度には、原則として、"情報セキュリティ管理基準"を用いることとしている。

エ　情報セキュリティ監査は高度な技術的専門性が求められるので、監査人に独立性は不要としている。

！解法

ア　情報セキュリティ管理基準に関する説明です。

イ　必要かつ適切と判断される場合、他の専門家の支援を受けることが許されています。

ウ　正解です。

エ　監査人には外観上及び精神上の独立性が要求されます。

▶答え　ウ

SECTION 14 システム監査

情報セキュリティ監査

公開問題　情報セキュリティマネジメント　平成28年春　午前　問39

"情報セキュリティ監査基準" に基づいて情報セキュリティ監査を実施する場合、監査の対象、及びコンピュータを導入していない部署における監査実施の要否の組合せのうち、最も適切なものはどれか。

	監査の対象	コンピュータを導入していない部署における監査実施の要否
ア	情報資産	必要
イ	情報資産	不要
ウ	情報システム	必要
エ	情報システム	不要

!解法　情報セキュリティ監査基準の対象は情報資産です。情報資産は情報システム上で取り扱わない、紙媒体の資料なども含まれるため、コンピュータを導入していない部署への監査実施も必要です。

▶答え　ア

情報セキュリティ監査

公開問題　情報セキュリティマネジメント　平成31年春　午前　問40

経済産業省 "情報セキュリティ監査基準 実施基準ガイドライン (Ver1.0)" における、情報セキュリティ対策の適切性に対して一定の保証を付与することを目的とする監査 (保証型の監査) と情報セキュリティ対策の改善に役立つ助言を行うことを目的とする監査 (助言型の監査) の実施に関する記述のうち、適切なものはどれか。

ア　同じ監査対象に対して情報セキュリティ監査を実施する場合、保証型の監査から手がけ、保証が得られた後に助言型の監査に切り替えなければならない。

イ　情報セキュリティ監査において、保証型の監査と助言型の監査は排他的であり、監査人はどちらで監査を実施するかを決定しなければならない。

ウ　情報セキュリティ監査を保証型で実施するか助言型で実施するかは、監査要請者のニーズによって決定するのではなく、監査人の責任において決定する。

エ　不特定多数の利害関係者の情報を取り扱う情報システムに対しては、保証型

の監査を定期的に実施し、その結果を開示することが有用である。

！ 解法

ア 助言型の監査から手がけ、被監査側の情報セキュリティ対策の水準がレベル達成後、保証型の監査に切り替えます。

イ 保証型の監査と助言型の監査は排他的ではありません。

ウ 監査人のニーズによって決定します。

エ 正解です。

▶答え　エ

情報セキュリティ監査

公開問題　情報セキュリティマネジメント 平成28年春 午前 問38

従業員の守秘義務について、"情報セキュリティ管理基準"に基づいて監査を行った。指摘事項に該当するものはどれか。

ア 雇用の終了をもって守秘義務が解消されることが、雇用契約に定められている。

イ 定められた勤務時間以外においても守秘義務を負うことが、雇用契約に定められている。

ウ 定められた守秘義務を果たさなかった場合、相応の措置がとられることが、雇用契約に定められている。

エ 定められた内容の守秘義務契約書に署名することが、雇用契約に定められている。

！ 解法

ア 正解です。雇用の終了後も守秘義務は解消されないことを盛り込む必要があり、不適切であるため、指摘事項に当たります。

イ、ウ、エ いずれも従業員の守秘義務として雇用契約に定めることは適切です。

▶答え　ア

コンプライアンス監査

▶ コンプライアンスカンサ

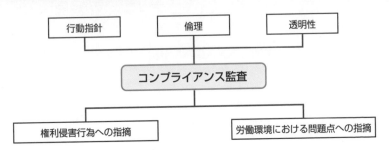

定義 コンプライアンス監査では、組織の行動指針、倫理が守られているか を監査します。

コンプライアンスとは企業が法令や会社で決められた**行動指針**、**倫理**（社会の ルール）を守ることを意味します。コンプライアンス監査では、**透明性**を保ち、**権 利侵害行為への指摘**、**労働環境における問題点への指摘**などを行います。

コンプライアンス監査

公開問題 ITパスポート 平成30年秋 問12

コンプライアンスに関する事例として、最も適切なものはどれか。

ア 為替の大幅な変動によって、多額の損失が発生した。
イ 規制緩和による市場参入者の増加によって、市場シェアを失った。
ウ 原材料の高騰によって、限界利益が大幅に減少した。
エ 品質データの改ざんの発覚によって、当該商品のリコールが発生した。

- -

!解法

ア、イ、ウ コンプライアンスの事例ではなく、市場で発生した事象です。

▶答え エ

内部統制

▶ ナイブトウセイ

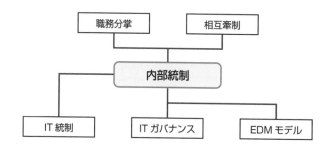

```
   職務分掌          相互牽制
       └────────┬────────┘
                │
           ┌─────────┐
           │ 内部統制 │
           └─────────┘
       ┌────────┼────────┐
   IT 統制   ITガバナンス   EDMモデル
```

📖 **定義** 内部統制とは、組織がその目的を有効・効率的かつ適正に達成するために、組織内部で適用される規則や業務プロセスを整備し運用することです。

内部統制では次の目標達成を目指します。
・業務の有効性及び効率性
・財務報告の信頼性
・事業活動に関わる法令等の遵守
・資産の保全

内部統制に関連する代表的な用語と概要は次のとおりです。

●統制活動
統制活動とは、経営者の命令や指示が適切に実行されることを確保するために定められる方針や手続のことです。
統制活動には、**相互牽制（職務の分離：取引の実施と承認をそれぞれ異なる者に担当させることなど）**、**職務分掌等の実施ルールの設定**などが含まれます。このような対応は内部統制を可視化してチェック体制を確立し、不正や誤謬（ごびゅう）などの発生を予防します。また、**ITの利活用**により、アクセスログや作業ログを記録し、内部統制を効果的に行うことが可能になります。

●情報と伝達
情報と伝達とは、職務に必要な情報が、情報を必要とする組織内のすべての者に、

適時かつ適切に正しく伝えられるようにすることです。

●モニタリング
モニタリングとは、内部統制が有効に機能していることを監視し、継続的に評価、是正することです。モニタリングでの評価方法として次の手法があり、単独、もしくは組み合わせて行われます。

日常的モニタリング	通常の業務の中で内部統制の有効性を継続的に検討・評価を行う
独立的評価	経営上の問題がないか、経営者、取締役会、監査役、監査委員会、内部監査などにより実施を行う

●ITへの対応
ITへの対応とは、組織目標を達成するために、業務の実施において組織内外のITに対し適切に対応することです。

●IT統制
IT統制とは、内部統制の一部で、ITシステム部分に対する統制です。
IT統制には次の段階があります。

IT全社的統制	ITシステムの方針や計画、手続、ルールなどを整備し、運用、監視、改善を行う
IT全般統制	ITシステムが常に整備され、最新技術の動向の把握や、セキュリティの確保がなされて運用できる状態を維持、実行できるよう統制する
IT業務処理統制	ITシステムが、正しく業務で利用されるよう統制する

●ITガバナンス
ITガバナンスとは、ITへの投資・効果・リスクを継続的に最適化するための組織的な取り組みのことです。

●EDM（Evaluate：評価、Direct：指示、Monitor：モニタ）評価モデル
EDM評価モデルでは、経営者はITの投資や利用について決定し、その結果をモニタして改善を行うことが求められています。

経営者は、EDMで次の行動が求められています。

Evaluation	現在と将来のITの利用について評価する
Direct	ITの利用が組織のビジネス目標に合致するよう、計画とポリシを策定し、実施する
Monitor	ポリシへの準拠と計画に対する達成度をモニタする

内部統制
公開問題　情報セキュリティマネジメント　令和元年秋　午前　問37

入出金管理システムから出力された入金データファイルを、売掛金管理システムが読み込んでマスタファイルを更新する。入出金管理システムから売掛金管理システムへ受け渡されたデータの正確性及び網羅性を確保するコントロールはどれか。

ア 売掛金管理システムにおける入力データと出力結果とのランツーランコントロール
イ 売掛金管理システムのマスタファイル更新におけるタイムスタンプ機能
ウ 入金額及び入金データ件数のコントロールトータルのチェック
エ 入出金管理システムへの入力のエディットバリデーションチェック

！解法

ア ランツーランコントロールとは、出力結果を分析し、結果を改善する処理です。
イ タイムスタンプ機能では電子文書の日付を保証します。
ウ 正解です。
エ エディットバリデーションチェックは、想定されている範囲の入力値かどうかを確認する機能です。

▶答え　ウ

内部統制

公開問題　情報セキュリティマネジメント　平成30年春　午前　問37

複数のシステム間でのデータ連携において、送信側システムで集計した送信データの件数の合計と、受信側システムで集計した受信データの件数の合計を照合して確認するためのコントロールはどれか。

ア　アクセスコントロール　　イ　エディットバリデーションチェック
ウ　コントロールトータルチェック　　エ　チェックデジット

- -

！ 解法

ア　アクセスコントロールは、許可されたユーザーのみがアクセスできるように制御することです。
イ　エディットバリデーションチェックは、想定されている範囲の入力値かどうかを確認する機能です。
ウ　正解です。
エ　チェックデジットとは、入力値の誤りなどを検出するための技法です。

▶答え　ウ

内部統制

公開問題　情報セキュリティマネジメント　平成30年秋　午前　問39

システム監査において、電子文書の真正性の検証に電子証明書が利用できる公開鍵証明書取得日、電子署名生成日及び検証日の組合せはどれか。
なお、公開鍵証明書の有効期間は4年間とし、当該期間中の公開鍵証明書の更新や失効は考慮しない前提とする。

	公開鍵証明書取得日	電子署名生成日	検証日
ア	2012年3月1日	2014年8月1日	2018年12月1日
イ	2014年1月1日	2016年12月1日	2018年2月1日
ウ	2015年4月1日	2015年5月1日	2018年12月1日
エ	2016年8月1日	2014年7月1日	2018年3月1日

！ 解法

ア、イ 公開鍵証明書の有効期限が検証日に切れています。

ウ 正解です。

エ 電子署名生成日が公開鍵証明書を取得した日付より古いものになっています。

▶**答え　ウ**

法令順守状況の評価・改善

▶ ホウレイジュンシュジョウキョウノヒョウカ・カイゼン

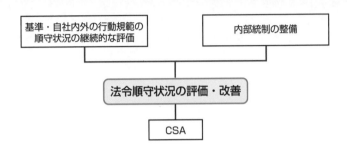

> 📝 **定義** 法令順守状況の評価・改善では、基準・自社内外の行動規範の順守状況の継続的な評価を行います。

法令順守状況の評価・改善に関連する代表的な用語と概要は次のとおりです。

●内部統制の整備

内部統制の整備では内部統制の構築、運用を整備します。
内部統制の整備や運用の最終責任を負っているものは経営者です。
整備を行うものは次のとおりです。

全社的な内部統制	経営者自身がチェックリストなどにより全体的な評価を実施する。
業務プロセスに係る内部統制	業務を可視化し、評価できる状況にするため、業務フローチャート、業務記述書、リスクコントロールマトリクス (RCM) などを構築、運用する。

●CSA (Control Self Assessment：統制自己評価)

CSAとは、業務を熟知している管理者と業務担当者を集め、特定の問題や業務プロセスについて議論し、自己評価する内部監査の手法の1つです。
CSAではアンケートや、ファシリテーションと呼ばれる設定した議論テーマのもと、参加者の意見交換を行い、成果物としてまとめていきます。

SECTION 15

情報システム戦略

システム戦略の策定

▶ システムセンリャクノサクテイ

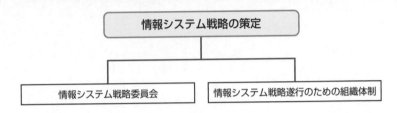

定義 情報システム戦略の策定は、経営戦略の実現のために効果的な情報システムを構築する目的で行います。

情報システム戦略とは、経営資源として情報を有効活用するために立案される、経営戦略と具体的な中長期の経営計画のことです。

経済産業省のシステム管理基準では「情報システム戦略の方針及び目標設定」を次のように規定しています。

①経営陣は、情報システム戦略の方針及び目標の決定の手続を明確化していること。

②経営陣は、経営戦略の方針に基づいて情報システム戦略の方針・目標設定及び情報システム化基本計画を策定し、適時に見直しを行っていること。

③経営陣は、情報システムの企画、開発とともに生ずる組織及び業務の変革の方針を明確にし、方針に則って変革が行われていることを確認していること。

●「システム監査基準」及び「システム管理基準」の改訂について（経済産業省）

https://www.meti.go.jp/policy/netsecurity/sys-kansa/h30kaitei.html

情報システム戦略の策定に関連する代表的な用語と概要は次のとおりです。

●情報システム戦略委員会

情報システム戦略委員会とは、情報システム戦略遂行のための組織体制のことです。

組織全体にまたがる利害関係者の調整が必要なため、経営陣は委員会を編成し、

必要な権限を委譲します。

●情報システム戦略遂行のための組織体制

情報システム戦略遂行のためには、ITに関する専門的知識が求められることから、経営陣はCIOを任命し、必要な権限を委譲します。そして情報システム戦略委員会、情報システム部門、システムを利用する部門との連携を図ります。

システム戦略の策定

公開問題　情報セキュリティマネジメント 平成29年春 午前 問47

情報戦略の立案時に、必ず整合性をとるべき対象はどれか。

ア 新しく登場した情報技術　　**イ** 基幹システムの改修計画
ウ 情報システム部門の年度計画　**エ** 中長期の経営計画

！解法 システム管理基準では「情報システム戦略の目標達成状況を中長期の情報システム化基本計画に照らして適時にモニタリングし、適切な対応に結びつけていること」としています。

▶**答え　エ**

業務プロセスの改善と問題解決

▶ ギョウムプロセスノカイゼントモンダイカイケツ

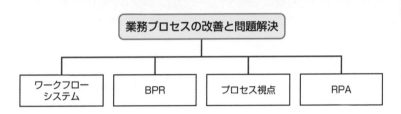

定義 業務プロセスの改善と問題解決とは、経営資源として情報システムを有効活用するため、システム化による業務プロセスの改善を図り、問題解決を行うことです。

システム化の主な目的は、業務の属人化（業務が特定の人物に依存した状態のこと）をなくし、誰でもできるような仕組みを作ることです。
システム化を行うことで、データの柔軟な管理、コスト削減、業務効率化が可能です。また従業員同士のコミュニケーションの円滑化のために、電子メールなども利用されています。
業務プロセスの改善と問題解決に関連する代表的な用語と概要は次のとおりです。

●ワークフローシステム
ワークフローシステムとは、申請書や通知書などの定常処理の決裁を電子化したシステムで行うシステムです。

●BPR（Business Process Reengineering）
BPRとは、業務プロセスを業務本来の目的に基づいて見直し、業務フロー、管理、システムなどを再構築することです。

●プロセス視点
プロセス視点とは、財務的な目標の達成などのために使われるプロセスの指標を設定することです。

●RPA (Robotic Process Automation)

RPAとは、パソコン上のアプリケーションの操作など、人間が関わらないと実施できないとされていた作業を、人間に代わり実施する技術です。

業務プロセスの改善と問題解決

公開問題　情報セキュリティマネジメント 平成29年春 午前 問48

システム企画段階において業務プロセスを抜本的に再設計する際の留意点はどれか。

ア 新たな視点から高い目標を設定し、将来的に必要となる最上位の業務機能と業務組織のモデルを検討する。

イ 業務改善を積み重ねるために、ビジネスモデルの将来像にはこだわらず、現場レベルのニーズや課題への対応を重視して業務プロセスを再設計する。

ウ 経営者や管理者による意思決定などの非定型業務ではなく、購買、製造、販売、出荷、サービスといった定型業務を対象とする。

エ 現行業務に関する組織、技術などについての情報を収集し、現行の組織や業務手続に基づいて業務プロセスを再設計する。

- -

！ 解法

ア 正解です。

イ ビジネスモデルの将来像を検討、再設計するプロセスです。

ウ 組織の規定の見直しなどの経営者による意思決定も対象に含まれます。

エ 現行の組織や業務手続に基づく必要はありません。

▶答え　ア

SECTION
15
情報システム戦略

情報システム活用の促進

▶ ジョウホウシステムカツヨウノソクシン

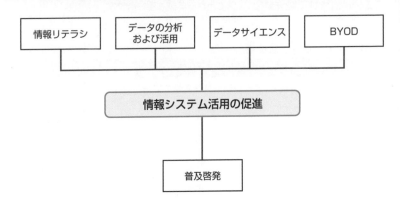

> **定義** 情報システム活用の促進では、利用者の情報リテラシを向上させるための活動を行います。

情報システム戦略では、情報システムの整備だけでなく、利用者の情報システムを利活用する上で必要な**データの分析及び活用**のための**情報リテラシ**向上も重要な戦略です。
またIoT、**ビッグデータ**、**AI**などの新技術を活用するために、新技術の知識習得も求められます。
情報システム活用の促進に関連する代表的な用語と概要は次のとおりです。

●データサイエンス (data science)

データサイエンスとは、データを利用して新たな知見を引き出そうと試みるアプローチのことです。情報科学、統計学、アルゴリズムなどを横断的に扱い、統計的、計算的、人間的視点からデータを俯瞰します

●BYOD (Bring Your Own Device)

BYODとは、私物として所有している個人のパソコンや携帯端末を業務にも利用することです。

●チャットボット (chatbot)

チャットボットとは、チャットとボットを組み合わせた造語で、AIを利用した「自動会話プログラム」のことです。従来、人間が対応していた応答業務を代わりに対応することで業務の効率化を図ります。

●普及啓発

ディジタルディバイド (情報格差) の解消や情報リテラシ向上のため、説明会や研修などを開催します。

情報システム活用の促進

公開問題　情報セキュリティマネジメント 平成30年秋 午前 問48

ディジタルディバイドの解消のために取り組むべきことはどれか。

ア　IT投資額の見積りを行い、投資目的に基づいて効果目標を設定して、効果目標ごとに目標達成の可能性を事前に評価すること

イ　ITの活用による家電や設備などの省エネルギー化及びテレワークなどによる業務の効率向上によって、エネルギー消費を削減すること

ウ　情報リテラシの習得機会を増やしたり、情報通信機器や情報サービスが一層利用しやすい環境を整備したりすること

エ　製品や食料品などの生産段階から最終消費段階又は廃棄段階までの全工程について、ICタグを活用して流通情報を追跡可能にすること

！ 解法

ア　ITガバナンスの取組みに関する説明です。

イ　グリーンITの取組みに関する説明です。

ウ　正解です。

エ　トレーサビリティの取組みに関する説明です。

▶答え　ウ

情報システム利用実態の評価・検証

▶ ジョウホウシステムリヨウジッタイノヒョウカ・ケンショウ

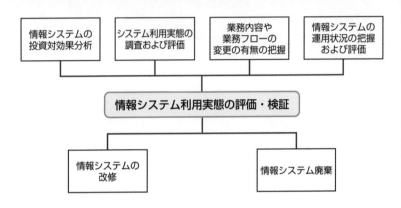

| 情報システムの投資対効果分析 | システム利用実態の調査および評価 | 業務内容や業務フローの変更の有無の把握 | 情報システムの運用状況の把握および評価 |

情報システム利用実態の評価・検証

| 情報システムの改修 | 情報システム廃棄 |

定義 情報システムの利用実態把握は、情報システムの投資対効果分析の情報などに利用されます。

情報システムが有効に活用できているか、利用実態の評価、検証を実施し改善することが必要です。

情報システムの投資対効果分析を行うため、システム利用実態の調査及び評価、業務内容や業務フローの変更の有無の把握、情報システムの運用状況の把握及び評価、情報システムの改修、情報システム廃棄などの状況を確認します。

評価指標として ROI（Return on investment：投下資本利益率）などが用いられます。

情報システム廃棄

▶ ジョウホウシステムハイキ

情報システム廃棄
- システムライフサイクル
- データの消去
- 情報機器の廃棄

📎 **定義** 情報システム廃棄では、廃棄する情報システムに残存している情報に注意し、適切に廃棄します。

システムライフサイクルの終了時、**情報機器の廃棄**は残存するデータが漏えいしないよう、復元不可能となるように**データの消去**を確実に実施し、廃棄する必要があります。

情報システム廃棄

公開問題 ITパスポート 平成29年春 問98

社外秘の情報が記録されている媒体などを情報漏えいが起こらないように廃棄する方法として、適切なものはどれか。

- **ア** CDやDVDは、破砕してから廃棄する。
- **イ** PCの場合は、CPUを破壊してから廃棄する。
- **ウ** USBメモリの場合は、ファイルとフォルダを削除してから廃棄する。
- **エ** 紙の資料は、メモ用紙などに利用せず、密封して一般のゴミと一緒に廃棄する。

❗ 解法

ア 正解です。

イ、ウ、エ 情報漏えいが起こらないように廃棄する方法として効果がなく、不適切です。

▶**答え** ア

システム化計画の立案における検討項目・リスク分析の対象

▶ システムケイカクノリツアンニオケルケントウコウモク・リスクブンセキノタイショウ

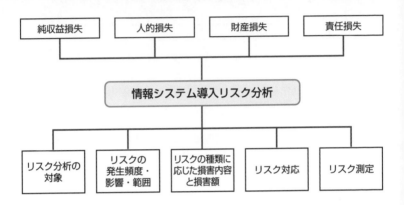

定義　情報システム導入のリスク分析は、システム化計画の立案時に実施します。

情報システム導入におけるリスク分析も、通常のリスクアセスメントのプロセスと同様のプロセスを実施します。具体的には次の順番で進めます。

①リスク分析の対象の決定

②リスクの発生頻度・影響・範囲の確定

③リスクの種類に応じた損害内容 (例：財産損失、責任損失、純収益損失、人的損失など) と損害額の算出

④リスク対応の実施 (リスク回避、損失予防、損失軽減、リスク移転、リスク保有など)

システム化計画の立案における検討項目・リスク分析の対象

公開問題　情報セキュリティマネジメント 平成28年秋 午前 問6

情報セキュリティ対策を検討する際の手法の一つであるベースラインアプローチの特徴はどれか。

ア 基準とする望ましい対策と組織の現状における対策とのギャップを分析する。

イ 現場担当者の経験や考え方によって検討結果が左右されやすい。

ウ 情報資産ごとにリスクを分析する。

エ 複数のアプローチを併用して分析作業の効率化や分析精度の向上を図る。

！ 解法

ア 正解です。

イ 非形式アプローチに関する説明です。

ウ 詳細リスク分析に関する説明です。

エ 組合せアプローチに関する説明です。

▶答え　ア

要求分析

▶ ヨウキュウブンセキ

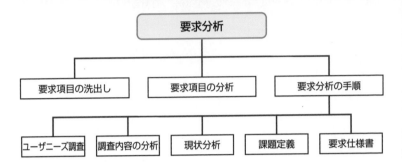

定義　要求分析では要求項目の洗い出し、分析を行います。

要求分析は、利用者がそのシステムに何を求めているのかを明確にしていく工程です。そのため、システム利用部門の意見を反映して行く必要があります。

要求項目を洗い出し、要求項目の分析、ニーズの整理、課題定義を行い、要求仕様書にまとめます。

要件定義

▶ ヨウケンテイギ

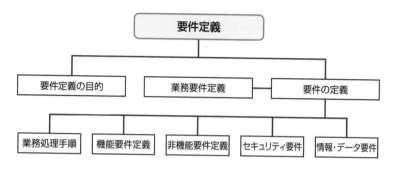

📝 **定義** 要件定義の目的は、システム、業務全体の枠組、システム化の範囲、および機能を明らかにすることです。

要件の定義では、業務要件定義（業務上実現すべき要件）、機能要件定義（業務要件を実現するために必要な情報システム機能の定義）、非機能要件定義（可用性、性能・拡張性、運用・保守性、セキュリティ、システム環境・エコロジーなど）が行われます。
定義された要件はステークホルダ（利害関係者）との合意を得るようにします。

調達と調達計画

▶ チョウタツトチョウタツケイカク

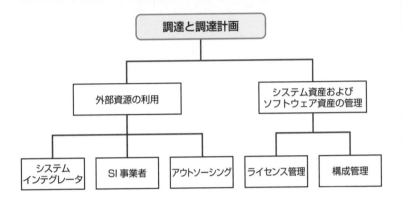

定義 調達と調達計画では要件定義を踏まえ、システムの調達方法を内製化 (社内開発) で行うか、外部委託をするか、または汎用製品で対応する かなどを検討します。

調達の対象、調達の要求事項、調達の条件などを定義し、調達計画を作成します。
調達を維持するためには、システム資産管理 (構成管理など)、ソフトウェア資産管理 (ライセンス管理) を適切に行うことが重要です。
調達と調達計画に関連する代表的な用語と概要は次のとおりです。

●外部資源の利用

- ●システムインテグレータ、SI事業者
  システムインテグレーションサービス (情報システムの企画から構築、運用までに必要なサービス) を提供する企業です。

- ●アウトソーシング
  業務の一部もしくは全てを外部の協力先に委託することです。

●システム資産及びソフトウェア資産の管理

- ●構成管理
  情報システムシステムのライフサイクルやバージョンなどを管理することです。

● ライセンス管理
　ライセンス数に制限がある契約のソフトウェアを管理することです。

調達と調達計画

公開問題　初級システムアドミニストレータ 平成21年春 問36

情報システムのコストを削減するために、情報システムの開発や運用保守にかかわる全部又はほとんどの業務を外部の専門企業に委託する形態はどれか。

ア　アウトソーシング　　**イ**　システムインテグレーション
ウ　ハウジング　　　　　**エ**　ホスティング

⚠️ **解法**

ア　アウトソーシングとは、業務の一部もしくは全てを外部の協力先に委託することです。

イ　正解です。

ウ　ハウジングとは、サーバなどのシステムを、設備が整った施設を間借りして設置することです。

エ　ホスティングとは、サービス提供者が設置したサーバなどをサービス提供者から借りて利用することです。

▶答え　イ

調達の実施（調達の方法）

▶ チョウタツノジッシ（チョウタツノホウホウ）

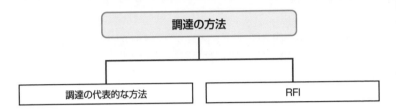

> **定義** 調達では、必要とするシステムの概要などを記載した情報提供依頼書（RFI）の作成を行い、情報提供をベンダに依頼する方法があります。

調達方法に関連する代表的な用語と概要は次のとおりです。

●調達の代表的な方法
外部から調達する場合、次のような選定方法があります。

●企画競争（プロポーザル）入札による選定
内容が技術的に高度なものや、専門性が高いものに利用されます。

●入札による選定
入札情報を一般に公開し、条件を満たした参加者の間で入札を行い選定する一般競争入札と、発注者側が予め指名した業者の間で入札を行い、選定する指名競争入札があります。

●随意契約
入札を行わずに発注者側が選定します。

●情報提供依頼書（RFI：Request for Information）
ベンダに自社の要求を取りまとめるための基礎資料として情報提供を依頼する文書のことです。

調達の実施（提案依頼書）

▶ チョウタツノジッシ（テイアンイライショ）

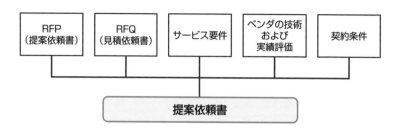

```
RFP          RFQ      サービス要件  ベンダの技術    契約条件
（提案依頼書） （見積依頼書）           および
                              実績評価
                 提案依頼書
```

🖎 **定義** 提案依頼書には特定のフォーマット（書式）はありませんが、一般的には**対象範囲、システムモデル、サービス要件、目標スケジュール、契約条件、ベンダのプロジェクト体制要件、ベンダの技術及び実績評価の指標**などが含まれます。

提案依頼書に関連する代表的な用語と概要は次のとおりです。

●RFP（Request For Proposal：提案依頼書）
RFPとは、企業がシステムの調達をする際に、ベンダに具体的な提案を行うよう要求する文書のことです。ベンダは**提案書**を作成、提出し、企業はその提案書を評価して、調達先の決定や契約の締結などを行ないます。

●RFQ（Request For Quotation：見積依頼書）
RFQとはベンダに対して、価格を示す**見積書**を作成するように依頼する文書のことです。
システム開発では、どのようなものをどのようなレベルで作成するかを決め、価格見積もりを行う必要があります。そのため、RFQの前にRFIやRFPを発行してシステムの概略を確定します。

●**契約条件**
契約形態を、**請負契約**にするか**準委任契約**にするか検討する必要があります。
また、ソフトウェア開発の場合、知的財産権に関し、知的財産権利用許諾契約も必要です。

●ベンダの経営要件

契約するベンダの選定にあたり、品質・コストでのリスク、法律上のリスク、セキュリティ上のリスクなど調達に伴うリスクを分析する必要があります。

また、内部統制やコンプライアンスが確実に実施されているかだけでなく、CSR調達、グリーン調達などの観点からも検討します。

● CSR（Corporate Social Responsibility）調達

CSRは、企業が社会の構成員として、法令遵守だけでなく、人権や環境にも配慮し、顧客や従業員、地域社会などのステークホルダに対して責任を果たすという考え方のことです。

CSR調達では、調達の選定基準にCSRの実施状況を確認します。

● グリーン調達

外部調達するとき、有害物質がないものや廃棄時に水や土壌を汚染しないものなど、環境に配慮した物品を優先的に選択することです。

調達の実施（提案依頼書）

公開問題　情報セキュリティマネジメント　平成30年春　午前　問49

CSR調達に該当するものはどれか。

ア　コストを最小化するために、最も安価な製品を選ぶ。

イ　災害時に調達が不可能となる事態を避けるために、複数の調達先を確保する。

ウ　自然環境、人権などへの配慮を調達基準として示し、調達先に遵守を求める。

エ　物品の購買に当たってEDIを利用し、迅速かつ正確な調達を行う。

！ 解法

ア　コストの最小化はCSR調達の目標ではありません。

イ　調達が不可能となる事態を避ける目的で、複数の調達先を確保ことはCSR調達の目標ではありません。

ウ　正解です。

エ　EDIを利用することは、CSR調達の目標ではありません。

▶答え　ウ

調達の実施（提案依頼書）

公開問題　情報セキュリティマネジメント　平成28年春　午前　問48

図に示す手順で情報システムを調達する場合、bに入るものはどれか。

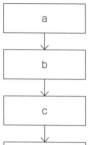

発注元はベンダにシステム化の目的や業務内容などを示し、情報提供を依頼する。

発注元はベンダに調達対象システム、調達条件などを示し、提案書の提出を依頼する。

発注元はベンダの提案書、能力などに基づいて、調達先を決定する。

発注元と調達先の役割や責任分担などを、文書で相互に確認する。

ア　RFI　　イ　RFP　　ウ　供給者の選定　　エ　契約の締結

！ 解法

ア　RFIに関する説明です。

イ　正解です。

ウ　供給者の選定に関する説明です。

エ　契約の締結に関する説明です。

▶答え　イ

調達の実施（提案依頼書）

公開問題　情報セキュリティマネジメント　令和元年秋　午前　問49

情報システムを取得するための提案依頼書（RFP）の作成と提案依頼に当たって、取得者であるユーザ企業側の対応のうち、適切なものはどれか。

ア　RFP作成の手間を省くために、要求事項の記述は最小限に留める。曖昧な点や不完全な点があれば、供給者であるベンダ企業から取得者に都度確認させ

る。

イ 取得者であるユーザ企業側では、事前に実現性の確認を行わずに、要求事項
が実現可能かどうかの調査や検討は供給者であるベンダ企業側に任せる。

ウ 複数の要求事項がある場合、重要な要求とそうでない要求の区別がつくよう
にRFP作成時点で重要度を設定しておく。

エ 要求事項は機能的に記述するのではなく、極力、具体的な製品名や実現手段
を細かく指定する。

！ 解法

ア ベンダからの提案を適切に行ってもらうため、要求事項の記述は漏れなく行
う必要があります。

イ システムの要件は、取得者側（ユーザ企業側）で調査したものを基にRFPを
作成します。

ウ 正解です。

エ ベンダからの提案を適切に行ってもらうため、要求事項の制約は最小限にし
ます。

▶**答え** ウ

調達の実施（調達選定）

▶ チョウタツノジッシ（チョウタツセンテイ）

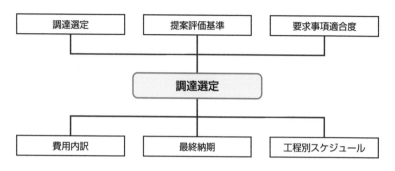

定義　調達選定では基準などにより調達先評価を行い、最終決定を行います。

調達先の選定に当たっては、提案評価基準や要求事項適合度による評価を行います。

また、ベンダ企業の提案書や見積書から、開発の確実性、信頼性、**費用内訳**、**工程別スケジュール**、**最終納期**などを比較評価して最終選定します。

調達の実施（契約締結）

▶ チョウタツノジッシ（ケイヤクテイケツ）

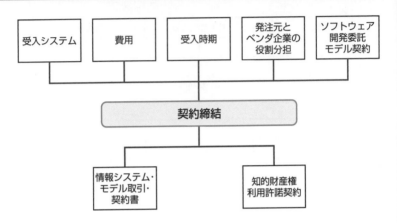

> **定義** 契約は、必要な事項が契約書に正しく網羅されているか確認を行ったうえで締結します。

選定したベンダと契約を行います。

契約時には受入システム、費用、納入時期、発注元とベンダ企業の役割分担などに齟齬が無いかを確認し、契約を締結します。

また、必要に応じて、ソフトウェア開発委託モデル契約、知的財産権利用許諾契約も締結します。

契約書の一般的な内容を確認したい場合、IPA（独立行政法人 情報処理推進機構）の「情報システム・モデル取引・契約書」第二版が参考になります。

● 情報システム・モデル取引・契約書 第二版（IPA）
https://www.ipa.go.jp/ikc/reports/20201222.html

調達の実施（契約締結）

公開問題　情報セキュリティマネジメント　平成31年春　午前　問49

RFIに回答した各ベンダに対してRFPを提示した。今後のベンダ選定に当たって、公正に手続を進めるためにあらかじめ実施しておくことはどれか。

ア　RFIの回答内容の評価が高いベンダに対して、選定から外れたときに備えて、再提案できる救済措置を講じておく。

イ　現行のシステムを熟知したベンダに対して、RFPの要求事項とは別に、そのベンダを選定しやすいように評価を高くしておく。

ウ　提案の評価基準や要求事項の適合度への重み付けをするルールを設けるなど、選定の手順を確立しておく。

エ　ベンダ選定後、迅速に契約締結をするために、RFPを提示した全ベンダに内示書を発行して、契約書や作業範囲記述書の作成を依頼しておく。

！ 解法

ア、イ　特定のベンダが有利になる条件であるため、公正さに欠ける対応です。

ウ　正解です。

エ　内示書の発行は、公正さに欠ける対応です。

▶答え　ウ

memo

企業活動

経営管理・経営組織

▶ ケイリカンリ・ケイエイソシキ

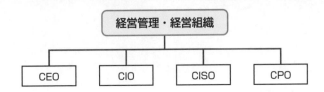

📝 **定義** 経営管理は最適な経営組織を組成し、企業の目的を戦略的に実現するための活動です。

昨今では経営環境の大きな変容により、企業の継続性も需要な課題です。そのため、多角的な視点で**PDCA**（Plan、Do、Check、Act）を適切に実行しながら改善していくことが求められています。

経営者は経営の責任を担います。また肩書によって役割があります。代表的なものは次のとおりです。

●CEO（Chief Executive Officer）
CEOとは、最高経営責任者のことです。組織の経営方針決定や事業戦略策定に関して責任を持ちます。

●CIO（Chief Information Officer）
CIOとは、最高情報責任者のことです。組織の情報化戦略を立案、実行します。

●CISO（Chief Information Security Officer）
CISOとは、最高情報セキュリティ責任者のことです。情報セキュリティ戦略を統括します。

●CPO（Chief Privacy Officer）
CPOとは、個人情報保護最高責任者のことです。個人情報保護施策の責任者です。

経営管理・経営組織

公開問題　情報セキュリティマネジメント 平成29年秋 午前 問50

CIOが果たすべき主要な役割はどれか。

ア　情報化戦略を立案するに当たって、経営戦略を支援するために、企業全体の
　　情報資源への投資効果を最適化するプランを策定する。

イ　情報システム開発・運用に関する状況を把握して、全社情報システムが最適
　　に機能するように具体的に改善点を指示する。

ウ　情報システムが企業活動に対して健全に機能しているかどうかを監査するこ
　　とによって、情報システム部門にアドバイスを与える。

エ　全社情報システムの最適な運営が行えるように、情報システムに関する問合
　　せやトラブルに関する情報システム部門から報告を受け、担当部門に具体的
　　指示を与える。

！解法　CIOは、CEOをサポートし、情報化戦略を立案する立場です。

ア　正解です。

イ　情報システム部門の責任者の役割です。

ウ　システム監査人の役割です。

エ　ヘルプデスクの役割です。

▶答え　ア

ヒューマンリソース
マネジメント・行動科学

▶ ヒューマンリソースマネジメント・コウドウカガク

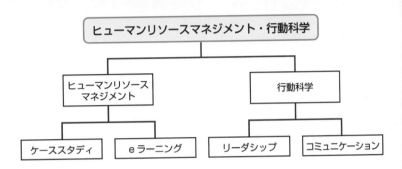

🖊 **定義** ヒューマンリソースマネジメントの目的は人材を有効活用するための
仕組みを総合的に構築運用することです。

ヒューマンリソースマネジメントでは、様々な**ケーススタディ**を参考にしたり、**e
ラーニング**を提供し社内教育を促進したり、**リーダシップ**力や**コミュニケーショ
ン**力の醸成を行うため**行動科学**を活用したりなど多様な試みが行われています。

ヒューマンリソースマネジメント・行動科学

公開問題 情報セキュリティマネジメント 平成30年秋 午前 問50

リーダシップのスタイルは、その組織の状況に合わせる必要がある。組織の状況
とリーダシップのスタイルの関係に次のことが想定できるとすると、スポーツ
チームの監督のリーダシップのスタイルのうち、図中のdと考えられるものはど
れか。

〔組織の状況とリーダシップのスタイルの関係〕
組織は発足当時、構成員や仕組みの成熟度が低いので、リーダが仕事本位のリー
ダシップで引っ張っていく。成熟度が上がるにつれ、リーダと構成員の人間関係
が培われ、仕事本位から人間関係本位のリーダシップに移行していく。更に成熟
度が進むと、構成員は自主的に行動できるようになり、仕事本位、人間関係本位の

リーダシップがいずれも弱まっていく。

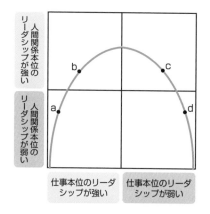

ア うるさく言うのも半分くらいで勝てるようになってきた。
イ 勝つためには選手と十分に話し合って戦略を作ることだ。
ウ 勝つためには選手に戦術の立案と実行を任せることだ。
エ 選手をきちんと管理することが勝つための条件だ。

！ 解法 設問の「組織の状況とリーダシップのスタイルの関係」の説明からd が自主的に行動できる状態と読み取れます。

▶**答え　ウ**

経営管理の
リスクマネジメント

▶ ケイリカンリノリスクマネジメント

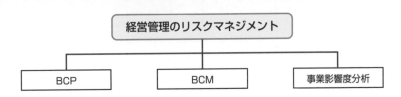

定義 経営管理のリスクマネジメントでは、企業が災害発生時にも事業の継続が行えるよう、BCP (Business Continuity Plan：事業継続計画) の作成を行います。

BCPとは、大規模な災害や感染症の流行などの緊急事態発生時において、ビジネスの継続を目指すための計画です。主目的は「**緊急事態下においても事業を継続させること**」に主眼を置いたリスクマネジメントの手法です。

●BCM (Business Continuity Management：事業継続マネジメント)
BCMとは、緊急事態における対策手段の運用プロセス (計画・導入・運用・改善) を総合的に管理することです。

●BIA (Business Impact Analysis：事業影響度分析)
BIAとは、BCPを作成するにあたり緊急事態時に事業で優先させるべき業務を分析することです。

経営管理のリスクマネジメント

公開問題　応用情報技術者　令和4年春期　午前　問58

事業継続計画 (BCP) について監査を実施した結果、適切な状況と判断されるものはどれか。

ア　従業員の緊急連絡先リストを作成し、最新版に更新している。

イ　重要書類は複製せずに1か所で集中保管している。

ウ　全ての業務について、優先順位なしに同一水準のBCPを策定している。

エ　平時にはBCPを従業員に非公開としている。

！ 解法　BCPは従業員の理解が重要であるため従業員に公開します。また BIAによって得られた結果を基に業務に優先順位をつけて策定を行います。重要な情報は情報の消失リスクを軽減するため、複製を検討します。

ア　正解です。

イ　重要書類は消失しないよう、複製などの管理を行う必要があります。

ウ　BCPでは優先順位をつけて重要な業務から復旧していくことを検討します。

エ　日頃からBCPを従業員に公開し、準備しておく必要があります。

▶**答え**　ア

検査手法・品質管理手法

▶ ケンサシュホウ・ヒンシツカンリシュホウ

検査手法・品質管理手法

| シミュレーション | サンプリング | QC 七つ道具 | 新 QC 七つ道具 |

定義 検査手法・品質管理手法は企業活動の分析に利用されます。

検査手法・品質管理手法には、**サンプリング**(標本抽出)や、**シミュレーション**(予測)による方法などとともに、定量分析に用いられる**QC七つ道具**、数値で表すことが困難なものの分析(定性分析)に用いられる**新QC七つ道具**があります。

QC七つ道具は次のとおりです。

●パレート図
パレート図とは、項目別にデータを、大きな値から並べた棒グラフと、各項目のデータ数を累積数の合計で割った値を、折れ線グラフで表した図です。高い影響度(重要度)の項目を把握しやすい図です。

●管理図
管理図では、品質やスケジュールなどの管理状態を確認することが可能です。

●散布図
散布図では、1つの事象に対し、2項のデータで相関関係の有無を確認することが可能です。

●ヒストグラム
ヒストグラムとは、一定ごとの範囲でデータを区切り、度数分布表にまとめ、図に表したものです。グラフの形状から、データの分布状態やピーク値、ばらつきなどを把握することが可能です。

●特性要因図

特性要因図とは、フィッシュボーン図とも呼ばれ、どの要因が特性の変化に大きく作用するかを可視化することが可能です。

●チェックシート

チェックシートとは、決められた項目に基づき、データを記入していくシートのことです。

●層別

層別とは、層（グループ）に分けて管理を行う手法です。

新QC七つ道具は次のとおりです。

●親和図法

親和図法とは、問題となる要因を関連性の高いグループに分け、整理・体系化する方法です。KJ法とも呼ばれます。

●系統図法

系統図法とは、目的達成のための最適な手段や、方法をツリー状につなげて並べていく方法です。

●連関図法

連関図法とは、問題に対する原因を矢印で結び、複雑な問題の因果関係を調べる方法です。

●アローダイアグラム法

アローダイアグラム法は、各作業とスケジュールとの関係性を明確にすることに用いられます。プロジェクトマネジメントにもよく用いられます。PERT図（Program Evaluation and Review Technique）としても知られています。

●マトリックス図法

マトリックス図法とは、検討する2要素を縦軸、横軸に置き、対応関係を明確にする手法です。

●マトリックスデータ解析法

マトリックスデータ解析法とは、マトリックス図法で要素間の関連を数値データで扱える場合に、統計学で扱う多変量解析を利用する手法です。

●PDPC (Process Decision Program Chart)

PDPCとは、事前に想定される様々な結果を予測、万一何が起こっても代替案を明確にしておく方法です。

検査手法・品質管理手法

公開問題　初級システムアドミニストレータ　平成21年春　問73

親和図法を説明したものはどれか。

ア 事態の進展とともに様々な事象が想定される問題について、対応策を検討し望ましい結果に至るプロセスを定める方法である。

イ 収集した情報を相互の関連によってグループ化し、解決すべき問題点を明確にする方法である。

ウ 複雑な要因の絡み合う事象について、その事象間の因果関係を明らかにする方法である。

エ 目的・目標を達成するための手段・方策を順次展開し、最適な手段・方策を追求していく方法である。

！ 解法　新QC七つ道具の1つです。
要素を相互の親和性によりグループ化し、整理する手法です。

ア PDPC法の説明です。

イ 正解です。

ウ 連関図法の説明です。

エ 系統図法の説明です。

▶答え　イ

業務分析・業務計画

▶ キギョウブンセキ・キギョウケイカク

📝 **定義** 業務分析を行い、業務計画を立案するために、データマイニング、ブレーンストーミング、デルファイ法、デシジョンツリーなどの手法を活用します。

業務分析・業務計画に関連する代表的な手法と概要は次のとおりです。

●データマイニング
データマイニングとは、大量のデータに統計学や人工知能等のデータ解析技術を適用し、「知識」をマイニング（発掘）する技術のことです。

●ブレーンストーミング
ブレーンストーミングとは、複数人で自由にアイディアを出し合う手法のことです。

●デルファイ法
デルファイ法とは、複数の専門家へアンケートを繰り返し、得られた回答の収束により、統一的な見解を得る手法のことです。

●デシジョンツリー
デシジョンツリーとは、発生する可能性がある選択肢やシナリオのすべてを、樹木の形で洗い出し、実際にとるべき選択肢を決定する手法です。

●ゲーム理論
ゲーム理論とは、社会や人といった複数の主体が関わる意思決定を考察する理論です。ゲーム理論の代表的な戦略や原理は次のとおりです。

● 純粋戦略

選択肢から1つの選択肢を選ぶ戦略です。

● 混合戦略

利得を最大化するために、選択肢を比率によって選ぶ戦略です。

● マクシマックス原理

最大の利得が最も大きくなる戦略(積極投資)を選ぶ考え方です。

● マクシミン原理

最小の利得が最も大きくなる戦略(消極投資)を選ぶ考え方です。

業務分析・業務計画

公開問題　ITパスポート　平成30年春　問20

ブレーンストーミングの進め方のうち、適切なものはどれか。

ア 自由奔放なアイディアは控え、実現可能なアイディアの提出を求める。

イ 他のメンバの案に便乗した改善案が出ても、とがめずに進める。

ウ メンバから出される意見の中で、テーマに適したものを選択しながら進める。

エ 量よりも質の高いアイディアを追求するために、アイディアの批判を奨励する。

！ 解法

ア ブレーンストーミングでは、自由な発想の否定は禁止されます。

イ 正解です。

ウ ブレーンストーミングでは、自由な討議を行う必要があります。

エ ブレーンストーミングでは、アイディアの批判は禁止されます。

▶答え　イ

業務分析・業務計画

公開問題　応用情報技術者 平成27年秋期 午前 問75

経営会議で来期の景気動向を議論したところ、景気は悪化する、横ばいである、好転するという三つの意見に完全に分かれてしまった。来期の投資計画について、積極的投資、継続的投資、消極的投資のいずれかに決定しなければならない。表の予想利益については意見が一致した。意思決定に関する記述のうち、適切なものはどれか。

予想利益（万円）		景気動向		
		悪化	横ばい	好転
投資計画	積極的投資	50	150	500
	継続的投資	100	200	300
	消極的投資	400	250	200

ア　混合戦略に基づく最適意思決定は、積極的投資と消極的投資である。

イ　純粋戦略に基づく最適意思決定は、積極的投資である。

ウ　マクシマックス原理に基づく最適意思決定は、継続的投資である。

エ　マクシミン原理に基づく最適意思決定は、消極的投資である。

！解法

ア　混合戦略は意思決定との関連性はありません。

イ　純粋戦略は意思決定との関連性はありません。

ウ　マクシマックス原理は最大利得が最も大きい積極的投資が採用されます。

エ　正解です。

▶**答え　エ**

業務分析・業務計画

公開問題　情報セキュリティマネジメント 平成29年秋 午前 問48

物流業務において、10%の物流コストの削減の目標を立てて、図のような業務プロセスの改善活動を実施している。図中のcに相当する活動はどれか。

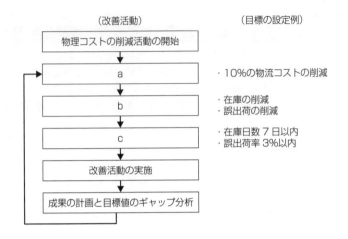

```
                (改善活動)              (目標の設定例)
```

アCSF（Critical Success Factor）の抽出
イKGI（Key Goal Indicator）の設定
ウKPI（Key Performance Indicator）の設定
エMBO（Management by Objectives）の導入

！ 解法

ア CSFは、重要成功要因とも呼ばれ、業務評価の計画策定時に設定する目標達成のために、重要と考えられる要素です。図のbに相当します。

イ KGIは、重要目標達成指標とも呼ばれ、企業が期間内に達成すべき最終目標です。図のaに相当します。

ウ 正解です。重要業績評価指標とも呼ばれ、KGIを達成するために、段階的に設定する中間目標です。

エ MBOは、目標管理制度のことで個人目標を決め、その進捗や達成度合いによって評価を決定する方法です。

KGI、CSF、KPIの関係性をこの問題で理解しておきましょう。

▶答え　ウ

企業活動と会計

▶ キギョウカツドウトカイケイ

定義 企業活動の成果を数字で表すには、**財務諸表の貸借対照表**、**損益計算書**、**キャッシュフロー計算書**などを用います。

企業活動と会計に関する代表的な用語と概要は次のとおりです。

●財務諸表

財務諸表とは、企業の決算書のことで、企業の会計期間の事業報告のために作成する書類を総称しています。重要なものして財務三表と呼ばれる「貸借対照表」、「損益計算書」、「キャッシュフロー計算書」があります。

●貸借対照表

貸借対照表とは、企業の決算日における資産・負債・純資産の金額と内訳を示す表のことです。バランスシート (B/S) とも呼ばれ、企業の資金調達方法や財政状況を確認することができます。

▼貸借対照表の構造

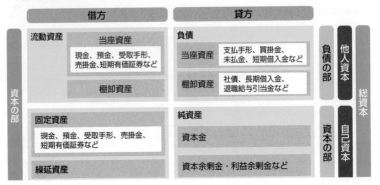

●流動資産
流動資産とは、短期的に現金化しやすい資産のことです。

●固定資産
固定資産とは、長期的に使用する資産のことです。

●繰延資産
繰延資産とは、支出が1年以上に及ぶ資産のことです。

●負債
負債とは、返済義務がある資産のことです。

●純資産
純資産とは、返済義務がない資産のことです。

●経費
経費とは、会社を運営していくうえで必要な費用のことです。
経費は、固定費と変動費に分類されます。

●固定費
売上の増減に関係なく一定にかかる費用のことです。家賃、人件費、広告宣伝費などです。

- ●変動費

  売上が増えれば増え、売上が減れば減る費用のことです。売上原価、商品仕入高、外注費などです。

●原価

原価とは、製品やサービスを提供するためにかかった費用のことです。
原価には、製造原価と売上原価があります。

- ●製造原価

  製品やサービスをつくるために使用した費用のことです。

- ●売上原価

  製品やサービスを販売するために使用した費用のことです。

●総資産

総資産は次の式で算出が可能です。
総資産 ＝ 負債 ＋ 純資産

●自己資本率

自己資本率は次の式で算出が可能です。
自己資本率 ＝ 自己資本 / 総資本

●粗利益 (売上純利益)

粗利益は次の式で算出が可能です。
粗利益 ＝ 売上高 － 売上原価

●営業利益

営業利益は次の式で算出が可能です。
営業利益 ＝ 売上高 － (売上の原価 ＋ 販売費および一般管理費)

●減価償却

減価償却とは、経年により資産の価値が下がることを指します。

●変動費率

変動費率は次の式で算出が可能です。

変動費率 = 変動費 ÷ 売上

●損益分岐点

売上高に対する損益分岐点は次の式で算出が可能です。

損益分岐点 = 固定費 ÷ {(売上高 − 変動費) ÷ 売上高}

●リース

リースとは、利用者が希望した物品を、リース会社が一括購入し、貸し出すサービスです。

●レンタル

レンタルとは、利用者に対し、物品を契約期間の間、レンタル会社の在庫品から貸し出すサービスです

●経常利益

経常利益は次の式で算出が可能です。

経常利益 = 営業利益 + 営業外収益 − 営業外費用

●税引前当期純利益

税引前当期純利益は次の式で算出が可能です。

税引前当期純利益 = 営業利益 + 特別利益 − 特別損失

●当期純利益

当期純利益は次の式で算出が可能です。

当期純利益 = 税引前当期純利益 −(法人税、住民税及び事業税)

●キャッシュフロー計算書

キャッシュフロー計算書とは、一定期間における現金の増減を計算したものです。キャッシュフローとはキャッシュイン（入ってきた現金）からキャッシュアウト（出ていった現金）により算出されます。

●流動比率

流動比率とは、流動資産（営業活動での売上債権や在庫などの資産と、1年以内に現金回収される予定の資産）と流動負債（営業活動での仕入債務などの負債と、1年以内に返済する予定の負債）のバランスから、短期的な支払い能力を判断する

ための指標です。

公開問題　情報セキュリティマネジメント　平成31年春　午前　問48

2種類のIT機器a、bの購入を検討している。それぞれの耐用年数を考慮して投資の回収期間を設定し、この投資で得られる利益の全額を投資額の回収に充てることにした。a、bそれぞれにおいて、設定した回収期間で投資額を回収するために最低限必要となる年間利益に関する記述のうち、適切なものはどれか。ここで、年間利益は毎年均等とし、回収期間における利率は考慮しないものとする。

	a	b
投資額（万円）	90	300
回収期間（年）	3	5

ア　aとbは同額の年間利益が必要である。
イ　aはbの2倍の年間利益が必要である。
ウ　bはaの1.5倍の年間利益が必要である。
エ　bはaの2倍の年間利益が必要である。

！解法　投資で得られる利益の全額を投資額の回収に充てるとすると、aの投資額90万円を3年で回収するには、

「投資で得られる利益の全額を投資額の回収に充てる」ため、
aの投資額を回収するには
　90万円 ÷ 3年 ＝ 30万円（1年当たり30万円以上の利益が必要）
bの投資額を回収するには
　300万円 ÷ 5年 ＝ 60万円（1年当たり60万円以上の利益が必要）
この結果、投資額を回収するためには、bはaの2倍の利益が必要です。

▶答え　エ

企業活動と会計

公開問題　情報セキュリティマネジメント 平成30年春 午前 問50

製造原価明細書から損益計算書を作成したとき、売上総利益は何千円か。

単位　千円

製造原価明細書

材料費	400
労務費	300
経　費	200
当期総製造費用	☐
期首仕掛品棚卸高	150
期末仕掛品棚卸高	250
当期製品製造原価	☐

単位　千円

損益計算書

売上高	1,000
売上原価	
期首製品棚卸高	120
当期製品製造原価	☐
期末製品棚卸高	70
売上原価	☐
売上総利益	☐

ア　150　　イ　200　　ウ　310　　エ　450

！ 解法　当期総製造費用は次の式で算出が可能です。

当期総製造費用 = 材料費 + 労務費 + 経費

400 + 300 + 200 = 900（千円）

当期製品製造原価は次の式で算出が可能です。

当期製品製造原価 = 期首仕掛品棚卸残高 + 当期総製造費用 − 期末仕掛品棚卸残高

150 + 900 − 250 = 800（千円）

売上原価は次の式で算出が可能です。

売上原価 = 期首製品棚卸残高 + 当期製品製造費用 − 期末製品棚卸残高

120 + 800 − 70 = 850（千円）

売上総利益は次の式で算出が可能です。

売上総利益 = 売上高 − 売上原価

1,000 − 850 = 150（千円）

▶答え　ア

SECTION 17

注目キーワード

最新！重要キーワード

▶ サイシンジュウヨウキーワード

SECTION 17では今後セキュリティ業務などで活用されることが想定される用語や概念について解説します。

ゼロトラストアーキテクチャ
(ZTA：Zero Trust Architecture)

ゼロトラストアーキテクチャ (ZTA) では、どのようなアクセスも信頼せず、常に通信の安全性を確認します。従来のネットワーク境界における防御技術を過信せず、攻撃者の行動を阻害しようと試みる考え方のセキュリティ対策です。特定のセキュリティ製品やソリューションを指すものではありません。

[参考情報]

● ゼロトラストアーキテクチャ適用方針2022年（令和）6月30日（デジタル庁）
https://www.digital.go.jp/assets/contents/node/basic_page/
field_ref_resources/e2a06143-ed29-4f1d-9c31-0f06fca67afc/
5efa5c3b/20220630_resources_standard_guidelines_
guidelines_04.pdf

● SP 800-207, Zero Trust Architecture | CSRC
https://csrc.nist.gov/publications/detail/sp/800-207/final

SDP (Software Defined Perimeter)

SDPとは、ネットワークの内部と外部の境界 (perimeter) をソフトウェア技術によって仮想的、動的に構成、制御する技術です。代表的なものにOpenFlow、Programmable Flowなどがあります。

CASB（Cloud Access Security Broker）

CASBとは、管理者が利用者によるクラウドサービスの利用を可視化・制御して、一括管理するソリューションのことです。組織が把握できていない（管理できていない）デバイスや外部サービスのことをシャドーITと呼びますが、CASBによってシャドーITを可視化することができます。

CASBには、「可視化」、「データセキュリティ」、「脅威防御」、「コンプライアンス」の4つの要件が求められます。

SWG（Secure Web Gateway）

SWGとは、Web通信を行うとき、Webトラフィックを分析し、検査用のポリシと照合して、悪意あるパケットを送信先への到達前にフィルタリングすることでセキュリティを確保するソリューションのことです。

一般的にはURLフィルタリング、悪意あるコードの検知およびフィルタリング、一般的なWebベースのアプリケーションに対するアプリケーション制御、DLP、アンチマルウェア機能などが実装されます。

Emotet

Emotet（エモテット）とは、マルウェアを利用したサイバー犯罪活動の一種です。

登場当初は感染したPCから銀行の認証情報を盗むことを目的としたトロイの木馬でしたが、現在は金融機関に限らず様々な組織が被害を受けています。

> **[参考情報]**
> ●マルウェアEmotetの感染再拡大に関する注意喚起（JPCERT/CC）
> https://www.jpcert.or.jp/at/2022/at220006.html

SOAR（Security Orchestration、Automation and Response）

SOARとは、セキュリティ運用の自動化・効率化を実現するためのソリューションのことです。組織内にある様々なセキュリティ機器や外部サービスから通知される脅威情報をあつめ、あらかじめ定義された処理内容（プレイブック）に従って

自動的に処理を行い、インシデント対応の負荷を軽減します。

SASE (Secure Access Service Edge)
（サシー）

SASEとは、IT環境におけるセキュリティ技術とネットワーク技術を1つにしたセキュリティフレームワークのことです。
単一のクラウドサービス上に様々なセキュリティ技術 (CASB、SWG、アンチマルウェア、VPN、DLPなど) を組み合わせて実現します。

UEBA (User and Entity Behavior Analytics)

UEBAとは、AIやディープラーニングを利用し、ネットワーク上の利用者やその他のエンティティの通常の行動を学習し、通常の行動を学習し、そこから逸脱する行動を発見した場合、セキュリティ上の影響があるかどうかを検知するソリューションです。

IRM (Information Rights Management)

IRMとは、デジタル著作権管理 (DRM：Digital Rights Management) の一種であり、機密情報を保護する技術です。
IRMを利用することで情報 (文書データなど) を遠隔で制御、管理、保護ができるようになります。

CSPM (Cloud Security Posture Management)

CSPMとは、クラウドの誤構成や管理不備などのミスを防止するため、インフラを含めたクラウドサービス全体のセキュリティ評価とコンプライアンスの監視を行い、クラウドセキュリティリスクを事前に特定、修正することを目的としたソリューションです。

NGFW (Next-generation firewall)

NGFWとは、従来のファイアウォール技術にディープパケットインスペクション (DPI) や侵入防止システム (IPS) などの技術を組み合わせた製品のことです。次世代ファイアウォールとも呼ばれます。

SD-WAN

SD-WAN（Software Defined Wide Area Network）とは、WANにSDN（Software Defined Networking）の技術を適用し、ネットワーク構成や通信制御を柔軟に行う機能を実現するソリューションのことです。

NIST CSF（Cyber Security Framework）

NIST CSFとは、アメリカの政府研究機関「米国国立標準研究所（NIST：National Institute of Standards and Technology）」によって作成されたフレームワークです。

ISMS ISO/IEC 27001をはじめとする従来の一般的なガイドラインでは、脅威やリスクの特定、防御、といった点を目的としていますが、CSFは攻撃を受けたときの検知や対応、復旧といった**事後対応**にも言及しています。

「政府機関等のサイバーセキュリティ対策のための統一基準群」

政府機関等のサイバーセキュリティ対策のための統一基準群とは、サイバーセキュリティ基本法を根拠に作成された国の行政機関等のサイバーセキュリティに関する対策の基準のことです。

統一基準群は、**国の行政機関及び独立行政法人などが対象**になります。

[参考情報]
●**政府機関等のサイバーセキュリティ対策のための統一基準群**
　https://www.nisc.go.jp/policy/group/general/kijun.html

政府情報システムのためのセキュリティ評価制度（ISMAP：Information system Security Management and Assessment Program）

政府情報システムのためのセキュリティ評価制度とは、政府が求めるセキュリティ要求を満たしているクラウドサービスを予め評価・登録することにより、政府のクラウドサービス調達におけるセキュリティ水準の確保を図り、これによりクラウドサービスの円滑な導入に資することを目的とした制度です。

SaaSを対象としたものは、ISMAP for Low-Impact Use (ISMAP-LIU) といいます。

[参考情報]
●政府情報システムのためのセキュリティ評価制度
https://www.ismap.go.jp/csm

GDPR (General Data Protection Regulation：一般データ保護規則)

GDPRとは、EU域内（EU加盟国及び欧州経済領域（EEA）の一部であるアイスランド、ノルウェー、リヒテンシュタイン）における個人データやプライバシーの保護を規定する法律です。

PPAP

PPAPとは、最初にメールでパスワード付きのZIPファイルを送り、次に別メールでパスワードを送るファイル共有方法のことです。
手順の頭文字をとってPPAPと名づけられました。
①Password (P) 付きファイルを送信
②Password (P) を送信
③暗号化 (A)
④Protocol (P)
PPAPは問題点が多く、現在は政府機関をはじめ、民間企業や教育機関でも、別の方法を採用するケースが増えています。

OWASP (The Open Web Application Security Project)

OWASPとは、Webアプリケーションを取り巻く課題の解決を目指すオープンなコミュニティです。

[参考情報]
●OWASP Japan Chapter
https://owasp.org/www-chapter-japan/

PoC (Proof Of Concept)

PoCとは、新技術や新しい取り組みが想定どおりに機能して期待する結果を得られるか、環境を構築して実現可能性を検証することです。概念実証とも呼ばれ、セキュリティソリューションを検討する際にも行われる場合があります。

IoC (Indicator of Compromise)

IoCとは、サイバー攻撃の痕跡情報のことです。

IoCを公開し、ほかの企業や組織と共有することで、同じ攻撃を素早く察知し、その影響範囲の最小化を目指すことができます。

IoC情報には、攻撃者が使用するマルウェアのファイル名、攻撃によって変更されるレジストリ、使用されるプロセスの名称、通信先のURIやIPアドレスなどがあります。IoCの代表的なものとしてOpenIOC、STIXなどがあります。

サイバー攻撃の痕跡情報を公開する際の様式として、STIXという記述方法が定められています。

● 脅威情報構造化記述形式STIX概説 (IPA)
  https://www.ipa.go.jp/security/vuln/STIX.html

NFT (non-fungible token：非代替トークン)

NFTとは、ブロックチェーン上に記録される一意で代替不可能なデータ単位のことです。画像・動画・音声などのデジタルファイルはコピーが容易ですが、NFT技術でオリジナルデータとその作成者を関連づけることにより、代替が不可能なものと位置づけることが可能です。

サイバーハイジーン (Cyber Hygiene：サイバー衛生)

サイバーハイジーンとは、一般の衛生管理と同じように社内のIT環境や個人のPCやインターネット接続環境を健全な状態に保つ取り組みのことです。

memo

SECTION 18

科目B試験対策

サンプル問題から読み解く傾向と対策

▶ サンプルモンダイカラヨミトクケイコウトタイサク

●情報セキュリティマネジメント試験 科目Bのサンプル問題

科目Bに関するサンプル問題が情報処理推進機構から公開されています。科目B問題は10問程度出題されることが想定されるため、この問題から解答手法を確認しておきましょう。

出典：情報セキュリティマネジメント試験 科目B試験サンプル問題

問1　　A社は、スマートフォン用のアプリケーションソフトウェアを開発・販売する従業員100名のIT会社である。A社には、営業部、開発部、情報システム部などがある。情報システム部には、従業員からの情報セキュリティに関わる問合せに対応する者（以下、問合せ対応者という）が所属している。

　　A社は、社内の無線LANだけに接続できるノートPC（以下、NPCという）を従業員に貸与している。A社の従業員は、NPCから社内ネットワーク上の共有ファイルサーバ、メールサーバなどを利用している。A社の従業員は、ファイル共有には、共有ファイルサーバ及びSaaS型のチャットサービスを利用している。

　　A社は、不審な点がある電子メール（以下、電子メールをメールといい、不審な点があるメールを不審メールという）を受信した場合に備えて、図1の不審メール対応手順を定めている。

▼図1　不審メール対応手順

【メール受信者の手順】
1. メールを受信した場合は、差出人や宛先のメールアドレス、件名、本文などを確認する。
2. 少しでも不審メールの可能性がある場合は、添付ファイルを開封したり、本文中のURLをクリックしたりしない。
3. 少しでも不審メールの可能性がある場合は、問合せ対応者に連絡する。

【問合せ対応者の手順】
（省略）

ある日、不審メール対応手順が十分であるかどうかを検証することを目的とした、標的型攻撃メールへの対応訓練（以下、A訓練という）を、営業部を対象に実施することがA社の経営会議で検討された。営業部の情報セキュリティリーダであるB主任が、マルウェア感染を想定したA訓練の計画を策定し、計画は経営会議で承認された。

今回のA訓練では、PDFファイルを装ったファイルをメールに添付して、営業部員1人ずつに送信する。このファイルを開くとPCが擬似マルウェアに感染し、全文が文字化けしたテキストが表示される。B主任は、A訓練を実施した後、表1に課題と解決案をまとめて、後日、経営会議で報告した。

▼表1　課題と解決案（抜粋）

課題No.	課題	解決案
課題1	不審メールだと気付いた営業部員が、注意喚起するために部内の連絡用のメーリングリスト宛てに添付ファイルを付けたまま転送している。	不審メール対応手順の【メール受信者の手順】の3を、"少しでも不審メールの可能性がある場合は、問合せ対応者に連絡した上で、[a]"に修正する。
課題2	（省略）	（省略）

設問　表1中の[a]に入れる字句はどれか。解答群のうち、最も適切なものを選べ。

解答群

ア　注意喚起するために、同じ部の全従業員のメールアドレスを宛先として、添付ファイルを付けたまま、又は本文中のURLを記載したまま不審メールを転送する。

イ　注意喚起するために、全従業員への連絡用のメーリングリスト宛てに添付ファイルを付けたまま、又は本文中のURLを記載したまま不審メールを転送する。

ウ　添付ファイルを付けたまま、又は本文中のURLを記載したまま不審メールを共有ファイルサーバに保存して、同じ部の全従業員がアクセスできるようにし、メールは使わずに口答、チャット、電話などで同じ部の全従業員に注意喚起する。

エ　問合せ対応者の指示がなくても、不審メールを問合せ対応者に転送する。

オ 問合せ対応者の指示に従い、不審メールを問合せ対応者に転送する。

[回答のポイント]
問題文が長いため、以下のように要約して考えます。

●要約
問題文からＡ社内で実施したマルウェア感染を想定した訓練を実施した結果、不審メールを気付いた部員が、部内の連絡用メーリングリスト宛てに注意喚起のため添付ファイルを付けたまま転送したことを問題視していることがわかります。**問題文では直接触れていませんが、この部員の行為は善意で行っているものの怪しい添付ファイルを部門内に配信してしまったことで他の受信者が添付ファイルを開き二次被害に及ぶ可能性があり、問題があります。そのため、より安全な不審メール対応手順を選択する必要があります。二次被害をもたらしそうな選択肢は除外し、もっとも安全な情報共有方法を探していくと正解を絞り込みやすくなります。**

●解法
ア 部門連絡用のメーリングリストへの送信を部員全てのメールアドレスへの送信に変えるという説明であり、二次被害をもたらす恐れが高くなるため、適切ではありません。
イ 部門連絡用のメーリングリストへの送信を全社員向けのメーリングリストへの送信へ変えるという説明なので、二次被害をもたらす恐れが高くなるため、適切ではありません。
ウ 添付ファイルの保存場所を共有ファイルサーバにしていますが、部員がファイルを開き、二次被害をもたらす恐れが高くなるため、適切ではありません。
エ 問い合わせ対応者へ不審メールを転送するという行為は、正しいように見えますが、指示、あるいは同意なしでの転送は、問い合わせ担当者に対する二次被害をもたらす恐れが高くなるため適切ではありません。
オ 正解です。不審メールは原則として転送させない注意喚起を周知しつつ、問い合わせ応答者がセキュリティ検証のために必要と認めた場合に限り不審メールの転送を指示するのが、もっとも安全な対応です。

▶**答え オ**

問2　国内外に複数の子会社をもつA社では、インターネットに公開するWebサイトについて、A社グループの脆弱性診断基準（以下、A社グループ基準という）を設けている。A社の子会社であるB社は、会員向けに製品を販売するWebサイト（以下、B社サイトという）を運営している。会員が2回目以降の配達先の入力を省略できるように、今年の8月、B社サイトにログイン機能を追加した。B社サイトは、会員の氏名、住所、電話番号、メールアドレスなどの会員情報も管理することになった。

　B社では、11月に情報セキュリティ活動の一環として、A社グループ基準を基に自己点検を実施し、その結果を表1のとおりまとめた。

▼**表1　B社自己点検結果（抜粋）**

項番	点検項目	A社グループ基準	点検結果
（一）	Webアプリケーションプログラム（以下、Webアプリという）に対する脆弱性診断の実施	・インターネットに公開しているWebサイトについて、Webアプリの新規開発時、及び機能追加時に行う。 ・機能追加などの変更がない場合でも、年1回以上行う。	・毎年6月に、Webアプリに対する脆弱性診断を外部セキュリティベンダに依頼し、実施している。 ・今年は6月に脆弱性診断を実施し、脆弱性が2件検出された。
（二）	OS及びミドルウェアに対する脆弱性診断の実施	・インターネットに公開しているWebサイトについて、年1回以上行う。	・毎年10月に、B社サイトに対して行っている。 ・今年10月の脆弱性診断では、軽微な脆弱性が4件検出された。
（三）	脆弱性診断結果の報告	・Webアプリ、OS及びミドルウェアに対する脆弱性診断を行った場合、その結果を、診断後2か月以内に各社の情報セキュリティ委員会に報告する。	・Webアプリに対する診断の結果は、6月末の情報セキュリティ委員会に報告した。 ・OS及びミドルウェアに対する診断の結果は、脆弱性が軽微であることを考慮し、情報システム部内での共有にとどめた。

| (四) | 脆弱性診断結果の対応 | ・Webアプリ、OS及びミドルウェアに対する脆弱性診断で、脆弱性が発見された場合、緊急を要する脆弱性については、速やかに対応し、その他の脆弱性については、診断後、1か月以内に対応する。指定された期限までの対応が困難な場合、対応の時期を明確にし、最高情報セキュリティ責任者（CISO）の承認を得る。 | ・今年6月に検出したWebアプリの脆弱性2件について、1週間後に対応した。
・今年10月に検出したOS及びミドルウェアの脆弱性4件について、2週間後に対応した。 |

設問 表1中の自己点検の結果のうち、A社グループ基準を満たす項番だけを全て挙げた組合せを、解答群の中から選べ。

解答群

ア （一）   イ （一）、（二）
ウ （一）、（二）、（三） エ （一）、（三）
オ （一）、（四）   カ （二）、（三）、（四）
キ （二）、（四）   ク （三）
ケ （三）、（四）

[回答のポイント]
項番（一）、（二）、（三）、（四）の状況を一つずつ確認し、不適切なものを除外していきます。問題文には解答の導出には不要な情報も含まれているため、混乱しないように注意しましょう。

●解法

●（一）
A社グループ基準では、Webアプリに対する脆弱性診断の実施は、インターネットに公開しているWebサイトについて、Webアプリの新規開発時、及び機能追加時に行う必要があり、機能追加などの変更がない場合でも、年1回以上行う必要があります。一方、B社は、毎年6月に、Webアプリに対する脆弱性診断を外部セキュリティベンダに依頼しています。B社の対応からは、A社グループ基準で必要な、**Webアプリの新規開発時、及び機能追加時に脆弱性を診断しているとは読み取れない**ため、A社グループ基準には不適合です。

今年6月の脆弱性診断で脆弱性が2件検出された件はA社グループ基準との関連性はありません。

● (二)

A社グループ基準では、OS及びミドルウェアに対する脆弱性診断の実施は、インターネットに公開しているWebサイトについて、年1回以上行う必要があります。一方、B社は毎年10月に、B社サイトに対して行っています。B社の対応から、A社グループ基準で必要な年1回以上の脆弱性診断が実施されていることが読み取れるため、A社グループ基準に適合しています。**今年10月の脆弱性診断で、軽微な脆弱性が4件検出された件はA社グループ基準との関連性はありません。**

● (三)

A社グループ基準では、脆弱性診断結果の報告として、Webアプリ、OS及びミドルウェアに対する脆弱性診断を行った場合、その結果を診断後2か月以内に各社の情報セキュリティ委員会に報告する必要があります。一方、B社はWebアプリに対する診断の結果を、6月末の情報セキュリティ委員会に報告し、OS及びミドルウェアに対する診断の結果は情報システム部内での共有にとどめています。この記述からは、**A社グループ基準で必要な、2か月以内に情報セキュリティ委員会への報告をしているとは読み取れないため**、A社グループ基準には不適合です。

● (四)

A社グループ基準では、脆弱性診断結果の対応として、Webアプリ、OS及びミドルウェアに対する脆弱性診断で脆弱性が発見された場合、緊急を要する脆弱性については速やかに対応し、その他の脆弱性については診断後、1か月以内に対応する必要があります。但し、指定された期限までの対応が困難な場合は、対応の時期を明確にして最高情報セキュリティ責任者(CISO)の承認を得る必要があります。一方、B社は今年6月に検出したWebアプリの脆弱性2件について1週間後に対応し、今年10月に検出したOS及びミドルウェアの脆弱性4件については、2週間後に対応しました。B社の対応から、A社グループ基準で必要な診断後、1か月以内の対応が実施されていることが読み取れるため、A社グループ基準に適合しています。

項番 (二)、(四) がA社グループ基準を満たしているため、キが正解です。

▶答え　キ

問3　消費者向けの化粧品販売を行うA社では、電子メール (以下、メールという) の送受信にクラウドサービスプロバイダB社が提供するメールサービス (以下、Bサービスという) を利用している。A社が利用するBサービスのアカウントは、A社の情報システム部が管理している。

〔Bサービスでの認証〕
Bサービスでの認証は、利用者IDとパスワードに加え、あらかじめ登録しておいたスマートフォンの認証アプリを利用した2要素認証である。入力された利用者IDとパスワードが正しかったときは、スマートフォンに承認のリクエストが来る。リクエストを1分以内に承認した場合は、Bサービスにログインできる。

〔社外のネットワークからの利用〕
　社外のネットワークから社内システム又はファイルサーバを利用する場合、従業員は貸与されたPCから社内ネットワークにVPN接続する。

〔PCでのマルウェア対策〕
　従業員に貸与されたPCには、マルウェア対策ソフトが導入されており、マルウェア定義ファイルを毎日16時に更新するように設定されている。マルウェア対策ソフトは、毎日17時に、各PCのマルウェア定義ファイルが更新されたかどうかをチェックし、更新されていない場合は情報システム部のセキュリティ担当者に更新されていないことをメールで知らせる。

　ある日の15時頃、販売促進部の情報セキュリティリーダであるC課長は、在宅で勤務していた部下のDさんから、メールに関する報告を受けた。報告を図1に示す。

▼図1　Dさんからの報告

・販売促進キャンペーンを委託しているE社のFさんから9時30分にメールが届いた。
・Fさんとは直接会ったことがある。この数か月頻繁にやり取りもしていた。
・そのメールは、これまでのメールに返信する形で作成されており、メールの本文には販売キャンペーンの内容やFさんがよく利用する挨拶文が記載されていた。
・急ぎの対応を求める旨が記載されていたので、メールに添付されていたファイルを開いた。
・メールの添付ファイルを開いた際、特に見慣れないエラーなどは発生せず、ファイルの内容も閲覧できた。
・ファイルの内容を確認した後、返信した。
・11時頃、Dさんのスマートフォンに、承認のリクエストが来たが、Bサービスにログインしたタイミングではなかったので、リクエストを承認しなかった。
・12時までと急いでいた割にその後の返信がなく不審に思ったので、14時50分にFさんに電話で確認したところ、今日はメールを送っていないと言われた。
・現在までのところ、PCの処理速度が遅くなったり、見慣れないウィンドウが表示されたりするなどの不具合や不審な事象は発生していない。
・現在、PCは、インターネットには接続しているが、社内ネットワークへのVPN接続は切断している。
・Dさんはすぐに会社に向かうことは可能で、Dさんの自宅から会社までは1時間掛かる。

　C課長は、DさんのPCがマルウェアに感染した可能性もあると考え、マルウェア感染による被害の拡大を防止するためにDさんに二つ指示をした。

設問　次の（一）～（五）のうち、Dさんへの指示として適切なものを二つ挙げた組合せを、解答群の中から選べ。

（一）　Bサービスのパスワードを変更するように情報システム部に依頼する。

（二）　PCのネットワーク接続を切断し、PCのフルバックアップを実施する。

（三）　PCを会社に持参し、オフラインでマルウェア対策ソフトのマルウェア定義ファイルを最新に更新した後、フルスキャンを実施し、結果をC課長に報告する。

（四）　社内ネットワークにVPN接続した上で、ファイルサーバに添付ファイルをコピーする。

（五）　メールに添付されていたファイルを再度開き、警告が表示されたり、PCに異常がみられたりするかどうかを確認し、結果をC課長に報告する。

解答群

ア　（一）、（二）　　イ　（一）、（三）
ウ　（一）、（四）　　エ　（一）、（五）
オ　（二）、（三）　　カ　（二）、（四）
キ　（二）、（五）　　ク　（三）、（四）
ケ　（三）、（五）　　コ　（四）、（五）

［回答のポイント］
問題文が長いため、以下のように要約して考えます。

●**要約**
●**環境**
・A社は、メールの送受信にクラウドサービスプロバイダB社が提供するBサービスを利用し、Bサービスのアカウントは、**A社の情報システム部が管理。**
・利用者IDとパスワード、スマートフォンの認証アプリを利用した2要素認証を利用。
・従業員は貸与されたPCから社内ネットワークにVPN接続可能。
・マルウェア対策ソフトの定義ファイルを毎日16時に更新するように設定。

●**発生した事象**
・Dさんは、委託先E社のFさんから9時30分にメール着信
・メールに添付されていたファイルを開いたが、特に問題と思われる点はなく、内容を確認し返信。
・11時頃、DさんのスマートフォンにBサービス利用の認証リクエストが届いたが、心当たりがないため承認せず。
・14時50分にFさんに電話で確認したところ、メールは送っておらず、先ほどのメールはFさんのものではないことが判明。
・DさんのPCに不審な事象は確認できず。PCは、インターネットには接続しているが、VPN接続は未使用。

・Dさんは1時間で会社につくことは可能。

●解法

Dさんの状況を踏まえ、C課長の指示としてもっとも適切な対応を選択肢から丁寧に選ぶようにします。

（一）　Bサービスのアカウントは情報システム部によって管理されています。また、Dさんのスマートフォンに意図しないBサービス利用の認証リクエストが届いたことから、第三者に認証情報（パスワード）を悪用されている疑いがあります。よってこの指示は適切です。

（二）　現時点ではPCの異常動作は確認されていませんが、今後も安全とは限りません。そのため、**マルウェアが感染している可能性を残したままのフルバックアップは危険**なため、安全性が確認できた後にフルバックアップを行うべきです。よってこの指示は不適切です。

（三）　Dさんは会社に1時間で出社可能であること、マルウェア対策ソフトの定義ファイルが16時になると更新されることから、出社して定義ファイルをアップデートし、フルスキャンして結果を確認することは有効です。よってこの指示は適切です。

（四）　怪しい添付ファイルを社内のファイルサーバに添付ファイルを置くことは、二次被害をもたらす恐れがあります。また、現時点ではPCの異常動作は確認されていませんが、今後も安全とは限りません。**安全性が確認されていないまま、社内にVPN接続することも危険**です。そのため、この指示は不適切です。

（五）　怪しい添付ファイルを再度開くことは危険です。そのため、この指示は不適切です。

項番（一）、（三）が適切であるため、イが正解です。

▶**答え　イ**

SECTION 18　科目B試験対策

439

情報セキュリティマネジメント試験に要求される技能

[参考情報]
●情報セキュリティマネジメントに要求される技能

情報セキュリティマネジメント試験では、知識とともに技能も求められます。
ここでは、技能を身に着けるための参考情報を提示します。

シラバスによると、技能とはその作業の一部を独力で遂行できることを意味しており、知識を習得するだけでは、受験者の技能を測る問題には対応できません。そのため、実務に携わる機会がない場合には、自分の身の回りにあるものを例にし、各種ガイドラインを基にセキュリティ対策を実践し、感覚をつかむのがよいでしょう。

本書ではIPAの「中小企業の情報セキュリティ対策ガイドライン」を、学習資料としてお勧めします。このガイドラインは情報セキュリティマネジメント試験を運営しているIPAの資料でもあり、比較的ボリュームが抑えられているものの、シラバス内の主要な部分をカバーしたガイドラインです。規模の小さな組織向けに作成されているため、初心者でもガイドラインを参考にして情報資産台帳などの情報セキュリティマネジメント関連文書を完成させることが容易です。是非一度参照頂き、情報セキュリティマネジメント全体のイメージを理解していくとよいでしょう。

ガイドライン本編を熟読した後、付録の空欄部分を自分の馴染みのある組織をイメージしながら埋めていくことで疑似的な実務体験が可能です。

尚、シラバスにあって中小企業の情報セキュリティ対策ガイドラインにない部分については別の資料を提示しましたので、参考にしてください。

> ● 中小企業の情報セキュリティ対策ガイドライン（IPA）
> 本編：中小企業の情報セキュリティ対策ガイドライン第3版（全60ページ）
> 付録1：情報セキュリティ5か条（全2ページ）
> 付録2：情報セキュリティ基本方針（サンプル）（全1ページ）
> 付録3：5分でできる！情報セキュリティ自社診断（全8ページ）
> 付録4：情報セキュリティハンドブック（ひな形）（全11ページ）
> 付録5：情報セキュリティ関連規程（サンプル）（全51ページ）
> 付録6：クラウドサービス安全利用の手引き（全8ページ）
> 付録7：リスク分析シート（全7シート）
> https://www.ipa.go.jp/security/keihatsu/sme/guideline/

「情報セキュリティマネジメント試験（レベル2）シラバスVer.3.3」では要求される技能を次のように記しています。
（出典：情報処理マネジメント試験（レベル2）シラバスVer3.3）

Ⅰ　情報セキュリティマネジメントの計画、情報セキュリティ要求事項

●1　情報資産管理の計画

●1-1　情報資産の特定及び価値の明確化

部門で利用する情報資産（情報システム、データ、文書、施設、人材など）を特定することの必要性、方法、手順を理解し、また、機密性、完全性、可用性の三つの側面からそれらの価値（重要度）を明確化することの必要性、方法、手順を理解し、文書精査、ヒアリングなどによって価値を明確化できる。（用語例：情報資産、価値（重要度）、3特性（機密性、完全性、可用性））

●1-2　管理責任及び利用の許容範囲の明確化

情報資産の管理責任者の役割を理解し、部門における情報資産の管理方針と管理体制を検討できる。

また、組織と部門が定めた方針に基づき、情報資産の受入れと確認、利用の許容範囲の明確化、変更管理、廃棄管理などについて、必要性、方法、手順を理解し、自らルールを検討して提案できる。（用語例：情報資産受入れ、変更管理、利用管理、廃棄管理、管理体制）

●1-3　情報資産台帳の作成

情報資産台帳を作成することの必要性、方法、手順を理解し、作成できる。（用語例：情報資産台帳、資産の棚卸）

[対策]

情報資産管理台帳に該当する資料は「中小企業の情報セキュリティ対策ガイドライン」の「付録7：リスク分析シート（全7シート）」です。本編とともにチェックすると理解が深まります。

[参考情報]

● 中小企業の情報セキュリティ対策ガイドライン（IPA）
　本編：中小企業の情報セキュリティ対策ガイドライン第3版（全60ページ）
　付録1：情報セキュリティ5か条（全2ページ）
　付録2：情報セキュリティ基本方針（サンプル）（全1ページ）

付録3：5分でできる！情報セキュリティ自社診断（全8ページ）
付録4：情報セキュリティハンドブック（ひな形）（全11ページ）
付録5：情報セキュリティ関連規程（サンプル）（全51ページ）
付録6：クラウドサービス安全利用の手引き（全8ページ）
付録7：リスク分析シート（全7シート）
https://www.ipa.go.jp/security/keihatsu/sme/guideline/

●2　情報セキュリティリスクアセスメント及びリスク対応

●2-1　リスクの特定・分析・評価

部門で利用する情報資産について、脅威、脆弱性、資産の価値を、物理的な要因、技術的な要因、人的な要因の側面から分析する、また、リスクについて、事象の起こりやすさ、及びその事象が起きた場合の結果を定量的又は定性的に把握してリスクの大きさを算定するための考え方、手法を理解し、組織が定めたリスク受容基準に基づく評価を実施できる。

また、新種の脅威の発生、情報システムの変更、組織の変更に伴う新たなリスクについても、それらを特定し、同様に評価できる。

●2-2　リスク対応策の検討

特定・分析・評価した全てのリスクに対して、それぞれ物理的対策、人的（管理的）対策、技術的対策の区分でのリスク対応の考え方、必要性、方法、手順を理解し、リスク対応策を検討できる。また、検討した対応策について、現在の実施状況を把握できる。

リスクの大きさ、リスク対応策の実施に要するコスト、及び対応策を実施しても残留するリスクへの対処の考え方、方法、手順を理解し、（それらのリスクを許容できるか否かを考慮した）リスク対応策の優先順位を検討できる。

実施しても残留するリスクへの対処の考え方、方法、手順を理解し、（それらのリスクを許容できるか否かを考慮した）リスク対応策の優先順位を検討できる。

●2-3　リスク対応計画の策定

検討したリスク対応策の優先順位を基に、リスク対応計画を作成する目的、及び記載する内容（実施項目、資源、責任者、完了予定時期、実施結果の評価方法ほか）を理解し、リスク対応計画を作成できる。

［対策］

リスク分析関連に該当する資料は「中小企業の情報セキュリティ対策ガイド

ライン」の「付録7:リスク分析シート(全7シート)」です。本編とともにチェックすると理解が深まります。

[参考情報]

● 中小企業の情報セキュリティ対策ガイドライン (IPA)
本編、付録すべて
https://www.ipa.go.jp/security/keihatsu/sme/guideline/

●3 情報資産に関する情報セキュリティ要求事項の提示

●3-1 物理的及び環境的セキュリティ

情報資産を保護するための物理的及び環境的セキュリティの考え方、仕組みを理解した上で、執務場所への入退管理方法、情報資産の持込み・持出し管理方法、ネットワークの物理的な保護方法、情報セキュリティを維持すべき対象(モバイル機器を含む)の範囲を検討し、リスク対応計画に基づく要求事項の取りまとめを実施できる。

●3-2 部門の情報システムの調達・利用に関する技術的及び運用のセキュリティ

情報資産を保護するための技術的及び運用のセキュリティの考え方、仕組みを理解し、情報システム部門の技術的支援を受けながら、リスク対応計画に基づく要求事項の取りまとめを実施できる。

要求事項には、次のような項目がある。

・アクセス制御に関する業務上の要求事項、利用者アクセスの管理、利用者の責任
・部門で調達(取得)又は開発し、利用する情報システムに関する情報セキュリティ要求事項、開発及びサポートプロセスにおける情報セキュリティ、試験データの取扱いなど
・運用の手順及び責任

また、情報システム部門が所有する情報システムのうち、部門が利用する情報システムに関しても、必要に応じて同様に要求事項を取りまとめて提案できる。

[対策]

中小企業の情報セキュリティ対策ガイドラインと入退管理システムにおける情報セキュリティ対策要件チェックリスト(IPA)などを参考にするとよいでしょう。

SECTION 18 科目B試験対策

[参考情報]
- ●中小企業の情報セキュリティ対策ガイドライン（IPA）
  本編、付録すべて
  https://www.ipa.go.jp/security/keihatsu/sme/guideline

- ●入退管理システムにおける情報セキュリティ対策要件チェックリスト（IPA）
  https://www.ipa.go.jp/security/jisec/choutatsu/ecs/index.html

●4　情報セキュリティを継続的に確保するための情報セキュリティ要求事項の提示

- ●4-1　情報セキュリティを継続的に確保するための情報セキュリティ要求事項の提示

障害、災害など困難な状況の発生時において、部門の情報セキュリティを継続的に確保するために必要な情報セキュリティ要求事項を理解し、それらの事項が事業継続計画に盛り込まれていることを確認できる。

もし過不足がある場合は、改善（必要事項を計画に盛り込み、追加の手順を定めて文書化する）を提案できる。

[対策]

BCPに情報セキュリティを組み込んだ情報が各種公開されています。一読し、参考にするとよいでしょう。

代表的な情報は次のとおりです。

- ●「政府機関等における情報システム運用継続計画ガイドライン」の改定について（令和3年4月28日）（内閣サイバーセキュリティセンター）
  ・政府機関等における情報システム運用継続計画ガイドライン（第3版）
  ・同　付録（第2版）
  https://www.nisc.go.jp/policy/group/general/itbcp-guideline.html

- ●災害に強い電子自治体に関する研究会　研究会成果物（平成25年5月8日）（総務省）
  ・ICT部門の業務継続計画＜初動版サンプル＞
  ・ICT部門の業務継続計画＜初動版解説書＞

・ICT―BCP初動版導入ガイド

・ICT―BCPとその意義

・ICT部門における業務継続計画訓練事例集

・既存ガイドラインで策定済みの団体及び初動版策定後の団体の取扱い

https://www.soumu.go.jp/main_sosiki/kenkyu/denshijichi/index.html

● ITシステムにおける緊急時対応計画ガイド (Contingency Planning Guide for Information Technology Systems: NIST SP800-34)

https://www.ipa.go.jp/security/publications/nist/

● 中小企業の情報セキュリティ対策ガイドライン (IPA)

本編、付録2、4、5、6、7

https://www.ipa.go.jp/security/keihatsu/sme/guideline/

Ⅱ 情報セキュリティマネジメントの計画、情報セキュリティ要求事項に関すること

●5 情報資産の管理

●5-1 情報資産台帳の維持管理

情報資産台帳に記載する内容、及び台帳の維持管理の必要性、手順を理解した上で、情報セキュリティポリシーを含む組織内諸規程 (以下、情報セキュリティ諸規程という) 及び部門で定めたルールに従い、情報資産の受入れ、配置、管理者変更、構成変更、他部門への移転及び廃棄を適切に反映して、情報資産台帳を維持管理できる。

●5-2 媒体の管理

情報セキュリティインシデント (以下、インシデントという) を発生させないために必要な、可搬媒体の管理 (部門の執務場所と外部との間での持込み・持出し、廃棄) の方法、手順を理解し、あらかじめ定められた手順を部門のメンバーが適切に実施するためのアドバイスができる。

●5-3 利用状況の記録

情報資産を管理することの必要性、方法、手順を理解した上で、対象資産の利用

状況を把握し、また、その配置、管理者、構成の変更などを追跡し、情報資産の利用状況を記録できる。

[対策]

情報資産は運用開始後も変更が発生するため、適切な情報資産台帳の維持管理が必要です。ガイドラインを参考にし、変更が発生するたび、漏れなく台帳の更新を実施できる仕組みを検討します。

代表的な情報は次のとおりです。

[参考情報]

- 中小企業の情報セキュリティ対策ガイドライン（IPA）

  本編、付録7

  https://www.ipa.go.jp/security/keihatsu/sme/guideline/

●6　部門の情報システム利用時の情報セキュリティの確保

●6-1　マルウェアからの保護

マルウェアのタイプ、及びマルウェアからの情報資産の保護の目的、仕組みを理解し、マルウェアやマルウェア対策ソフトについて、部門のメンバーの理解を深め、情報セキュリティ諸規程の順守を促進できる。

●6-2　バックアップ

重要なデータの消失を防ぐために、バックアップの考え方、方法、手順を理解し、バックアップの重要性について、部門のメンバーの理解を深め、情報セキュリティ諸規程に従ったバックアップの実施を促進できる。

●6-3　ログ取得及び監視

情報システムに関連するシステムログ、システムエラーログ、アラーム記録、利用状況ログなどのログの種類と、ログを取得する目的を理解し、それらの記録、定期的な分析を基に、不正侵入などの情報セキュリティ事故や情報セキュリティ違反を監視できる。

●6-4　情報の転送における情報セキュリティの維持

情報の転送における情報セキュリティの維持の考え方、仕組みを理解し、情報セキュリティ諸規程と、情報システムが提供する機能に従って、部門のメンバーが転送する情報の内容確認、閲覧するWebサイトの管理、機器の持込み・

持出しなどの管理を実施できる。

6-5 脆弱性管理

脆弱性管理の考え方、必要性、方法、手順を理解し、部門の情報システムの使用状況に基づいてパッチ情報を入手し、組織が定めたパッチ適用基準に基づいてパッチ適用を促進できる。

6-6 利用者アクセスの管理

情報システムや執務場所その他における情報資産へのアクセス管理の考え方、必要性、方法、手順を理解し、部門メンバーに割り当てられたアクセス権が、担当職務の変更、雇用・退職を含む人事異動などを反映して適切に設定されていることを定期的に確認できる。

6-7 運用状況の点検

部門の情報システムの運用状況について、点検の必要性、方法、手順を理解し、情報セキュリティ諸規程に沿って情報セキュリティが確保されていることを確認できる。

また、不適切と思われる事項を発見した場合は、上位者に報告・相談し、適切に対処することができる。

[対策]

広範な技能が問われているため、苦手なものから確認していくとよいでしょう。

代表的な情報は次のとおりです。

[参考情報]
- 中小企業の情報セキュリティ対策ガイドライン (IPA)
  本編、付録すべて
  https://www.ipa.go.jp/security/keihatsu/sme/guideline/

- マルウェアからの保護
- マルウェアによるインシデントの防止と対応のためのガイド (Guide to Malware Incident Prevention and Handling: NIST SP800-83)
  https://www.ipa.go.jp/security/publications/nist/

● コンピュータウイルス・不正アクセスに関する届出（IPA）　届出に関する公開資料

https://www.ipa.go.jp/security/outline/todokede-j.html # publish

● バックアップ
● 医療情報システムの安全管理に関するガイドライン 第5.2版（令和4年3月）（厚生労働省）　本編37-P-

https://www.mhlw.go.jp/stf/shingi/0000516275_00002.html

● 教育情報セキュリティポリシーに関するガイドライン（文部科学省）

https://www.mext.go.jp/a_menu/shotou/zyouhou/detail/1397369.htm

● ITシステムのための緊急時対応計画ガイド（Contingency Planning Guide for Information Technology Systems: NIST SP800-34）

https://www.ipa.go.jp/security/publications/nist/

● 政府機関等における情報システム運用継続計画ガイドライン（第3版）

https://www.nisc.go.jp/policy/group/general/itbcp-guideline.html

● ログ取得及び監視
● コンピュータセキュリティログ管理ガイド（Guide to Computer Security Log: NIST SP800-92）

https://www.ipa.go.jp/security/publications/nist/

● 情報の転送における情報セキュリティの維持
● フィッシング対策ガイドライン（フィッシング対策協議会）

https://www.antiphishing.jp/report/guideline/

● 安全なウェブサイトの作り方（IPA）

https://www.ipa.go.jp/security/vuln/websecurity.html

● 電子メールのセキュリティに関するガイドライン（Guidelines on Electronic Mail Security: NIST SP800-45）

https://www.ipa.go.jp/security/publications/nist/

●脆弱性管理
- ●IPAテクニカルウォッチ「脆弱性対策の効果的な進め方（ツール活用編）」(IPA)

  https://www.ipa.go.jp/security/technicalwatch/20190221.html

- ●情報セキュリティ早期警戒パートナーシップガイドライン (IPA)

  https://www.ipa.go.jp/security/ciadr/partnership_guide.html

- ●パッチおよび脆弱性管理プログラムの策定 (Creating a Patch and Vulnerability Management Program: NIST SP800-40)

  https://www.ipa.go.jp/security/publications/nist/

●利用者アクセスの管理
- ●電子的認証に関するガイドライン (Electronic Authentication Guideline: NIST SP800-63)

  https://www.ipa.go.jp/security/publications/nist/

- ●個人識別情報の検証における生体認証データ仕様 (Biometric Data Specification for Personal Identity Verification: NIST SP800-76)

  https://www.ipa.go.jp/security/publications/nist/

●運用状況の点検
- ●IPAテクニカルウォッチ「ウェブサイトにおける脆弱性検査手法（ウェブアプリケーション検査編）」(IPA)

  https://www.ipa.go.jp/security/technicalwatch/20160928-2.html

- ●諸外国の「脅威ベースのペネトレーションテスト (TLPT)」に関する報告書の公表について（金融庁）

  https://www.fsa.go.jp/common/about/research/20180516.html

●7　業務の外部委託における情報セキュリティの確保

●7-1　外部委託先の情報セキュリティの調査

外部委託先の情報セキュリティについて、調査の必要性、方法、手順を理解し、情報取扱いルールなど、委託先に求める情報セキュリティ要求事項と委託先における現状とのかい離を、契約担当者と協力しつつ事前確認できる。

委託先の現状に関する事前確認の結果を踏まえて、是正の必要があれば、その対応方法、時期、対応費用の取扱いを含め、委託先との調整を、契約担当者と協力しつつ実施できる。

委託開始時と更新時には、情報セキュリティが担保されていることを、契約担当者と協力しつつ確認できる。

●7-2 外部委託先の情報セキュリティ管理の実施

外部委託先の情報セキュリティ管理を実施することの必要性、方法、手順を理解し、委託業務の実施に関連する情報セキュリティ要求事項の委託先責任者への説明、契約内容との齟齬の解消を、契約担当者と協力しつつ実施できる。

契約締結後は、不正防止・機密保護などの実施状況を、契約担当者と協力しつつ確認できる。

委託業務の実施内容と契約内容に相違がある場合は、齟齬の発生理由と課題の明確化、措置の実施による是正を、契約担当者と協力しつつ実施できる。

●7-3 外部委託の終了

外部委託の終了時に必要な措置についての考え方を理解し、委託先に提示した資料やデータの回収又は廃棄の指示、実施結果の確認を、契約担当者と協力しつつ実施できる。

資料やデータの委託先からの回収又は廃棄の状況を文書に取りまとめ、上位者に報告できる。

[対策]

サプライチェーンセキュリティの確保はサイバーセキュリティ経営ガイドラインでも三原則の1つに掲げられているとおり、重要な技能の1つです。
代表的な情報は次のとおりです。

[参考情報]

●中小企業の情報セキュリティ対策ガイドライン（IPA）
本編、付録すべて
https://www.ipa.go.jp/security/keihatsu/sme/guideline/

●「中小企業を含むサプライチェーンにおける情報セキュリティ対策状況等の調査」報告書について（IPA）
https://www.ipa.go.jp/security/fy2021/reports/sme/gyoukai-

hearing.html

● **サプライチェーン全体のサイバーセキュリティ向上のための取引先との パートナーシップの構築に向けて（公正取引委員会）**
https://www.jftc.go.jp/dk/guideline/unyoukijun/cyber_security.html

● **非連邦政府組織およびシステムにおける管理対象非機密情報CUIの保護** (Protecting Controlled Unclassified Information in Nonfederal Systems and Organizations: NIST SP800-171)
https://www.ipa.go.jp/security/publications/nist/

●8 情報セキュリティインシデントの管理

●8-1 発見

情報セキュリティインシデントを発見するための方法、手順を理解し、情報セキュリティ事象の中からインシデントを発見できる。

●8-2 初動処理

情報セキュリティインシデントの初動処理の考え方、方法、手順を理解し、次の事項を実施できる。
・インシデントの発見時には、上位者や関係部署に連絡して指示を仰ぐ。
・上記の指示の下、事故の影響の大きさと範囲を想定して対応策の優先順位を検討し、被害の拡大を回避する処置を提案し実行する。
・事故に対する初動処理を記録し、状況を報告する。

●8-3 分析及び復旧

情報セキュリティインシデントの分析及び復旧の考え方、方法、手順を理解し、情報システム部門の協力を受けて、次の事項を実施できる。
・事故による被害状況や被害範囲を調査し、損害と影響を評価する。
・セキュリティ情報、事故に関する様々な情報、部門で収集した操作記録、アクセス記録などを基に、事故の原因を特定する。

●8-4 再発防止策の提案・実施

情報セキュリティインシデントの再発防止の考え方を理解し、同様な事故が発生しないようにするための恒久的な再発防止策を検討できる。

SECTION 18 科目B試験対策

●8-5　証拠の収集

情報セキュリティインシデントの証拠収集の考え方、方法、手順を理解し、あらかじめ定めた手順に従って、証拠となり得る情報の特定、収集、取得、保持を実施できる。

[対策]

インシデント対応に関する技能を育むための、トレーニングに参加したり、情報を参照します。代表的な情報は次のとおりです。

[参考情報]
- ●中小企業の情報セキュリティ対策ガイドライン（IPA）
  本編、付録すべて
  https://www.ipa.go.jp/security/keihatsu/sme/guideline/

- ●コンピュータインシデント対応ガイド（Computer Security Incident Handling Guide: NIST SP800-61）
  https://www.ipa.go.jp/security/publications/nist/

- ●CSIRTマテリアル（JPCERTコーディネーションセンター）
  https://www.jpcert.or.jp/csirt_material/

- ●証拠保全ガイドライン第8版（デジタル・フォレンジック研究会）
  https://digitalforensic.jp/home/act/products/home-act-products-df-guideline-8th/

- ●インシデント対応へのフォレンジック技法の統合に関するガイド（Guide to Integrating Forensic Techniques into Incident Response: NIST SP800-86）
  https://www.ipa.go.jp/security/publications/nist/

●9　情報セキュリティの意識向上
●9-1　情報セキュリティの教育・訓練

情報セキュリティの意識向上の重要性、意識向上に必要な教育と訓練を理解し、次の事項を実施できる。

・情報セキュリティポリシー、職務に関する組織の方針と手順、情報セキュリ

ティの課題とその影響を理解するための教育・訓練計画を検討し、提案する。
・組織による部門への教育・訓練を支援する。

● 9-2　情報セキュリティに関するアドバイス
情報セキュリティに関するアドバイスの方法・手順を理解し、情報セキュリティを維持した運用を行うため、部門のメンバーへアドバイスができる。

● 9-3　内部不正による情報漏えいの防止
内部不正による情報漏えいの防止の考え方を理解し、組織の定めた内部不正防止ガイドラインに従って、抑止、予防、検知のそれぞれの対策を実施できる。

[対策]
情報セキュリティの意識向上について、関連する代表的な情報は次のとおりです。

[参考情報]
- **中小企業の情報セキュリティ対策ガイドライン (IPA)**
  本編、付録すべて
  https://www.ipa.go.jp/security/keihatsu/sme/guideline/

- **普及啓発資料 (IPA)**
  https://www.ipa.go.jp/security/keihatsu/index.html

- **インターネットの安全・安心ハンドブック (NISC)**
  https://security-portal.nisc.go.jp/handbook/index.html

- **情報セキュリティ普及啓発映像コンテンツ (IPA)**
  https://www.youtube.com/playlist?list＝PLF9FCB56776EBCABB

●10　コンプライアンスの運用
●10-1　順守指導
コンプライアンスの運用 (順守指導) の考え方を理解し、次の事項を実施できる。

・関連法令、規格、規範及び情報セキュリティ諸規程の順守を徹底するために、組織が定めた年間教育計画に従って、対象となる法令、規格、規範及び情報セ

キュリティ諸規程を関係者に伝達し、周知に努める。
- 繰り返して伝達（リカレント教育）を実施し、コンプライアンス意識の定着を目指す。

● 10-2　順守状況の評価と改善

コンプライアンスの運用（順守状況の評価・改善）の考え方を理解し、次の事項を実施できる。
- 自部門又は業務監査部門が定期的に行う、法令、規格、規範及び情報セキュリティ諸規程の順守状況の点検、評価に対応する。
- 第三者（外部を含む）による情報セキュリティ監査に協力し、必要な文書をそろえ、インタビューに応じる。
- 監査部門からの指摘事項に関して、改善のために必要な方策を活動計画として取りまとめ、実施する。

[対策]

コンプライアンスの運用について代表的な情報を提示します。
関係法令Q＆Aハンドブック（NISC）は、セキュリティの関係法令について網羅的に記載されており、実務上でも実用性が高いものです。また、個人情報保護法のガイドラインも一読しておくと良いでしょう。

[参考情報]

● 関係法令Q＆Aハンドブック（NISC）
https://security-portal.nisc.go.jp/law_handbook/index.html

● 法令・ガイドライン等（個人情報保護委員会）
https://www.ppc.go.jp/personalinfo/legal/

● 中小企業の情報セキュリティ対策ガイドライン（IPA）
本編、付録5、7
https://www.ipa.go.jp/security/keihatsu/sme/guideline/

● 11　情報セキュリティマネジメントの継続的改善

● 11-1　問題点整理と分析

情報セキュリティマネジメントの継続的改善（問題点整理と分析）の考え方を理解し、次の事項を実施できる。

・情報セキュリティ運用で起こり得る問題（例えば、利用者の反発、非現実的な
ルールに起因する情報セキュリティ違反者の続出など）を整理し、情報セ
キュリティ諸規程の関係する箇所を抽出し、現行の規定の妥当性を確認する。
・情報セキュリティ新技術、新たな情報システムの導入に際して、情報セキュ
リティ諸規程の関係する箇所を抽出し、現行の規定の妥当性を確認する。
・情報システム利用時の情報セキュリティが確保されていることを確認する。

● 11-2　情報セキュリティ諸規程の見直し
情報セキュリティマネジメントの継続的改善の必要性、プロセスを理解し、見
直しの必要性があれば、情報セキュリティ諸規程の見直しを実施できる。

[対策]
情報セキュリティマネジメントの継続的改善については、中小企業の情報セ
キュリティ対策ガイドラインを参照し、更に理解を深める場合には、ISMSの
関連文書をチェックすると良いでしょう。

[参考情報]
●中小企業の情報セキュリティ対策ガイドライン（IPA）
本編、付録5、7
https://www.ipa.go.jp/security/keihatsu/sme/guideline/

● 12　情報セキュリティに関する動向・事例情報の収集と評価
● 12-1　情報セキュリティに関する動向・事例情報の収集と評価
情報セキュリティに関する動向・事例情報の収集と評価の必要性、手段を理解
し、次の事項を実施できる。
・情報セキュリティ機関や製品・サービスのベンダーから提供されるセキュリ
ティ情報を収集し、緊急性と組織としての対策の必要性を評価する。
・最新の脅威と事故に関する情報を情報セキュリティ機関、ベンダー、その他
の企業から収集する。
・最新のセキュリティ情報や情報セキュリティ技術情報及び情報セキュリティ
事故例を、報道、学会誌、商業誌などから収集し、分析、評価して、情報システ
ムへの適用の必要性や費用対効果を検討する。
・情報セキュリティに関する法令、規格類の制定・改廃や社会通念の変化、コ
ンプライアンス上の新たな課題などの情報を収集する。

[対策]

情報セキュリティに関する動向・事例情報の収集と評価について、関連する代表的な情報は次のとおりです。

[参考情報]

- 内閣サイバーセキュリティセンター
  https://www.nisc.go.jp/

- 国民のためのサイバーセキュリティサイト（総務省）
  https://www.soumu.go.jp/main_sosiki/cybersecurity/kokumin/
  index.html

- サイバーセキュリティ政策（METI/経済産業省）
  https://www.meti.go.jp/policy/netsecurity/index.html

- 警察庁@police
  https://www.npa.go.jp/cyberpolice/

- JPCERT コーディネーションセンター
  https://www.jpcert.or.jp/

- IPA独立行政法人 情報処理推進機構：情報セキュリティ
  https://www.ipa.go.jp/security/index.html

- 日本ネットワークセキュリティ協会
  https://www.jnsa.org/

- Japan Vulnerability Notes
  https://jvn.jp/

- フィッシング対策協議会
  https://www.antiphishing.jp/

- 一般財団法人日本サイバー犯罪対策センター（JC3）
  https://www.jc3.or.jp/

INDEX 索引

さ行/サ行

わ行／ワ行

アルファベット

■著者プロフィール

井田　潤（いだ　じゅん）| CISSP, CEH, CND

トレノケート株式会社勤務。新規事業開発担当。インターネットセキュリティシステムズ（ISS）、日本IBMを経て現職。
（財）日本サイバーセキュリティ人材キャリア支援協会（JTAG）委員。
Certified EC-Council Instructor
Trend Micro Certified Trainer
趣味は料理、読書、ライブ鑑賞、映画、写真、子供とのSNS。
2022年の忘れられない思い出はRei、NakamuraEmi、関取花、そして小坂忠。

■技術校閲プロフィール

吉田　聡志（よしだ　さとし）

トレノケート株式会社勤務。Cisco認定インストラクター。
SIerでインフラ系の隙間産業に従事したのちに現職。サーバーやネットワークなどのインフラ系の研修コースを担当。
IPA資格はSC（情報セキュリティスペシャリスト）、NW、DBなど。その他ベンダー資格多数。
趣味は育児と仕事。勤務時間内は省エネモード。惣菜を決めてから酒を選ぶのが正義。

ポケットスタディ
情報セキュリティマネジメント
頻出・合格用語キーワードマップ法
テキスト&問題集258題

発行日	2023年 1月 1日	第1版第1刷

著　者　　井田　潤

発行者　　斉藤　和邦
発行所　　株式会社　秀和システム
　　　　　〒135-0016
　　　　　東京都江東区東陽2-4-2　新宮ビル2F
　　　　　Tel 03-6264-3105（販売）Fax 03-6264-3094
印刷所　　日経印刷株式会社　　　　　　　　　Printed in Japan

ISBN978-4-7980-6855-8 C3055